JN236790

ゼロからわかる生態学

環境・進化・持続可能性の科学

松田裕之 著

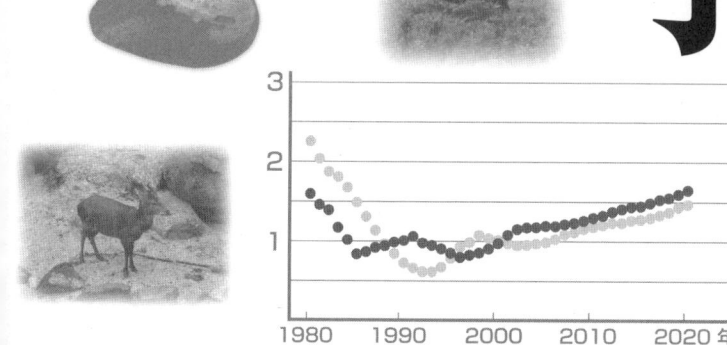

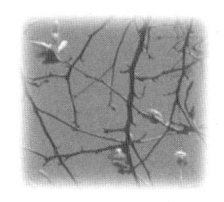

共立出版

●本書では環境保護のため，古紙を含む再生紙を使用しています．

[JCLS] <㈱日本著作出版権管理システム委託出版物>
本書の無断複写は著作権法上での例外を除き禁じられています．複写される場合は，そのつど事前に
㈱日本著作出版権管理システム(電話03-3817-5670, FAX 03-3815-8199)の許諾を得てください．

目　次

第 0 章　本書の狙いと問題提起　1
0.1　多様性，成長の限界，進化，そして「共生」を理解する　1
0.2　問題提起　5
0.3　補足　6

第 1 章　生物が生きるための環境　11
1.1　生物が必要とする環境条件　11
1.2　エネルギーの流れと物質循環　12
1.3　地球環境の長期変動　19
1.4　個体，個体群，群集の定義　25
1.5　利用する資源と生活形　27
1.6　生物相　34
1.7　種内競争　36
1.8　補足　38

第 2 章　成長の限界と個体群変動（個体群生態学）　41
2.1　適応度と個体間相互作用　41
2.2　マルサス増殖と密度効果　42
2.3　密度効果の判定方法　44
2.4　齢構造とサイズ構造　47
2.5　生存曲線と世代時間　49
2.6　生存曲線と平均寿命　54

2.7 サイズ構造モデル　57
2.8 密度効果とカオス　62
2.9 変動環境下の動態　64
2.10 補足　66

第3章　種間相互作用と群集　79

3.1 ニッチ（生態的地位）　79
3.2 種間競争　81
3.3 競争する2種の共存の仕組み　85
3.4 空間構造と2種共存　88
3.5 捕食と寄生　94
3.6 機能的反応　96
3.7 限界値定理と最適な餌場滞在時間　100
3.8 理想自由分布　102
3.9 消費型競争と「見かけの競争」　104
3.10 行動変化を通じた相利関係　105
3.11 左右非対称性　106
3.12 捕食者の共存　107
3.13 共生と相利　109
3.14 補足　110

第4章　群集　121

4.1 群集の種多様度　121
4.2 群集の種数と面積の関係，環境諸要因との関係　123
4.3 群集の多様度，食物網，複雑さ　129
4.4 群集の多様性と安定性　131
4.5 種多様性の維持機構　132
4.6 間接効果　134

4.7　補足　138

第5章　適応進化　143

5.1　最適採餌行動　143
5.2　被食回避行動　145
5.3　最適な卵の大きさ　149
5.4　親子間コンフリクト　150
5.5　同型配偶と異型配偶　151
5.6　性差の起源と性淘汰　154
5.7　性比の理論　156
5.8　雌雄同体と性転換　157
5.9　移動と分散　160
5.10　一回繁殖と多回繁殖　162
5.11　縄張り争いと儀式化　164
5.12　有性生殖　170
5.13　補足　174

第6章　人間と生態系　185

6.1　人類の環境への負荷　185
6.2　人間のもたらした大量絶滅　189
6.3　個体群管理とその限界　195
6.4　自然保護の根拠　200
6.5　管理・保全計画の作り方　205
6.6　生物多様性保全の指針　211
6.7　補足　216

第7章 問題解答例　225

おわりに　233

索　引　237

第0章

本書の狙いと問題提起

0.1　多様性，成長の限界，進化，そして「共生」を理解する

　M. ベゴンほか『生態学』によれば，生態学とは，「生物（の生き方や死に方）とそれを取り巻く環境との関係を明らかにする学問」である．日本生態学会編『生態学事典』によれば，「個体もしくはそれ以上のレベルでの生命現象におもな関心を寄せる生物学」である．生態学 (ecology) は，現代において最も評判のよい学問の1つである．12年前に米国ミネソタ大学に留学したとき，地元の人に何を研究しているかと聞かれて，「エコロジー」と答えると，「それはよい」と異口同音に答えてくれた．当時はまだ，日本で「生態学」を研究しているというと，役に立たない学問の代表のようにいわれたものだった．

　「役に立たない」ということと，「たいせつな学問」という評価は，実は，無関係ではない．これは生態学に限らないし，現代に限ったことでもない．この命題自身，生態学で学ぶことである．すなわち，一見無駄なさまざまなものをそろえておく「多様性」こそが，将来の発展を支えるものなのである．

　けれども，現代の生態学が注目されるのは，こうした一般的な理由だけではない．その背景には，「役に立つ」はずの科学技術が環境に対する人間の負荷をあっという間に高め，地球環境がそれを支えきれなくなり，人と地球環境が共存する道がわからないままに突き進んでいることへの反省があるのだろう．例をあげれば，地球上で持続可能に生産できる食料，飲むことのできる水，使うことのできる石油やエネルギーには限りがある．また，二酸化炭素濃度や温室

効果ガスを多量に出すと大気中のそれらの濃度が高まり，温度などの地球環境が変化する．一昔前にはありふれていた生物がいつの間にかいなくなって多くの種が絶滅し，緑に覆われていた山の地肌が露出し，土砂が流れて谷を埋め，川を流れて海のサンゴ礁まで消えてしまう．第6章で説明するように，近代文明の技術革新は，物が豊かで安全で長生きできる社会を求め，1人当たりの環境への負荷を高めてきた．同時に，第1章で示すように，世界人口は急激に増え続けている．けれども，私たちの豊かな生活と文化は，恵み多い自然なくしては成り立たない．その自然が急激に失われつつある．

そのことを象徴的に示したのは，1960年のローマクラブの報告書『成長の限界』だった．おそらく，生態学をほめてくれたミネソタの人々は，生態学を役に立たない学問だとは思っていない．たとえば，自然環境を守るために必要な学問であり，成長の限界に対する答えを見出す可能性のある学問と見なしていた人もいたことだろう．

これは日本だけの話だが，資本主義社会を「競争社会」と見なした反省からか，1990年代に入り，「共生」という言葉が時事用語として頻繁に用いられるようになった．2002年に成立した自然再生推進法でも，「自然と共生する社会」という言葉が法律の条文に使われている．しかし，日本の時事用語としての「共生」は第6章で説明する持続可能性とほぼ同義に使われていて，事実上，生物学用語としての「共生」とは異なる．また，「進化」という言葉も流行している．日本学術会議は2002年に「日本の計画 (Japan perspective)」という文書をまとめた．その中で，「21世紀初頭の人類史的課題」は，根本的には地球の物質的有限性と人間活動の拡大とによって生じた「行き詰まり問題」であり，その解決のために「欲望の抑制や方向転換，多様性の尊重，平等性の確保に特徴づけられる意思決定システムの進化」が必要であるとし，これを「持続可能性への進化」(Evolution for Sustainability) と呼んだ．

ほかにも，日常社会に浸透しつつある生物学用語がある．ライフサイクルもその1つである．もともとは，たとえばシダ類やコケ類などが無性生殖世代と有性生殖世代を繰り返すような「生活環」を意味したが，産業界では原料調達，製造，流通，消費，再利用などに至る製品の一生と生まれ変わりを意味する言葉として，普及しつつある．

残念ながら，せっかく社会に認知されたはずの進化と生活環という生物学用語は，高校の必修科目から外されてしまった．子供たちが世界的に有名なアニメ「ポケットモンスター」を見て「進化」を知り，進化の正しい知識を知らずに育っている．上記アニメでいう進化とは，同じ個体が形態を変えるのだから，進化ではなく変態または変身だろう．第5章で説明するように，生物の形，成熟年齢や寿命などの生活史，振る舞い（これらを総称して**表現型**という）はある程度，親から受け継いだ遺伝子によって生まれながらにして決まっている．形質が違えば，生まれてから成熟するまでの生存率や繁殖率が違うかもしれない．つまり，形質によって子孫の残しやすさが違うことがある．ある時代の環境にはある遺伝子が子孫を残す上で有利であり，別の環境では新たな遺伝子が有利になるかもしれない．したがって，生物が代々受け継いでいく遺伝子は時代とともに変わっていき，それに伴って生物の形，生活史，振る舞いが変わっていく．これが生物の進化である．

　さらに深刻なことに，最近の日本の教育課程では，高校時代に生物と地学をまったく学ばない大学生が増えている．驚くべきことに，そのような学生は生物学科にも少なくない．タンパク質と核酸を知らない学生もいる．本書では，必要な生態学用語の意味をできる限り本文中に説明するように心がけたが，本章の最後に，最も基本的な生物学用語を簡単に説明する（補足0.1）．生物学用語をほとんど知らない読者は，まず補足0.1を読むことを勧める．

　暗い見通しばかり述べてきたが，1ついへんよい知らせがある．生態学の教科書がいくつか完備されてきた．以前からオダムとクレブスがそれぞれ『生態学』という教科書を著していたが，両書の内容はかなり異なっていた．どちらの教科書を学ぶかにより，生態学者の基礎知識は一致していなかった．しかし，より体系的な教科書として，M. ベゴン，J. L. ハーパー，C. R. タウンゼントという3名の共著による『生態学：個体，個体群，群集の科学』の初版が1986年に出版され，1996年に第3版が出され，その邦訳も2003年に出版された（堀道雄監訳，京大出版）．日本生態学会は『生態学事典』(2003, 共立出版)を出版し，日本生態学会編の教科書（東京化学同人）も2004年に出版される予定である．同学会は生態教育委員会で教科書の目次案を作り，学会の公式ホームページでそれを公表している．

難点をあげれば，M. ベゴンほかの教科書も，生態学会編の教科書も，1人の著者が書いたものではない．その上，M. ベゴンほかの教科書はたいへん分厚く，基本的な事柄だけでなく，きわめて高度な最先端の学説が並んでいる．生態学の現在の到達段階を網羅している点では本書に優るが，大部で高価であり，生態学の要点をかいつまんで学びたい入門者，生態学者の考え方に接したい読者には，必ずしも向いていない．

本書は，生態学に興味があるが，本格的に学んだことのない読者を想定し，私なりに理解した生態学を解説したものである．M. ベゴンほかの教科書に準拠し，その中で基本的なこと，補足を除いて最低限知っておいてほしいことに絞って説明した．より深く学びたい読者は，本書を読破した後，上記2つの教科書に挑み，共立出版から相次いで出版される生態学シリーズを読んでほしい．また，生態学事典を座右の銘としてほしい．

本書には，数学，化学式，生物名などがいくつか出てくる．高校生に理解できるように工夫した．高校で学ぶ範囲を超える内容については，欄を別に設けて本書を読めば理解できるように説明し，その部分を飛ばして読んでも読み進められるように配慮した．また，インターネットを使う読者に便利なように，多彩な関連資料をそろえたサイト http://risk.kan.ynu.ac.jp/matsuda/2004/ecology.html を用意した．特に，補足にまとめた数学的な内容を追試できる Microsoft Excel^{TM} ファイルを載せ，図の大半などを追試できるようにした．この Excel ファイルは，環境コンサルタント系の企業人を相手にした数理モデル勉強会と横浜国立大学の大学院生向け講義に教材として使用したものである．受講者にパソコンで講義内容を追試していただきながら，生態学の学説を追体験できるようにした．本書で用いた用語は，その英訳とともに<u>上記サイトに載せている</u>ので活用していただきたい．たとえば，「種間競争」を引くのに，「種間競争」と「競争」のどちらかにしかなく，どちらを引けば見つかるかわからないという不便は，誰しも経験したことがあるだろう．サイト上の電子情報ならば，検索機能を使えば，この問題は解決できるし，英語も自在に検索できる．また，出版後に読者の声を聞いて補うこともできる．索引は読者だけのものでなく，生態学を志すもの全体の共有資産である．また，読者からの質問も掲載する．さらに，万全を期しているが，誤植や誤りがあった場合には訂正も載せる．ご活用いた

だきたい．

　生態学は動物と植物の研究者間で交流が少なかったために，全体として共通の用語，特に訳語が定着していない．『生態学事典』の出版により，日本生態学会としての訳語が一応，確立した．本書の用語とその定義は生態学事典に準拠した．そのため，私の前著『環境生態学序説』と用語が異なるものがあり，初出のときに併記した．さらに，まだ英語と完全には 1 対 1 に対応していない．特に動物学と植物学で用語が異なり，たとえば growth はそれぞれ成長と生長，habitat は生息地と生育地，community は群集と群落と訳語が異なる．このような用語は，初出のときに併記した上で，文脈からどちらかを用いた．将来，このような訳語の不統一の多くは自然に解消されていくと期待するが，進化生態学の法則に照らせば，長い時間がかかることだろう．

　本書で学ぶ生態学とは，以下の 3 つの問いから始まる．また，本書の随所に問を設けている．これらの問いに正確に答えることができれば，生態学の本質を理解し，生態学の考え方を学ぶという，所期の目的を読者が果たしたといえるだろう．生態学で学ぶべき知識は多いが，そのすべてを記憶し続ける必要はない．たいせつなのは考え方である．本書を読み進めるにあたり，常に，これらの問いに立ち返り，自ら考えていただきたい．M. ベゴンほかの教科書の序文に，単純さを求めよ．ただし，それを信じるなという言葉がある．これは生態学に必須の心構えである．自然現象は複雑である．特に，生態現象は再現性に乏しい．それでも，問題を上手に設定すれば，きわめて明快な理論が生まれ，紛れのない結果が得られるだろう．それこそ，科学の醍醐味である．

0.2　問題提起

■問 0.1　なぜ，高山から深海まで，地球上いたるところに生物がいるのか？

　現在，生命が存在している惑星は，太陽系では地球だけだと考えられている．兄弟のような惑星でありながら，金星にもいないし，火星にもいない．それなのに，どうして地球上には，高山から深海底に至るまで，いろいろな生物がいるのだろうか．

　それらは同じ生物ではない．まったく異なる環境に生きるよう，姿かたちが

異なっている．

> **問 0.2** 自然淘汰によって進化したはずの生物が，なぜ個性豊かなのか？ 逆に，一見無駄なものも含め，多様な生物がいるほうが将来役立つとはどういう意味か？ そもそも，この問の前半と後半は別のことなのか？

　後で説明するように，淘汰によって子孫を残しやすい（その環境に適応した）遺伝的系統が残っていく．最も単純な理論によれば，最も適応した系統だけしか残らない．だとすれば，個性（個体差）は失われているはずである．けれども，実際には生物には遺伝的および後天的な個体差がある．個性こそ，生物の特徴だといってもよい．

> **問 0.3** 人類は自然と「共生」しているのか？

　この問いは，日本以外ではたいした意味をもたない．本書が訳されることがあっても，もともとの問いの意図さえよくわからないだろう．なぜなら，「自然と共生する社会」という標語は，海外ではほとんど聞かれないからだ．この文の意味を考え，その言わんとすることを生態学用語で正しく言い換えてほしい．

0.3 補足

補足 0.1 ゼロからわかる生物学

　生命の起源は有機物の生成から始まる．有機物とは二酸化炭素や炭酸塩，メタンのようなごく単純なものを除いた炭素化合物の総称であり，以前は生物によってのみ作られるものと考えられてきた．現在では，大気中などでも非生物的に作られることがわかっている．

　生物は細胞からできている．細胞は細胞膜に囲まれ，さまざまな化学反応を行う生物の単位である．生物は1個体が1つの細胞からなる単細胞生物と多くの細胞からなる多細胞生物がある．細胞膜は選択的に物質を出し入れする半透膜であり，内部に蓄えられた物質を原形質という．細胞を構成する重要な有機物は核酸（DNAとRNA）とタンパク質である．

　タンパク質は20種類のアミノ酸が結合して一列に並んだ高分子である．アミノ酸

とは，アミノ基 (NH_2) とカルボキシル基 (COOH) の両方をもつ有機化合物のことである．しかし，タンパク質はまっすぐに伸びた高分子ではなく，球状に折りたたまれた複雑な高次構造を形作る．高次構造の形はタンパク質の重要な性質であるが，熱を加えると高次構造が崩れて変性する．細胞内の高分子反応の多くは酵素を触媒として進む．**触媒**とは複数の物質が化学反応を起こす際にそれを促す物質のことで，触媒自身は反応の前後で変化しない．この酵素もタンパク質であり（酵素の触媒作用を補う非タンパク質の部分があるときは，それを補酵素という），さまざまなタンパク質どうしの反応などを別の酵素が促進する．

核酸には DNA（デオキシリボ核酸）と RNA（リボ核酸）があり，それぞれ 4 種類の塩基が一列に並んだ高分子である．4 種類とは，DNA の場合はアデニン (A)，チミン (T)，グアニン (G)，シトシン (C)，RNA の場合はチミンの代わりにウラシル (U) である．生物の遺伝情報は核酸に記され，遺伝子はその一次元の塩基配列である．

DNA は 1 本ではなく，通常 2 本が対になって二重らせんを作る．一方の DNA の塩基配列が決まると，アデニンとチミンおよびグアニンとシトシンが対となって他方の DNA の塩基が配列される．この構造は安定していて，DNA 配列の切断や遺伝情報の変異を防ぐ効果がある．そのうち一方の DNA 配列の情報が必要に応じてそのまま**伝令 RNA**（メッセンジャー RNA）に転写される．3 つの塩基の並び（コドン）から 1 つのアミノ酸が作られる遺伝暗号により，$4 \times 4 \times 4$ で 64 種類のコドンが 20 種類のアミノ酸に対応する．どのコドンがどのアミノ酸に対応するかはおおむねすべての生物で共通していて，これを遺伝暗号表という．このとき，それぞれのコドンに対応する 64 種類の**転移 RNA**（トランスファー RNA）がアミノ酸に翻訳する．こうして，DNA に記された遺伝情報はタンパク質に変わる．この翻訳が盛んに行われるときには伝令 RNA の量が増える．

インフルエンザウイルスや **HIV** ウイルスは，遺伝情報を一本鎖の RNA として保管している．宿主に感染すると自分の RNA 配列情報を DNA に「逆転写」する．これは DNA から RNA という転写とは逆向きである．これをつかさどる逆転写酵素はウイルス中に含まれている．できたウイルス由来の DNA は宿主の核ゲノムの中に入り込み，宿主細胞の分裂とともに増殖したり，宿主の転写，翻訳の過程でウイルスの遺伝情報がアミノ酸に翻訳され，ウイルスが大量に増殖することがある．

ゲノム（配偶子に含まれる染色体・遺伝子のすべて）はまるごと RNA に転移され

るのではなく，あるまとまった単位ごとに転移・翻訳される．このまとまりを**遺伝子**という．各遺伝子は染色体上において特定の位置にあり，その位置を**遺伝子座**という．ある遺伝子座に複数の遺伝子配列があるとき，それぞれを**対立遺伝子**という．

細胞には遺伝子を保管する**核**と呼ばれる部分があり，多細胞動物（後生動物），真核生物では細胞膜と同じ構造の核膜に包まれている．古細菌，細菌，藍藻の**原核生物**にも1組のゲノムがある．これは核膜に包まれていない．真核生物の細胞に含まれる遺伝子は，細胞分裂の際に分裂面に整列して棒状の**染色体**になる．ヒトは通常46本の染色体をもつ．これは2組の相同な22本ずつの**常染色体**と2本の**性染色体**からなる．精子や卵では1組だけになり，受精もしくは接合によって再び2組に戻る．精子や卵に含まれる遺伝子のすべてを**ゲノム**という．ゲノムが2組ある細胞を**二倍体**，1組しかない細胞を**一倍体**または**半数体**という．二倍体の生物が半数体の生殖細胞を作るときの細胞分裂を，染色体の数を減らすので，**減数分裂**という．また，減数分裂によって半数体になった生殖細胞を**配偶子**，2つの配偶子が合体することを接合といい，接合した細胞を**接合子**という．減数分裂と接合により2個体の親から，そのどちらとも遺伝子の組成が異なる子を作ることを**有性生殖**，減数分裂を伴わずに1個体の親から子を作ることを**無性生殖**という．

配偶子も生活環の一段階だが，ヒトを含む多くの動物と種子植物ではごく短期間しかなく，配偶子自身は栄養摂取や光合成などを行わない．受精卵を用いた実験に反対する思想家も，精子や卵子に人格を認めようとはしないだろう．しかし，シダ植物では配偶子（前葉体）は独立して生活し，コケ植物の生活環においては半数体のほうが二倍体より長く，個体も大きい．

無性生殖をする生物には，細胞内にゲノムが3組以上あるものがあり，これを**倍数体**という．セイヨウタンポポのように有性生殖をする種が何らかの理由で倍数体の子供を作り，無性生殖を始めることもある．この場合，無性生殖するタンポポと有性生殖するタンポポは別種と考えられてきた．しかし，低い頻度で「雑種」を作り，かつ集団（個体群）中に子孫を残すことがわかってきた．このように，雑種が元の集団と戻し交配することで，一方の集団から他方の集団へ遺伝子が流入することを**遺伝子浸透**という．昔は，生物学的種とは，種内で相互に交配しあい，かつほかの種とは生殖的に隔離されている自然集団と定義されていた．隔離とは雑種を作らないことではなく，雑種が孫を作らないことと定義されてきたが，これは非現実的な定義である．現

在，すべての記載された種を矛盾なく説明できる種の定義は存在しないといっても過言ではない．

問 0.4 生物を真似たバイオマシンには，脳神経系を真似た電子計算機と，細胞の酵素反応を真似たものがある．後者はまだ広く普及していない．それはなぜか．

問 0.5 精子と卵子，雌と雄の定義の違いを述べよ．

第1章

生物が生きるための環境

1.1 生物が必要とする環境条件

　生物が生きていくには，物質とともに，エネルギーがいる．エネルギーは有機物（アデノシン三リン酸＝ **ATP** など）に化学エネルギーの形で蓄えられ，必要に応じて消費される．化学エネルギーは力学的エネルギーや熱に変換される．そのエネルギーの最大の源は，光合成をもたらす太陽からの放射である．

　生物は，呼吸によって ATP などの有機物に蓄えられた化学エネルギーを分解して取り出す．呼吸によって生物は生活したり，成長したり，繁殖することができる．呼吸は燃焼と同じく，ふつう酸素を使い，有機物を二酸化炭素と水に分解してエネルギーを取り出す．しかし**嫌気性細菌**は酸素を使わずに有機物を分解してエネルギーを得る（嫌気的呼吸）．それどころか，酸素があるところでは生活できない生物さえいる．水生生物は酸素を水中から取り込むが，酸素は水に溶けにくい．水の中で有機物を分解するときに微生物が呼吸に使う酸素の量を，**生物的酸素要求量（BOD）** と呼び，水質環境基準の1つとして広く用いられる．有機物が大量に含まれる水では BOD が高く，溶存酸素が不足し，動植物などが生きられなくなる．

　生物が使うエネルギーはどこからくるのか．太陽光からのエネルギーを有機物の化学エネルギーに変える光合成生物がそのおもな起源である．約 27 億年前に，光と水と二酸化炭素から有機物を得る**藍藻（シアノバクテリア）**が出現した．それ以外にも，二酸化炭素の代わりに硫黄化合物などを使って酸素を作

らずに（嫌気的に）光合成を行う光合成細菌や，深海底の熱泉口などの極限環境では光合成以外の方法で有機物を合成している細菌（古細菌）がいる．これらの独立栄養生物は，好気的な光合成より前から地球上にいただろう．嫌気的な光合成細菌は，酸素の乏しい湖の深層や富栄養化した水域に見られる．このように，外からほかの生物由来の有機物を取り込む生物を**従属栄養生物**，無機の炭素化合物とエネルギーを取り込み，有機物を合成する生物を**独立栄養生物**という．

　好気的光合成を行う植物には，光と二酸化炭素と水のほかに，いくつかの元素（窒素，リン，硫黄，カリウム，カルシウム，マグネシウム，鉄，そのほかの微量元素）が必要である．植物はこれらを無機物として取り込む．動物にもこれらの元素が必要であり，おおむね餌である植物から取り込む．

　植物も動物も，生きるためには必要な資源がある．生態学でいう資源とは，物質だけではない．「その生物が消費するか，排他的に利用する有限なものすべて」を指す．あるリスが樹洞を使うと，同時に他個体が利用することはできない．だから樹洞はリスにとって資源である．ただし，代替物が十分たくさんあれば，消費も排他的利用も問題にならないだろう．

　すなわち，光合成生物に必須の要素は，光と水と二酸化炭素と栄養塩類である．また，酵素反応の制約から，光合成を行うには，適度の光，中性に近いpH，適度の温度が必要である．このうち，最も不足しやすい資源は光，水，それに窒素，リンである．植物プランクトンでは，鉄の不足が光合成に支障を来すことがある．

問 1.1　生物の反応にはいくつかの元素や資源が必要である．かりにあり余る資源Aと足りない資源Bがあるとき，AとBどちらを追加したら，その反応速度が顕著に高くなると考えられるか？これを何の最小律というか？

1.2　エネルギーの流れと物質循環

　従属栄養生物は，エネルギーをほかの生物から得る．独立栄養生物（**生産者**）を直接利用するもの（**第一次消費者**，**植食者**），それをさらに利用するもの（第

二次消費者）と順番をつけて並べることができる．これを**食物連鎖**といい，生産者からいくつの生物を経ているかで分けたものを**栄養段階**という．ただし，植物自身を第1段階とする．また，海洋生物学では動物プランクトンを第二次生産者という．動物を利用するもの（第3段階以上）を**肉食者**という．植物と動物をともに利用する**雑食**もいる．また，動物プランクトンと魚の仔魚を両方利用する場合など，餌生物が複数の栄養段階にまたがる場合も多く，これも広義の雑食である．さらに，同種他個体（の子供）を食べる共食いや，ワムシなどの魚食性プランクトンのように，サバの親に食べられるがサバの卵や幼魚を食べる場合もある．このような場合には，食物連鎖にループが生じる（図1.1）．

食物連鎖を通じて，さまざまな物質の濃度が変わる．有害な有機水銀，環境化学物質や放射性物質の濃度は，おおむね小型魚よりそれを食べる上位捕食者の体内のほうが高い．さらに窒素の安定同位体 ^{15}N（同位体とは陽子の数が同じで中性子の数が異なる原子のことで，自然に崩壊して別の原子に変わる放射性同位体と崩壊しない安定同位体がある．^{15}N とは陽子7個と中性子8個の合計が15個の窒素のことで，通常の ^{14}N より重い）の濃度も増えることが知られていて，直接何を食べているかを調べなくても，安定同位体から栄養段階を推定することができる．

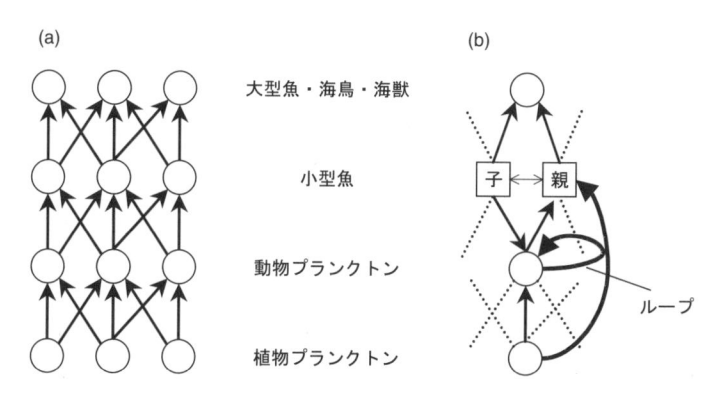

図1.1　海洋生態系を例にした食物連鎖の概念図．太い矢印は捕食関係を表す．(a) 各栄養段階に多数の種がいて，各種がすぐ下の段階にいる複数の餌を利用している．(b) 小型魚の成魚は植物プランクトンも利用し（雑食），動物プランクトンには共食いもあり，かつ小型魚の幼魚も利用している．このような場合，栄養段階は明確に定義できない．

図1.1では生きたものを利用する食物連鎖だけを描いたが，老廃物や死体を利用する生物もいる．そこからもエネルギーの連鎖が生じる．生きた生物だけで成り立つ食物連鎖を**生食連鎖**，分解者を介した食物連鎖を**腐食連鎖**という．出発点が植物か遺骸有機物・分解者（デトリタス食者）というだけで，食物連鎖のその上には捕食者が連なり，生食連鎖と両方に依存する動物もいる．デトリタスとは生物体以外の有機物の総称であり，陸上では枯葉や土壌腐食質などの形をとる．土壌中の有機物の量は，生物体としての量よりも多い．分解者自身も死んで分解されて有機物になるから，林床，深海，洞窟内などには，光合成植物がなく，分解者とその捕食者だけで成り立つ動物群集もある（微生物もいる）．けれども，エネルギー効率は100％ではないし，彼らが呼吸して出す二酸化炭素が再び有機物に同化されるには生産者がいるから，結局は光合成植物などの生産者からの外からの有機物の供給が必要である

　陸上では，地上にいるだけで強い光と二酸化炭素と栄養塩を同時に得ることができるが，水界では二酸化炭素こそ豊富なものの，光は表層までしか届かず，栄養塩は深海に沈む．暖流域では表層と中層の水温がはっきり分かれ，**水温躍層**と呼ばれる水温の異なる2つの層を作るが，寒流域では表面水温が4℃以下にまで下がって重くなり，下に沈むため，上下の海水が交じり合う．これを**鉛直混合**という．後者のほうが，光と栄養塩を同時に得ることができ，結果として**一次生産力**が高くなる．黒潮域が黒いのはプランクトンが少ないためであり，親潮とは自然の恵みを意味している．

　海面近くの光合成で作られた有機物の大部分は深層まで沈んでいく．一部は海水に溶けた形だが，粒子状にかたまって落ちるものを**マリンスノー**という．マリンスノーや溶存有機物が沈んで，中深層の動物群集を支えている．深海底に達する前にほとんどの有機物は分解されてしまうが，大型哺乳類などの死体は，密度は低いが海底まで沈む．それを食べる深海のヨコエビ類は鋭い「嗅覚」と顎と食い溜め能力をもっているという．分解物（デトリタス）には微生物群落が発達する．このような形態で存在する海中の有機体は，従来考えられてきた生食連鎖による食物網だけでなく，植物プランクトンが合成した有機物が微生物によっていったん分解されてから原生動物を通じて動物プランクトンに至る「食物連鎖」が存在し，膨大な分解者と動物群集を支えている．これを**微生**

物ループという（この場合のループとは，図 1.1 に説明したループの意味ではなく，経路または回路の意味である）．いずれにしても，陸域，淡水域，海域のいずれにおいても，一次生産量より多くの遺骸有機物が存在し，腐食連鎖はエネルギー流と物質循環を理解する上で欠かせない．

　植物が同化した物質やエネルギーの一部は呼吸，排泄，死体となり，すべてが植食者に利用されるわけではない．したがって，最上位の栄養段階の生物 1 kg を維持するのに必要な一次生産量は 1 kg よりはるかに多い．食物連鎖を通じたエネルギーの消費効率は，同化効率と生産効率に分けて考えることができる．すなわち，

　　消費量 I ≒ 同化量 A + 排泄量 F

　　同化量 A ≒ 生産量 P + 呼吸量 R

消費効率は生産量 P/消費量 I，つまり食べた分のうちどれだけが消費者の生物体量の増加につながるかを表す．同様に，同化効率は同化量 A/消費量 I，生産効率は生産量 P/同化量 A である．食べて排泄する部分は遺骸有機物として植物自身の遺骸とともに腐食連鎖に回り，呼吸などによって失われたエネルギーは大気中に失われる．定常状態では，植物や分解者も含めた生物群集全体の呼吸量は，植物の光合成による同化量とつりあっているだろう．

　消費効率は，動物の分類群によって異なる．動物には，環境温度の変化に応じて体温が変わる**変温動物**と，環境温度にかかわらず体温を保つ**恒温動物**がある．恒温動物は鳥類と哺乳類であり，体内で熱を生み出し，羽や毛によって体温を維持し，汗などにより放熱することができる．変温動物でも，マグロやチョウなど，活発な筋肉運動により体温が環境温度より高く維持される動物もいて，それと恒温動物をあわせて**内温動物**，体内に産熱機能をもたないものを**外温動物**という．

　草原におけるおもな消費者と分解者の効率を表 1.1 に示す．植食者では同化より排泄のほうが多いことからもわかるように，生食連鎖よりも腐食連鎖のほうがずっとエネルギーの流れが多い．そもそも，植物の一次生産のうち，植食者に消費される割合はそれほど高くはない．分解者は排泄のほうが多いけれども，微生物が摂取するか，分解者が繰り返し摂食することで最終的には遺骸を

表1.1 さまざまな動物の消費効率，同化効率，生産効率（M. ベゴンほかの教科書より）

分類群	栄養段階	消費効率	同化効率	排泄など	生産効率	呼吸など
無脊椎動物	植食者	16.0%	40%	60%	40%	24%
無脊椎動物	肉食者	24.0%	80%	20%	30%	56%
無脊椎動物	微生物食者	12.0%	30%	70%	40%	18%
無脊椎動物	分解者	8.0%	20%	80%	40%	12%
外温性脊椎動物	植食者	5.0%	50%	50%	10%	45%
外温性脊椎動物	肉食者	8.0%	80%	20%	10%	72%
内温性脊椎動物	植食者	1.0%	50%	50%	2%	49%
内温性脊椎動物	肉食者	1.6%	80%	20%	2%	78%
微生物	分解者	40.0%	100%	0%	40%	60%

すべて腐食連鎖と呼吸に回している．

　無脊椎動物，外温性脊椎動物，内温性脊椎動物と我々人類に近づくにつれて消費効率は下がる．すなわち，同じ生物体量の動物を維持するのに必要な一次生産量が増える．群集全体のエネルギー効率が高まるように生物が進化しているのではないことがわかる．特に我々人類は，寿命を縮めるほど食べ過ぎることがあり，適正体重を維持するために本来の生活に必要な労働とは別に運動を行ってエネルギーを消費している（第5章で説明するように，ほかの生物も，必ずしも個体数の増加にとって無駄なことをしていないわけではないが）．生態学で最適ダイエット理論というのは栄養を効率的に摂取する行動理論のことであり，栄養をとらないことではない．

　物質は生態系の中を回っている．これを物質循環という．おもに，炭素と窒素の循環がよく調べられている．エネルギーも植物から動物に取り込まれるが，つねに太陽から供給され，熱となって生態系の外に出て行く．エネルギーに関しては，生態系は明らかに開放系（外界とエネルギーや物質の出入りがあるシステム）である．

　炭素は，光合成の過程で，二酸化炭素の形で大気中や水中から植物に取り込まれ，有機物になる．食物連鎖を通じて，それが植食者に摂取され，さらに捕食者に摂取されていく．動物は呼吸や排泄などにより炭素の一部を環境中に戻す．図1.2と表1.2に示すように，海洋では中深層に膨大な貯留量があり，表層

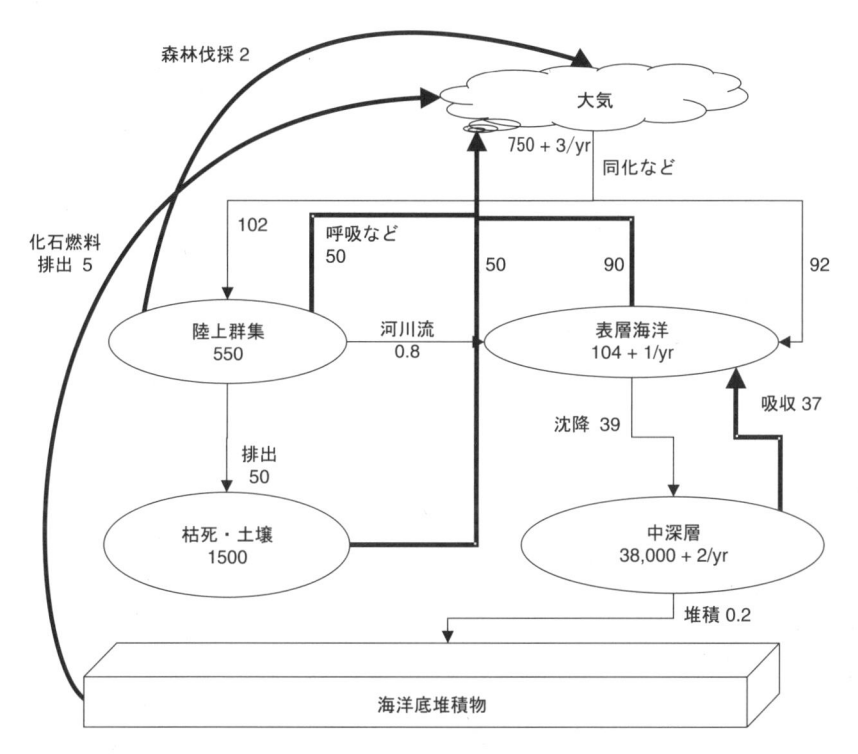

図1.2 地球の炭素循環．枠内の数字は貯留量＋年増加速度（単位はペタグラム ＝ Pg ＝ 10^{15}g ＝ 10億トン），矢印の数字は年間流量 (Pg/yr) (IPCC 1990 および日本生態学会編『生態学事典』を改変)．本文参照．IPCC とは「気候変化に関する国際間パネル」のこと．

も 104 Pg のうち生物体量は 3 Pg 程度と見られている．このような調査は，地球温暖化問題が議論されてから，IPCC（気候変化に関する国際間パネル）の研究事業によって推定されたものである．

　このように，生きた被食者や宿主を利用する動物だけでなく，動物の死体，枯死した植物，動物の糞や植物の落葉などの老廃物を資源として利用する分解者がいる．老廃物は分解されて最終的には二酸化炭素，水，無機栄養塩になり（無機化），再び植物や動物に利用される．すなわち，生態系内の炭素や窒素などの元素は，生産者（光合成植物など），消費者（動物など），分解者（菌類や細菌類など）の三者がいて生態系内を循環する．これを**物質循環**という．特に，生産者と分解者は生態系に欠かせない．分解者がいなければ，生態系は死体や

表 1.2　地球上の動植物の生産量と生物体量の推定値（ロバート・ホイッタカーが 1975 年に推定したもの.『生態学事典』より改変）

	面積 (百万 km^2)	一次生産 (A) (Pg/年)	生物体量 (B) (Pg)	落葉落枝量 (C) (kg/m^2)	動物消費量 (D) (Pg/年)	動物生産量 (Pg)	動物生物体量 (Tg/yr)	回転率 (B/A) (1/yr)	食物資源の割合 (D/A) (%)
大陸合計	149	117.5	1837	11.1	781	90.9	100.5	15.60	6.6
海洋合計	361	55	3.9	0.0	2023	302.5	99.7	0.06	36.8
熱帯雨林	17	37.4	765	0.3	260	26.0	33.0	20.45	7.0
熱帯季節林	7.5	12	260	0.4	72	7.2	9.0	21.88	6.0
温帯常緑樹林	5	6.5	175	1.5	26	2.6	5.0	26.92	4.0
温帯落葉樹林	7	8.4	210	1.4	42	4.2	11.0	25.00	5.0
北方林	12	9.6	240	4.8	38	3.8	5.7	25.00	4.0
疎林・低木林	8.5	6	50	0.5	30	3.0	4.0	8.57	5.0
サバンナ	15	13.5	60	0.3	200	30.0	22.0	4.44	14.8
温帯草原	9	5.4	14	0.4	54	8.0	6.0	2.67	10.0
ツンドラ・高山	8	1.1	5	0.8	3	0.3	0.4	4.29	3.0
砂漠と半砂漠*	18	1.6	13	0.0	5	0.7	0.8	7.78	3.0
荒原**	24	0.07	0.5	0	0	0	0	6.67	0.3
耕作地	14	9.1	14	0.1	9	0.9	0.6	1.54	1.0
湿地・沼沢地	2	6	30	0.5	32	3.2	2.0	5.00	5.3
湖沼・河川	2	0.8	0.05		10	1.0	1.0	0.05	12.5
外洋	332	41.5	1	0.0		250.0	80.0	0.02	40.0
湧昇域	0.4	0.2	0.008	0.0	7	1.1	0.4	0.04	35.0
大陸棚	26.6	9.6	0.27	0.0	300	43.0	16.0	0.00	31.3
藻場・礁	0.6	1.6	1.2	0.0	24	3.6	1.2	0.80	15.0
河口（除干潟）	1.4	2.1	1.4	0.0	32	4.8	2.1	0.67	15.2

* 砂漠と半砂漠には低木林を含む. ** 荒原には岩場, 砂地, 氷原を含む.

老廃物だらけになり，やがて生き物は地上から消えてしまうだろう．

　広義の分解者には，狭義の分解者である細菌類と菌類のほかに，死体や老廃物を消費する動物（ハイエナなどの腐肉食者やミミズ類，トビムシ類，ダニ類などの分解者）を含む．分解者と生物を消費する消費者の区別は不明確な場合

がある．たとえば，キンバエの仲間の幼虫（ウジ）は宿主が生きているうちに孵化し，宿主を殺し，その後しばらく死体の栄養を吸収して大きくなることがある．この生活史は，捕食寄生者とほとんど変わらない．彼らは生態系の物質循環を円滑にするために生きているのではない．死体や老廃物にも利用できるものがあるから利用するのであり，消費者と分解者の区別は，生態系を理解する生態学の都合である．

> 問 1.2　酸素が必要な好気性生物と酸素を使わない嫌気性生物はどちらが先に誕生したか？
>
> 問 1.3　陸と海の一次生産力はどちらが高いか？生物体量はどちらが多いか？

1.3　地球環境の長期変動

表 1.3 は，金星，地球，火星の現在の大気組成などである．酸素が大気中に豊富にあるのは，地球だけである．生命が誕生したときの地球の大気には，現在の金星のように，酸素がほとんどなくて二酸化炭素が数気圧あったが，水中の光合成生物の働きにより，海中ひいては大気中の酸素が増え始めた．それと同時に炭素は炭酸カルシウムなどの形で海中から岩石中に堆積して減っていった．古生代には酸素分圧は 10% 以上に増え，ほぼ現在と似たような組成になっていたと考えられている．その後は図 1.3 のように，古生代石炭紀には現在よ

表 1.3　金星，地球，火星の現在の大気組成など．生命誕生以前（冥王代）の地球は，金星と同じような組成だったと考えられる

	金星	地球	火星	冥王代の地球
表面気温 (℃)	480	17	-47	?
気圧 (hPa)	90,000	1000	6.4	約 10 気圧
CO_2	96%	0.035%	95%	約 80%
N_2	3.50%	78%	2.70%	約 20%
O_2	0.007%	21%	0.13%	ほとんどなし
Ar	–	0.9%	1.60%	

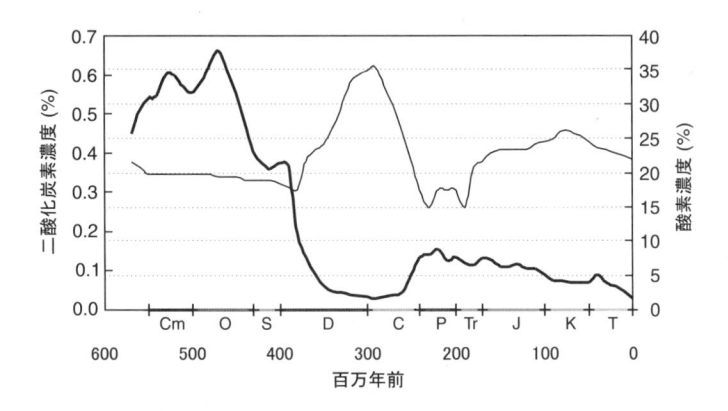

図 1.3 古生代以降の大気中の酸素（細線）と二酸化炭素（太線）の推定濃度の変化．Berner (1999) および Berner (1997) のデータをもとに作図．太線は二酸化炭素（左軸），細線は酸素（右軸）．約 5 億 5000 万年前からの濃さの異なる横軸の帯は，古いほうから順にカンブリア紀 (Cm)，オルビドス紀 (O)，シルル紀 (S)，デボン紀 (D)，石炭紀 (C)，ペルム紀 (P)，三畳紀 (Tr)，ジュラ紀 (J)，白亜紀 (K)，第三紀 (T) を表す．

りも酸素濃度が高い時期があり，大気中の酸素と二酸化炭素は変動を繰り返している．

　地球の物理環境の変化は，生物の進化と密接不可分に結びついている．特に，大気組成は海洋と生物活動によって大きく左右される．同時に，大陸の離合集散は大陸棚の面積が変わり，生物が大陸ごとに異なる進化を遂げたり，絶滅したりするだけでなく，一次生産力と大気組成の激変をもたらした．

　40 億年前から今日まで，太陽からの放射エネルギーは約 30% 増えているという．宇宙史的尺度で見れば，太陽もまた有限の資源であり，約 100 億年後には膨張して地球を飲み込む．それでも，地球の平均気温は，数度から数十度程度の寒暖を繰り返しながらほぼ一定に保たれてきた．これは，生物の力だけではない．現在，グリーンランド沖で海面の水が冷えて沈み，大西洋西の深海を南下し，喜望峰とマラッカ海峡などを越えて北太平洋などで 2000 年かけて浮上する海洋大循環が知られている．これが一種の保温器の役目を果たし，地球気温を安定に保っているとみられる．また，気温が上がると雲が増え，太陽光を反射し，それ以上の気温上昇を防ぐことが期待される．地表の反射率をアルベドという．氷河が増えると反射率が上がり，ますます寒冷化が進む恐れがある．また，大きな火山の噴火，大規模な森林火災，隕石衝突，あるいは核戦争

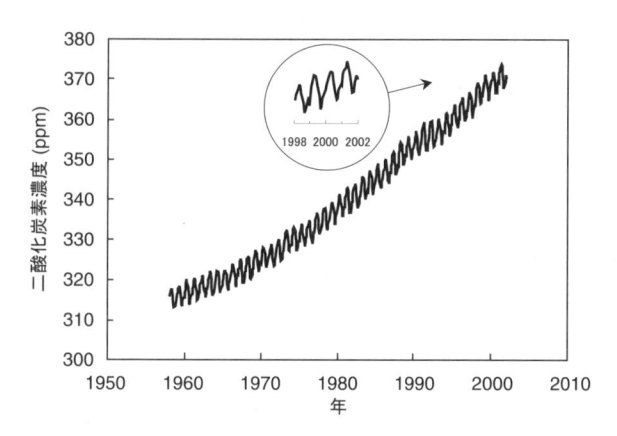

図 1.4 キーリング (Keeling) 曲線（ホームページ*で生データが公開され，毎日更新されている）．円内は最近 4 年間の挙動の拡大図．

のあとに核の冬が訪れるというのも，粉塵による寒冷化である．

大気中の二酸化炭素（CO_2）濃度も，植物の量と関係して変化している．植物量が増えると CO_2 濃度が下がり，減ると上がる．そのため，CO_2 濃度は季節変動を繰り返しながら全体として毎年きれいに上がっている．これを発見者にちなんでキーリング曲線という（図 1.4）．ところが，CO_2 には，太陽から受けた熱を保ち，地表からの熱を逃さない温室効果がある．温暖化が光合成活性を増やすとすれば，それが CO_2 濃度を下げて寒冷化に貢献するという補償作用がある．このように，ある作用がその変化を妨げる方向の別の作用を引き起こすことを，負のフィードバックという．実際には，光合成活性と CO_2 濃度と地球平均気温の関係はもっと複雑であり，安定に保たれるとばかりはいえない．

2000 年現在の CO_2 濃度は約 0.28%である．古くは中生代の三畳紀，ジュラ紀，白亜紀の CO_2 濃度は 1.4〜2.8%と，今の数倍高かった．それが第三紀の始新世から鮮新世にかけて 1%程度程度に減り，第四紀の氷期にはさらに 0.18%程度に下がり，間氷期と氷期で増減を繰り返している．

約 5 億年前に海中に魚類（脊椎動物）が誕生する以前（先カンブリア時代）にも，地球環境は何度も大きく変わってきた．約 37 億年前から 5 億年前まで，

---

* http://cdiac.ornl.gov/trends/co2/sio-mlo.htm

大陸移動によって1つの超大陸にまとまることが何度かあった．先カンブリア紀のことだが，1つの超大陸にまとまったときに地球全体が凍結していたともいわれる（全球凍結）．古生代ペルム紀の終わりにパンゲア超大陸ができたときに地球史上最大の大量絶滅が起こり，海洋生物の分類群（属）のうち96％が絶滅したともいわれている．

中生代白亜紀の終わりである約6000万年前にも，恐竜が姿を消した大量絶滅があった．大隕石衝突が原因だったという仮説がある．隕石衝突も，まったくの偶発事故ではないかもしれない．大量絶滅が周期的に起こっているという指摘もあるが，その周期には諸説あり，定かではない．

新生代になると，大陸移動によって南緯80度付近に大陸がなくなり，環南極海流ができた．これが南極氷床の拡大と地球の寒冷化を呼び起こしたといわれている．約600万年前から，氷期と間氷期が何度か繰り返されている．間氷期には海面が今とほぼ同じか数十メートル高くなり，氷期には100メートルほど低くなる．第四紀にも4回の氷期があったといわれるが，南極ボストーク基地の氷の中に閉じ込められた大昔の大気組成と古気温の分析から，詳細な過去の変動の様子が推定されている（図1.5）．二酸化炭素濃度と気温が連動していることがうかがわれるが，因果関係を示したものではない．したがって，CO_2

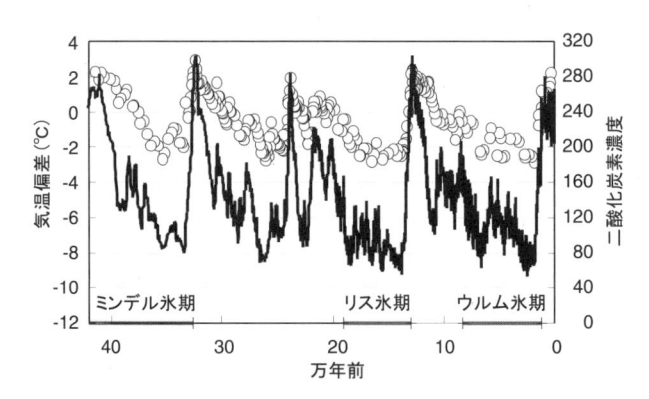

図1.5　過去40万年間の南極ボストーク基地での二酸化炭素濃度（白丸）と現在を0とした気温の偏差(折れ線)[*]．第四紀にはギュンツ氷期（約120〜80万年前），ミンデル氷期（約50〜30万年前），リス氷期（約20〜13万年前），ウルム氷期（約7〜1万年前）が知られているが，この図からはミンデル-リス間氷期にも寒冷な時期があったことがうかがわれる．

[*] http://www.ngdc.noaa.gov/paleo/icecore/antarctica/vostok/vostok_co2.html より．

濃度が増えたために温暖化が起こったとは限らない．温暖化のために CO_2 濃度が増えたかもしれない．

より短い変化もある．南極の氷に閉じ込められた気泡から，十万年規模の大気組成の変化を知ることができる．必ずしも温暖な時期に CO_2 濃度が高いとは限らない．たとえば，およそ 7000 年から 6000 年前は関東平野の一部が海没（**縄文海進**）した温暖な時代だったが，CO_2 濃度は今より高くはなかった．太陽黒点の増減も太陽からの放射エネルギーの量と連動している．黒点数は約 11 年のはっきりした周期性が認められている．より長期的にも変動があり，黒点の数が少なかった中世は小規模ながら寒冷な時代だった．また，北太平洋の海面水温は半世紀ほどの「周期」で寒暖を繰り返しているという（レジームシフトと呼ばれる）．日本にも，冷夏をもたらすエルニーニョなどの気候変化がある．

以上をまとめると，表 1.4 のようになる．地球はさまざまな時間尺度で，大きく変動し，ときには大量絶滅や，生息地間の大移動，まったく新たな生物が進化するような激変を繰り返しながら，豊かな生態系を連綿と維持してきた．もし，人間の影響がなければ，地球環境は短期的にも長期的にも一定であると

表 1.4　さまざまな時間尺度（1 年以下を除く）での地球環境変化

変化の類型	変化の内容	時間尺度	地球環境への影響
不可逆的変化	太陽からの放射エネルギー	40 億年で 3 割増加	
「過渡的」変化	大気中の酸素濃度の変動	図 1.3	生態系？
「過渡的」変化	大気中の二酸化炭素濃度の変動	図 1.3, 図 1.4	地球温暖化？
「周期的」変化	銀河系の公転	約 2 億 7500 万年	隕石衝突？
「反復的」変化	大陸移動（超大陸の合体と分裂）	数億年？	大量絶滅，全球凍結？
「反復的」変化	地磁気の逆転	数十万年	？
「周期的」変化	離心率の変化	10 万年，41 万年	氷河期
「周期的」変化	地軸の傾きの変動	約 4 万年	季節変化
「周期的」変化	歳差運動による近日点移動	約 2 万年	季節変化
「反復的」変化	気候のレジームシフト	数十年？	？
「周期的」変化	太陽黒点	11 年	？

大規模なエルニーニョは，1578 年，1728 年，1791 年，1877/78 年，1891 年，1899 年，1925/26 年，1942 年，1982/83 年，1997/98 年に発生したといわれている．

誤解すれば，人間活動の地球環境への影響も，保全の方法，さらに地球温暖化防止活動の効果の評価も，見誤るかもしれない．かつてローマクラブは『成長の限界』において，人口，GNP，農業生産力その他に関する将来予測は，すべて滑らかな曲線を描いていた．この予想 (projection) は人類と地球環境の将来に対して1つの重要な示唆を与えた．けれども，将来がこの通りになるという予測 (prediction) ではない．定量的にも定性的にも，この予想通りに進むとは限らないことに注意しよう．特に環境問題では，将来への警鐘として，必ずしも将来その通りになるとは限らない予想が多用される．その背景には，数字や図を示さないと社会（特に行政）が対策を立てないという制約があるのかもしれない．どこまでが確かなデータ（事実）であり，どこまでが実証的なモデルに基づく予測であり，何が未実証の前提に基づく予想であるかを見きわめる力が必要である．

　氷河期の到来は，地球の公転および自転の「ぶれ」で説明される．地球は太陽の周りを楕円軌道で公転しているが，離心率が約10万年および41万年周期で振動しているといわれる．離心率が変わると近日点と遠日点の太陽からの距離の差が増減する．差が増えると季節変化が大きくなる．近日点は毎年同じではなく，約2万年かけて1周しているという．近日点が北半球の冬にあたると，夏の北半球への太陽放射熱が減る．また，地軸は公転面に対して現在23度ほどだが，約4万年周期で上下1度あまり変動する．夏至のときに地軸が傾いているほうが，季節変化が大きくなる．これらの要素が重なって地球環境が周期的に変化している．これを提唱者の名をとってミランコビッチサイクルという．図1.5を見ると，平均気温が約10万年の周期で変動しているように見えるだろう．

問 1.4　なぜ，金星や火星には生物がなく，地球だけに存在するか？
問 1.5　大気中の酸素と二酸化炭素の濃度は，生物によってどのように変わったか？
問 1.6　地球環境はさまざまに変動しているのに，どのようにして生物は生きながらえたか？
問 1.7　地球大気の平均 CO_2 濃度が高いのは，1年のうちで何月だろうか？

■ 問 1.8　レジームシフトが周期的変動でなく，反復的とはどういう意味か？

1.4　個体，個体群，群集の定義

　ここで，最も基本となる，M. ベゴンほかの教科書の副題にある用語，個体，個体群，群集などの定義を試みよう．これらは，生態学で最も基本となる用語である．そして，残念ながら，明確に定義できない難物である．M. ベゴンほかの教科書では，個体とは何かの説明に 1 節 10 ページを費やしている．**個体群**（集団）とはある範囲における外部との移出入が比較的少ない同一種の個体の集まりであり，**群集**とはある時空間を共有するさまざまな種の個体群の集まりである．たとえば，ある分類群に限って，微生物群落，植物群落，動物群集，魚類群集などという使い方をするし，その時空間上におけるすべての種の集まりでもよい．さし当たって本書では，**個体**とは，独立・分離した組織をもち，繁殖と死亡の単位と定義しておく．

　個体には，さまざまな**発生段階**がある．それは生物種によって異なる．最も典型的な場合として，ヒトを含む哺乳類の有胎盤類を取り上げよう．配偶子である雄の精子と雌の卵子が受精して受精卵を作り，雌の体内で発生を始め，出産される．その後成長し，成熟し，新たな個体（子）を繁殖する．子の核遺伝子の半分を担う雄（父親）にとっても，雌の出産の時点が自らの子を残す繁殖である．ちなみに，「繁殖」の英語は reproduction であり，経済学や水産学でいう「再生産」と同じである．やがてさまざまな**老化現象**が起こると，繁殖できなくなって死亡率が上がる．ただし，成熟や老化に至る前に死ぬことも多い．ほとんどの生物にとって，死はいつか必ず訪れる．ある親個体の発生段階から子供の同じ段階に戻るまでを**生活環**といい，その周期を**世代**という．昆虫のハチ類では，受精卵が**孵化**し，幼虫となって脱皮を繰り返し，蛹となり（蛹化），羽化して成虫になり，雄と雌の配偶子が受精して（あるいは受精を経ずに雌の卵が）産卵する．受精卵は雌に，未受精卵は雄になる．個体の形が大きく変わる（孵化），蛹化，羽化の過程を**変態**という．昆虫類の成虫はもはや脱皮せず，やはり，死は必ず訪れる．昆虫類や魚類では，通常，産卵（卵胎生の場合は産仔）の時点を個体の誕生と見なす．けれども，人間でも受精の時点，昆虫でも

孵化の時点を個体の誕生と見なすことも生物学的にはできるだろう．出産前の胎児を個人と見なさないのは，法律的な問題である．たいせつなのは，必要に応じて明確に定義することであり，同じ文脈で，定義を混乱させないことである．実は，聞き手にわからないだけでなく，話し手である生態学者自身も不明確なまま考えていることがある．

いずれにしても，受精卵，種子，胞子など，生活環に単細胞の段階を経る場合，この単細胞の時期を個体の誕生と見なすことができる．この接合子や胞子は，親となる多細胞生物から生まれる．

生活環は，それぞれの発育段階が環をなしているが，個々の生物は，必ず次の発育段階に移ることができるわけではない．個体自身が死ぬことや，配偶子を作っても受精できない場合がある．しかし，時間を遡れば，必ず生活環をずっと逆にたどることができる．

人間では，個体はかなり明確に定義できる．たとえば，死ぬのは脳死の時点であるなどと定義できる（脳死の基準は少し曖昧だが，それほど大きな問題ではない）．流産や死産の場合は繁殖に失敗したとみなす．

タケやサンゴの1個体とは何か，必ずしも明確ではない．ある段階で有性生殖を行い，種子や受精卵を作るが，それから発生した個体は株別れや栄養繁殖により，接合子の段階を経ずにどんどん増えていく．このような生物を**モジュール型生物**という．このように，はっきり単細胞（胞子，卵子，種子など）の段階を経る生活環をもつ個体だけではない．モジュール型生物は人間と異なる生活環をもっているが，**多細胞生物の中で決して例外ではない**．浮草が大きくなり，徐々に分かれていく過程では，いつの時点で個体が分かれたか，はたして分かれた個体が別個体といえるのか，明確ではない．細胞性粘菌は胞子，発芽，アメーバ状単細胞，偽変形体，子実体を繰り返す生活環をもつ．哺乳類の精子や未受精卵を個体とはいわない．

■ 問 1.9　細胞性粘菌の生活史を調べ，図示せよ．

1.5 利用する資源と生活形

先に述べたように，維管束植物に必要な資源は光と水と二酸化炭素である．森の中では，光は樹冠に注ぎ，水や栄養塩はおもに地中にある．そのため，他の木よりも高く伸びて光を得るとともに，根から樹冠まで水を運ぶ維管束が必要になる．

同じ場所でも，日射量は季節，時刻，天候に大きく左右される．ところが，放射強度と光合成活性の関係は葉によりほぼ決まっている．緑色植物のクロロフィル（**葉緑素**）が利用できる光は，400 nm から 700 nm の間で，この波長帯の放射を**光合成有効放射（PAR）**という．植物の細胞は呼吸もする．放射強度が下がると，光合成による収益が呼吸などによる損失を上回るようになる．この両者の差を**純光合成**といい，水分と二酸化炭素などの他の環境条件を満たした上で，純光合成がゼロになる放射強度を**光補償点**という．コムギなどの**陽生植物**は純光合成活性の最大値が高いが，光補償点も高い．コケのような**陰生植物**は純光合成の最大値が低いが，光補償点も低く，日陰でもそれなりに生長できる（図 1.6）．葉のつく角度も重要である．葉面に垂直に太陽の光が当たる（すなわち，葉が水平に近くついている）と，単位葉面積あたりに吸収する放射強度が強くなり，下層についた葉まで光が届きにくくなる．葉が垂直に立っている場合は，葉面に斜めに光が当たると，単位面積あたりの放射強度が弱くなる

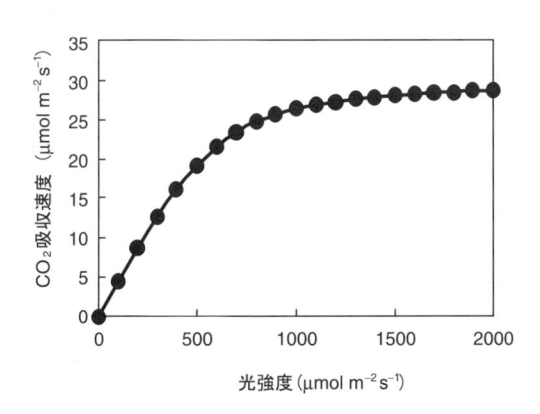

図 1.6 放射強度と純光合成の関係．

が，下層の葉にまで光が届きやすくなる．樹木の場合は，陽生植物と陰生植物のことを，それぞれ陽樹と陰樹という．

　プランクトンでは水深が深くなると光が届かなくなり，光合成同化量が下がる．やはり呼吸量とつりあう水深を補償点という．プランクトンの一次生産力は光（緯度）だけでなく，炭素やリンなどの栄養塩および鉄などの元素の濃度にも左右される．栄養塩が豊富でも一次生産力の指標であるクロロフィル濃度が低い地域と高い地域があり，前者を **HNLC** (high nutrient and low chlorophyll) という．たとえばオホーツク海とベーリング海は同じ緯度にありながら前者の生産力が高いことが知られており，アムール川からの鉄分補給が豊富なためと考えられている．

　高等植物における光合成は，光量子がクロロフィルに吸収されるところから始まる化学反応であり，二酸化炭素 (CO_2) と水 (H_2O) から炭水化物（C：H：O=1：2：1の比率で集まったもの）と酸素 (O_2) を作り出す．エネルギー収支で見ると，この過程で光のエネルギーを使っていったん ATP が合成される．これを明反応ということがある．その後，ATP が再び ADP に変わる際にそのエネルギーを使って CO_2 を吸収して糖類が作られる．これを暗反応ということがある．結局，光の放射エネルギーは光合成によって炭水化物の化学エネルギーに変換される．生物は必要に応じて炭水化物を分解してエネルギーを取り出し，生命活動に利用する．これを暗呼吸という．

　1分子の CO_2 が吸収されるために，少なくとも8個の光量子をクロロフィルで吸収する必要がある．すなわち，光がすべて吸収されて光合成反応に利用される状態では，光強度（光量子密度）と CO_2 吸収速度は比例関係にあり，その比例定数は 1/8 になる．図 1.6 は光強度と CO_2 吸収速度の関係を表した概念図だが，光が少ない（$1 m^2$ あたり毎秒 500 μmol 以下程度の）うちは比例関係にある．ただし，その傾きは 0.04 から 0.06 の間にあり，上記の理論的な上限である 1/8 より低い．この低下の原因は2つ考えられる．1つは，当たった光の一部は反射・透過して利用できないからである．もう1つは呼吸した光エネルギーの一部が合成した炭水化物の一部を分解して CO_2 を放出することに使われるからである．これを光呼吸という．後で述べる C3 植物の場合，これによって合成した糖の約 1/3 を失ってしまう．

光呼吸で失われる CO_2 の量と光合成で吸収される CO_2 量の比は，CO_2 濃度に依存する．CO_2 濃度が低いほど失われる CO_2 量が増え，吸収される CO_2 量が減る．CO_2 の光合成による吸収と暗呼吸による放出がつりあい，CO_2 の出入りが見かけ上なくなってしまう CO_2 濃度を **CO_2 補償点** という．

また，図 1.6 を見ると，光がどんなに強くても，CO_2 吸収速度には上限があることがわかる．この上限は光合成系を担うタンパク質の量と，CO_2 濃度に左右される．

光合成速度は C3 植物，C4 植物，CAM（ベンケイソウ型有機酸代謝）植物によって異なる．C3 植物の暗反応はカルビン・ベンソン回路（PCR 回路）と呼ばれる循環代謝経路で行われる．CO_2 は最初に炭素を 5 つもつ分子に結合し，炭素を 3 つもつ分子が 2 つ合成される．このように，最初の生成物が炭素を 3 つもつために C3 植物と呼ばれる．C4 植物も PCR 回路をもつが，最初の CO_2 の吸収は PCR 回路ではなく，ハッチ・スラック回路 (C4 回路) と呼ばれる経路で行われる．最初の生成物が炭素を 4 つもつ物質ができるために C4 植物と呼ばれている．C4 経路は細胞内に CO_2 を濃縮し，光呼吸を抑えて光合成の効率を高めるため，C4 植物は高い光合成能力をもつ．CAM 植物は夜間に気孔をあけて吸収した CO_2 をリンゴ酸として固定し，昼間に気孔を閉じて細胞内でリンゴ酸から CO_2 を再放出し，PCR 回路で糖類を合成する．このため，気温が上がって蒸散が激しくなりやすい昼間でも水を失いにくくなる．現存する C3 植物約 25 万種に対して，CAM 植物は約 2 万種，C4 植物は約 8000 種存在するという．25 ℃，21% 酸素濃度における CO_2 補償点は，C3，C4 植物でそれぞれ 40〜60 ppm と 0〜10 ppm である．これは，C4 植物が光呼吸をほとんど行わないためである．ただし，C4 植物は光補償点が高く，光が少ないときには，C3 植物の光合成速度が速い．このように光が強い環境では C4 植物のほうが，光呼吸によるエネルギーの損失が抑えられ，光合成速度が高い．世界に広く分布する雑草の多くは，ススキを含めて C4 植物である．

先ほど述べたように，放射強度は天候や時刻によって一定ではないので，同じ樹木に日向に適した陽葉と，日陰に適した陰葉をつけることがある．陰葉のほうが広くて薄く，陽葉の 2 割程度の光合成活性しかもたない．

数十年からときに数千年かけて生長し続ける樹木は，台風や山火事などに

図 1.7 葛飾北斎の『隅田川関屋の里』.

あって倒れてしまう恐れがある．同じ太さと強さなら高い樹木ほど倒れやすいから，高くするには倒木のリスクもそれを防ぐ費用もかかる．陽樹も若いときには低い．親樹の下に育つ場合，代替わり（更新）が最大の問題になる．マツのような陽樹は開けた場所，たとえば葛飾北斎の絵（図 1.7）のように，力強く1本で育つ．逆に，日陰になることを覚悟して，高くならない樹種（陰樹）もある．むしろ安定した森林内での更新には有利である．

典型的な**木本**では，死んだ組織の上や外側に生きた組織を乗せて幹ができていく．それに対し，**草本**は茎全体が生きている．草本についても，やはり高さをめぐる競争がある．倒れにくさの問題から，茎と根の重量比は一定になる傾向にあるが，より細かく見ると，生長初期に背伸びをする傾向がある．特に，株の密度が高いときには光をめぐる競争がきつく，藪の中では，皆同じ高さに育つ傾向がある（競争の定義については，第 3 章を参照）．また，日陰に適して，ロゼット状に生長するものもある．さらに，ほかの樹木や壁などに巻きついて高く育つ**蔓植物**もある．注目すべきことに，C3 植物と C4 植物，木本と草本，あるいは陽生生物と陰生生物の関係が，分類群ごとに分かれているのではなく，比較的近縁種に形を変えた種がある．

多細胞生物であっても，胞子や接合子（種子や卵）で増えるとは限らない．根茎や匍匐枝などを伸ばして別の場所に芽を出すこともある．これは一種の生長である．栄養繁殖によって増えた個体の集まりは遺伝的に同一であり，クローンという．クローン「個体」間で栄養をやりとりすることもある．このような

場合，クローン全体を1つのジェネット，それぞれの株をラメットという．また，生長した後で分離することもある．分かれても，遺伝的に1つのジェネットであることに変わりはない．ホテイアオイなどの浮草は分離して水に漂い，池全体が1つのジェネットからなるラメットで埋め尽くされることもある．刺胞動物などでも事情は変わらない．クラゲはポリプと呼ばれるクローンを作るし，サンゴは群体を作る．

　上記のような各生物種の生き方の違いを，生活形という．生活形に明確な定義はないが，動物の場合は餌やその捕まえ方の違いと天敵からの逃れ方が，生活形を分ける重要な指標になる．植食者でも，ゾウのように大きくなれば，成獣が捕食者に襲われる心配はほとんどない．しかし，子供は小さいので，襲われる危険がある．また，捕食者から逃れるために夜行性になることがある．

　似たようなことはプランクトンにもある．植物プランクトンは昼間表層で光合成を行う．動物プランクトンは昼，捕食者を避けて中層にとどまり，日没とともに表層に移動する．これをプランクトンの**昼夜移動**という．

　陸上と異なり，海は周囲が水である．しかし，栄養塩は沈んでいく．浅いところを除いて，海底に根を生やして海上に葉を広げることはできない．海の光合成を担うものは植物プランクトンと藻類と海草である．海草の一部は海底に根づいているが，浮草もあり，流れ藻となって沖合に流れているものもある．

　表層から沈んでいく有機物の量は莫大であり，補償点を下回り，光合成のできない中深層や深海底の生物の資源となっている．中深層のイカやハダカイワシの生物体量（バイオマス）も膨大であり，マグロやマッコウクジラなどが潜水して食べている．海獣類や海ガメ類の場合，呼吸のために海面に出ないといけない．マグロも，表層と中深層の両方の餌を利用し，垂直移動を繰り返している．北太平洋のミンククジラは1970年代にはマサバを食べ，1980年代にはマイワシを食べ，1990年代にはサンマやカタクチイワシをたくさん食べていることが，調査捕鯨で獲ったクジラの胃内容物調査からわかっている（図1.8）．これらはいずれもそのとき高水準だった魚であり，ミンククジラはそのときたくさんいた魚介類を餌としている．

　表層の生産力が高い地域は，浅い海か，海水が**鉛直混合**する海域である．中層以深の水温は，最も密度が重くなることから，おおむね4℃である．暖流域

図1.8　北太平洋の調査捕鯨で捕獲したミンククジラの胃の中．カタクチイワシを
　いっぱい食べている（写真提供：日本鯨類研究所）．

では表面水温が高く，水温躍層ができて，水が混ざることがない．寒流域では冬は表面のほうが水温は下がり，春には水温が均質になって鉛直混合が起こる．だから，寒流域の春にプランクトンの光合成が最大になる．寒流域は種数こそ多くはないが，表層のニシンや中層のスケトウダラなど，膨大な漁業資源が存在する．暖流域の表層で産卵するカタクチイワシ，マイワシ，マアジ，マサバ，スルメイカなども，夏から秋にかけて寒流域に移動し，やはり資源量は全体として膨大である．

　動物の食性については，大きく植物食，動物食と分解者（腐肉食を含む）に分かれる．植食性の哺乳類の多くは自らセルロースを分解できないため，反芻胃をもって腸内細菌が分解して吸収する．シロアリの一種も巣内に菌を「培養」し，セルロースの分解を代行させている．

　特に魚類では，海水と体液の塩分濃度差による**浸透圧**を克服する必要がある．細胞外の塩分や溶質の濃度が細胞内より低いと，内外の濃度差を埋めようとする浸透圧が生じ，細胞内から外へ水が逃げてしまう．特に，河川と海を回遊するウナギやサケなどは，体外の塩分濃度が一生を通じて変わるので，浸透圧を調節する機能を備えている．

　どのような生活形をとるかは，上記のように，物理的生理的制約などによっておおよそ説明できる．生態学では，陽生植物と陰生植物のように，遺伝子型（または種）によって生活形が異なる場合を**戦略的**違い，陽葉と陰葉のよう

に同一個体の中に（または1つの遺伝子型で後天的な条件により）2つのタイプがあるときを**戦術的**な違いという．

 生活形は，おもに他の生物を含めた環境との関係で決まる．けれども，生物は自由自在に生活形を変えることはできない．そこには発生学的制約がある．そのため，発生学的に同じ器官を，分類群によりさまざまな形で活用することがある．たとえば，サメ類の胸びれ，カエル類の前肢，ダチョウやコウモリ類の翼，ヒトの手，クジラ類の前肢は，発生学的に皆同じ器官が形を変えたものである．このような共通性を**相同**という．それに対して，たとえば鳥と昆虫の羽のように，進化史的に別の構造がよく似た機能をもつことを**相似**という．

 別の系統から似たような生活形が進化することを，**収斂（れん）進化**という．翼竜，鳥類，コウモリ類は形態の収斂進化の例である．東アフリカにはタンガニーカ湖とマラウィ湖という数千万年の歴史を持つ古い湖がある．これらの湖にはカワスズメ科の魚が独立に種分化し，互いに形態がよく似た種がいる．分子系統学的には，2つの湖で似た種が系統的に近いわけではなく，まずタンガニーカ湖とマラウィ湖のカワスズメ科の魚が種分化し，その後，それぞれの湖でさまざまな形態の魚種が分化していったことがわかっている（図1.9）．

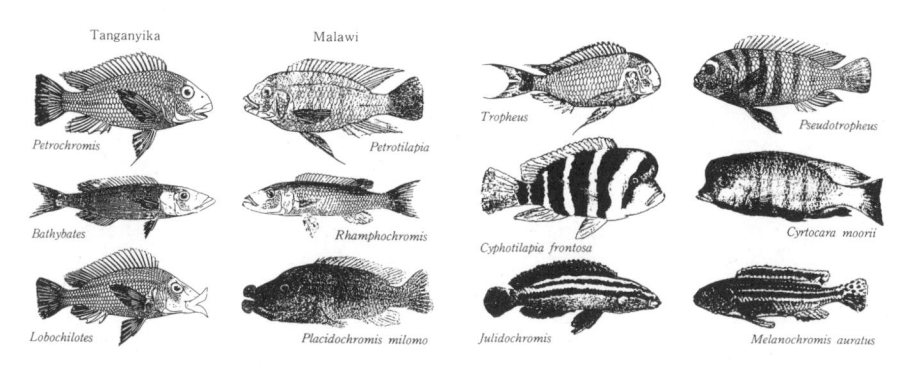

図1.9 東アフリカのタンガニーニ湖（右向き）とマラウィ湖（左向き）のカワスズメ科の魚類の例．向き合ったそれぞれの湖の種は形がよく似ているが，系統的に近いわけではない（Kocher, T. D., Conroy, J. A., Mckaye, K. R., Stauffer, J. R. : Similar morphologies of cichlid fish in Lakes Tanganyika and Malawi are due to convergence. *Mol. Phylogenet. Evol.*, **2** (2), 158–165 (1993) より．ⓒ1993 Elsevier 社より許可を得て掲載）．

問 1.10　同じ動物食でも，陸上哺乳類や魚類ではさらに食性を区別することが多い．どのような区別があるか？

問 1.11　陽生植物と陰生植物では葉のつく角度が異なる．葉面に斜めに浅く太陽の光が当たるのはどちらだろうか？

問 1.12　収斂進化の別の例を，動物と植物でそれぞれ考えよ．

問 1.13　収斂進化と並行進化の違いを説明せよ．

1.6　生物相

　個々の生物種だけでなく，群集もまた，環境との関係でいくつかの地理的にまとまった類型に分けられる．そのような群集の集まりまたは類型を**生物相**（バイオーム）という．生物相は，**動物相**および**植物相**の顕著な違いによって分けられ，年平均気温と降水量の違いを反映している．よく知られた陸上の生物相とその特徴を説明する．

　ツンドラは，高い木が生えることができない高地（高山ツンドラ）や北極圏の周り（極地ツンドラ）などにある．土が1年中凍り（永久凍土），液体の水が見られるのは夏のわずかな期間に限られ，植物相は地衣類，蘚苔類，スゲ類と小さな**低木**（潅木）からなる．**タイガ**は極地ツンドラに接する低緯度地帯に帯状に分布する北方針葉樹林帯である．やはり冬には液体の水がほとんどなく，植物と多くの動物は冬に休眠する．膨大な林業資源があるが，樹種の多様性は極端に少ない．

　中緯度の温帯地域には**温帯林**と**温帯草原**がある．温帯林は米国東部，中欧北部に極東（中国東部と日本），豪州東海岸やニュージーランドなどに分布し，針葉樹と広葉樹の混交林や常緑広葉樹林などである．温帯草原には，『大草原の小さな家』の舞台となった米国中西部のプレーリーやシベリアの**ステップ**など，地域ごとに異なる呼び名がある．**熱帯草原**（サバンナ）にも温帯草原にも乾季がある．草原には草食動物がたくさんいて，その被食からすぐに回復する草本だけが生育している．草食獣がいなければ，遷移が進み，草原が失われてしまうだろう．米国中西部の大草原は面積が減っているといわれる．地中海，カリフォルニア半島，チリ，豪州南西部などの温暖で，冬湿潤で夏乾燥した地中海

性気候特有の生物相をチャパラルという．温帯草原に比べてさらに乾燥に強い硬い葉の低木などが優占する．

熱帯降雨林は年間降水量が 200 cm を超え，四季を通じて液体の水に恵まれ，種多様性の高い地域で，アマゾン，アフリカ西部，東南アジアなどにある．熱帯季節林はカンボジア，豪州北部などにあり，乾季と雨季がはっきりしている．年間降水量が 25 cm 以下の極端な乾燥地帯が砂漠である．サハラ砂漠は高温だが，ゴビ砂漠は寒冷だ．人間活動の影響により，砂漠は現在もなお急速に拡大している．

水界にもいくつかの生物相がある．内陸の水界生物相は，淡水湖と河川を含む淡水域，河口などの汽水域，流入よりも蒸発が盛んな塩水域に分けられる．海洋生物相は表層では沿岸域，暖流域，寒流域に分けられ，暖流と寒流が接する潮目には，豊かな漁場ができる．

海水域で光合成の盛んな場所はいくつかある．陸上と異なり，太陽光は透明度の高い外洋では，光合成の補償点はせいぜい水深 150 m 程度までであり，光合成生産を行う層を有光層という．それより水深が深い外洋域では，栄養塩は底に沈み，光は有光層にしかないため，地球表面の大半を占める外洋域のほとんどは，単位面積あたりの光合成生産量が少ない．沿岸の生産力は高く，特にサンゴ礁，藻場，干潟の生産力が高い．サンゴ礁はサンゴ虫，有孔虫，石灰藻などの骨格である炭酸カルシウムからできた地層であり，サンゴ虫の体内に共生する褐虫藻などが活発に光合成を行い，二酸化炭素を同化し，石灰質の骨格は構造物として残る．この高い一次生産力とサンゴの立体構造が豊かな生息場となり，魚類や甲殻類の豊かな群集を作る．藻場，特に海草藻場はそれをしのぐ生産力をもつことがあり，海草自身とその葉上の付着微細藻類が光合成を担う．干潟は潮間帯（満潮と干潮の水位の間の部分）のうち，平坦な砂泥底の海岸地形であり，波の少ない内湾や河口域にできる．干満差の大きな有明海の干潟は大きく発達するが，干満差の少ない本州日本海側はあまり発達しない．温帯の干潟の上部にはヨシなどの草原になり，熱帯や亜熱帯では木本のマングローブ林ができる．干潟の株には海草藻場ができることがある．干潟は太陽光と栄養塩に恵まれ，高い一次生産力をもつとともに，多毛類，カニ類，二枚貝，巻貝など底生生物が豊富であり，海水の懸濁物を摂取する二枚貝などの海水浄化能

力はきわめて高い．干潟は潮位，底質，塩分濃度などが干潟内部でも多様で，それらの環境に適した群集が発達し，サンゴ礁や藻場と並んで生物多様性の揺りかごであり，内湾浄化機能をもつため，人間にとっても特に重要な生物相と考えられている．

それ以外にも，深層水が有光層まで昇る**湧昇域**では，栄養塩が豊富で，単位面積あたりの一次生産力が高い．ペルー沖のような大陸の西岸では高緯度域から赤道に向かう海流が地球の自転に伴うコリオリの力により西に曲がり，その穴埋めに深層から海水が昇る湧昇域がある．

ちなみに，広義の藻場には種子植物（海草）が生える海草藻場と，胞子で増える海藻が生える狭義の藻場がある．アマモ類，スガモ属は海草であり，ホンダワラ，ヒジキ，コンブなどは海藻であり，その藻場をガラモ場ともいう．

■ 問 1.14　生物相の世界地図をウェブサイト上などから検索して図示せよ．

1.7　種内競争

有限な資源を利用する生物が過剰になったとき，各個体は十分資源を利用できない．利用できる資源が減ること自身，負の影響を与える．これを**消費型競争**（取り合い型競争）という．また，資源を利用するために他個体を排除することもある．これを**干渉型競争**という．縄張りを防衛する動物，化学物質を出して競争者の成長を抑える微生物などに見られる．最後の例を**他感作用**（アレロパシー）という．フジツボのような**固着生物**が場所という有限な資源を奪い合うのは，特に一度くっついた相手を引きはがすことがなくても，干渉型競争の例と見なされている．

資源には餌や棲み場所だけでなく，配偶相手も含まれる．その相手を得るために空間を占有したものが**配偶縄張り**である．縄張りをもつには労力（コスト）がかかる．得られる資源の利益がその労力を上回らないと，縄張りをもつかいがない．企業では，一時期，売上高と市場占有率を業績指標として重んじていたが，薄利多売が度を越すと，売上げがいかに多くても利潤が上がらないこともある．これは一種の寡頭競争だろう．生態学では，あくまでも純利益が評価

基準である．けれども，縄張りを維持する労力を差し引くと，縄張りをもつ個体ともたない個体との純利益の差は，それほど大きくはない．理論的には，差が0になることもありえるが，逆転することはない．

　競争者たちが，互いの存在により均等に負担を被ることは，むしろまれである．強者と弱者がいれば，特に干渉型競争の場合には，弱者に負担が集中することが多い．弱者があくまで強者と同じことをしようとすれば，実力の差以上に致命的な結果の差がもたらされる．身の丈にあった戦術に変えれば，不平等は緩和される．たとえば，縄張り争いに敗れた弱者はいつまでも縄張りに固執せず，他個体の縄張りの周辺にたむろする．まったく資源にありつけないとは限らない．このように，環境条件や体サイズなどにより後天的に挙動を変えることを次善の策という．ブルーギルなどでは，配偶縄張りを作る雄と，その雄の側にいて，隙を見て配偶行動に加わるサテライト雄がいる．

　競争の非対称性は，多くの場合，不平等を助長する．水槽に入れて飼った魚は，大きな魚が餌を独占すると，体長の差はますます大きくなり，餌の独占はますます進む．植物の光をめぐる競争も，小さな株を死なせてしまう．

　植物の種子をある生育地にいっせいにたくさんまいた状況を考えよう．はじめは銘々大きくなっていくが，やがて生育地全体に葉が広がると，それ以上光合成はできない．時刻 t における単位面積あたりの葉面積（葉面積指数 $L(t)$）は，その時点で一定に飽和する．しかし，個体は生長し続ける．個体が大きくなる分だけ，一部の（弱い）個体が死んで取り除かれる．

　個体が生長するにつれ，弱者は倒れ，強者が大きくなっていく．生き残っている個体の平均重量は，個体数の3/2乗に反比例する．これを依田恭二の「**2分の3乗則**」という（補足1.1）．葉面積指数が飽和するという制約の下で，生長と間引きが起こる関係を表している．

　このように，特に植物は，生長とともに自然に個体数を減らしていく．これを**自己間引き**という．個体数密度と平均重量の関係は，低密度では自由に生きていけるが，種特有の限界を超えて過密になると，維持が困難になる．その限界が2分の3乗則で決まっているように見える．木本は大きな葉面積をかかえるが，もともと木本部は大きな個体を支えることができる．上記の個体重量 w は，胸高直径（樹木の幹の直径は計る高さによって変わる．しかし，人の胸の

高さが最も測りやすく，また安定した指標となる）の3乗に比例すると仮定しているから，生きた部分だけでなく，樹木全体の重量である．だから，個体がかなり大きく，高く葉をつける状態になるまで，この関係は維持される．これに対して草本は，1本の茎がそれほど大きくなることはできない．しかし，単位面積あたりの葉面積指数が同じなら，やはりこの関係が成り立つ．

　植物の葉面積指数の飽和値が種を超えて一定とは限らない．陽葉と陰葉では葉面積が違うだろう．また，生長が相似形に起こるとも，その形が種を超えて共通とも限らない．つまり，式 (1.2) や (1.3) のべき指数がそれぞれぴったり2や3とは限らないし，a, b や L の値が種を超えて共通ともいえない．次頁の式 (1.4) のようなべき乗関係（アロメトリーという）を縦軸横軸とも対数をとれば，直線関係が得られ，その傾きがべき指数 ($-3/2$) を表す．この指数や切片の値が多少変わっても，傾きが少しずれるにすぎない．細かく見れば，上記の関係は成り立たない．しかし，広い範囲でデータを集めれば，多少の指数や定数の値の差は目立たなくなる．それは大まかなアロメトリー関係が，草本から木本まで共通に成り立っているからこそであって，その関係自身に価値がある．

> 問 1.15　植物の生存個体数密度と地上部冠重量の関係を論文やウェブサイトで検索し，2分の3乗則がどの程度成り立っているかを吟味せよ．

1.8　補足

補足 1.1　2分の3乗則の数理モデル

1個体当たりの葉面積を $A(t)$，個体数密度を $N(t)$ とすると，

$$L(t) = A(t)N(t) \tag{1.1}$$

という関係が成り立つ．個体あたり葉面積は，個体の体長（茎の直径 $D(t)$）の2乗にだいたい比例して，比例定数を a とすれば，

$$A = aD^2, \text{ すなわち } D = (A/a)^{1/2} \tag{1.2}$$

と表される．この最初の式に式 (1.1) の関係を代入すれば，$L/N = aD^2$ となる．つ

まり，個体の茎の平均断面積は個体数密度に反比例する．さて，個体あたりの平均乾燥重量 $w(t)$ は，相似形を保って生長するなら $D(t)$ の 3 乗に比例するから，比例定数を b とすれば，

$$w = bD^3 \tag{1.3}$$

と表せる．この D に式 (1.2) から得た $L/N = aD^2$ という関係を代入すると，

$$w(t) = b(L/a)^{3/2}N(t)^{3/2} \text{ または } w(t)N(t)^{3/2} = b(L/a)^{3/2} \tag{1.4}$$

という関係が得られる．

第2章

成長の限界と個体群変動（個体群生態学）

2.1 適応度と個体間相互作用

　この章では，個体数の増減とその仕組みについて説明する．その前に，生態学で最も重要な概念の1つである，**適応度**(fitness)を説明する．これは個体群の消長を左右し，進化の方向性を評価し，生物間の相互作用や関係を理解する尺度である．

　生物は資源を利用し，ほかの生物との**相互作用**を通じて，生存と繁殖を繰り返す．生存と繁殖を通じて，自分自身とその子孫の存続が保証される．適応度は，狭義には，その生物の生き方に応じた個体あたり個体数増加率，すなわち生涯に残す子孫の数の期待値のことである．ただし，後で説明するように，個体数が変化しているときには，世代時間も考慮される．増加率そのものでなくても，それが高いほど増加率も高くなると期待されるような何らかの指標でもよい．

　適応度は，生物のさまざまな生き方，すなわち形態的・生理的・行動的な性質（**表現型**）の違いの関数として表現される．生き方の違いが適応度の差をもたらすことは，結果としての生存率や子孫の数などで検証される．だが，たいせつなのはその因果関係である．適応度の大小がどのような相互作用によって決まるのかを明らかにすることが，生態学の重要な研究課題であり，目的そのものとさえいってもよい．

　適応度は，さまざまな生物間の相互作用に依存する．2個体間の相互作用に

よるものと，1個体と何らかの生物の集まりとの相互作用によるものがある．この場合の集まりにはさまざまなものがあり，異種または同種の個体群，あるいは一時的にある場所（作用中心）にいて相互作用する集まりなどがある．いずれにしても，注目する個体の適応度の増加，すなわち生存率や繁殖率の増加をもたらす相互作用と減少をもたらす相互作用がある．

相互作用は，しばしば複合的な影響を適応度に与える．つまり，生存率を高めるが繁殖率を下げるような影響がある．1つの局面（エピソード）だけに影響する表現型や相互作用を解析することは，比較的やさしい．複合的な影響があるときは，生涯適応度の増減を総合的に評価する必要がある．

種間競争の章で詳しく説明するように，相互作用にはいくつかのタイプがある．本章で扱うのは，ほとんど**種内競争**の例である．第1章で説明したとおり，共通の有限な資源を利用しあう関係であり，他者の存在により適応度が下がる関係にある．しかし，ほかのタイプの相互作用が種内に生じないわけではない．これはほかの研究の遅れと，行動生態学などの研究成果が十分に個体群生態学に反映されていないことによる．相互作用は，基本的に個体間の関係であり，種内と種間で根本的な状況に違いがあるわけではない．

> 問2.1　前章で扱ったように，植物個体どうしが光をめぐって争い，一方が死んで他方が資源を独占する場合，この両者の関係は競争だろうか，それとも搾取だろうか．

2.2　マルサス増殖と密度効果

1個体の成熟した雌が残す子（卵，種子，胞子）の数は，ほとんどの生物で，かなり多い．簡単のため，雌の数だけを考えることにする．1成熟個体が繁殖して次世代に残す成熟個体の数が1以上なら，世代を通じて個体数が増えるはずである．仮に，ある世代の各成熟個体が平均して1.2個体を次世代に残すとする．1000個体から始め，毎世代の個体あたり増加率が20%のとき，図2.1(a)の細線のように，「ねずみ算」式に増えていく．これは18世紀にマルサスが著した『人口論』に描かれた人口増加であり，**マルサス増殖**という．縦軸を個体

数でなく，その常用対数をとると，図 2.1(b) の細線のように直線で表される．これを片対数グラフという．わずか 13 世代足らずで 10 倍に増える．これは，26 世代で約 100 倍，38 世代で約 1000 倍に増えることを意味する．生物の個体群が，少なくとも数千年単位で存続していることを考えれば，これは現実的ではない．

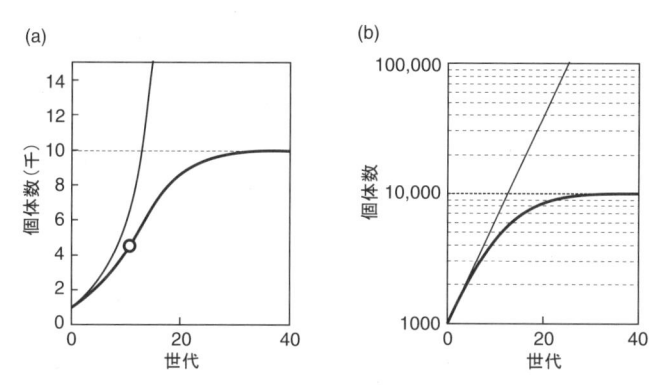

図 2.1 架空個体群の増加過程．細線がマルサス増殖，太線が後で説明するロジスティック増殖，(a) の点線（10,000 個体）が環境収容力を表す．(a) は真数，(b) はその対数を縦軸にしたグラフ．白丸は増加率最大となる点．

しかし，世界人口は「ねずみ算」以上の勢いで増えている．紀元 600 年から 1650 年までの間の年あたり 1 人あたり人口増加率が約 0.1% であったのに対し，18 世紀は約 0.4%，19 世紀は 0.6%，20 世紀前半は 0.9%，後半は実に 1.8% である．

21 世紀もこのまま増え続けるとは限らない．先進国では，すでに人口増加率が頭打ちになり，減り始めている国さえある．これは，避妊の普及，女性の高学歴化，就業率増加，晩婚化のためと考えられている．世界人口の増加は，途上国が支えている．途上国でも，1 人あたり増加率の上昇が止まる兆しがある．世界人口会議では，女性の地位向上を人口抑制策の目玉の 1 つにあげている．

個体数増加は，無限に続くわけではない．図 2.1 の太線のように，個体数増加がやがて頭打ちになる．このとき，個体あたり増加率は，個体数増加とともに減り，環境収容力に達した時点で 0 になる．このような増加過程を，ロジスティック増殖という（補足 2.1）．図 2.1 の太線のように，最初は「ねずみ算」

と同じように増えていても，個体数が式 (2.6) の K に近づくと，増え方が鈍り，それ以上は増えなくなる．このように，放置してもそれ以上は増えない個体数を，**環境収容力**という．図 2.1 のグラフの傾きは，個体群増加率を表す．図 2.1 の太線の増加率が最も高いのは個体数が環境収容力の半分になったとき（図の白丸）である．ぴったり半分のときに増加率が最大になるのはモデルが単純だからだが，個体数が無限に増えないことは明らかであり，個体群の増加率（個体あたり増加率と個体数の積）が最大になるのは，中間的な個体群密度のときだろう．また，環境収容力より多い個体数から出発すると，個体数は単調に減り続け，やはり環境収容力に収束する．

野生生物の個体群が無限に増えないためには，個体あたり増加率が個体数の増加とともに低くなり，やがて 0 になる必要がある．つまり，増加率自身が個体数の減少関数になっている必要がある．これを（個体あたり増加率の）**密度効果**という．これは生物学的にありそうなことである．先に述べたように，生物は有限の資源を利用して成長と繁殖を繰り返している．個体数が増えてくれば，1 個体が消費できる資源が減る．動物の場合には質のよい餌や生息地がなくなるかもしれない．植物の場合も単位面積あたりの株密度が上がると，光，水，栄養塩の取り分が少なくなるだろう．

反対に，極端な低密度では，密度がさらに低くなるほうが生存率や繁殖率が下がる場合が考えられる．これは提唱者にちなんで**アリー効果**と呼ばれている．

▌問 2.2　アリー効果が生じるのは，どのような場合が考えられるか？

2.3　密度効果の判定方法

個体群の増減は，出生率と死亡率の差で決まる．個体数が増えるとともに出生率の減少をもたらす場合，死亡率の増加をもたらす場合がある．成長が遅くなることを通して，成熟個体の小型化かあるいは成熟年齢の増加をもたらし，結果として出生率が減ることがある．移動率が増えることは，しばしば移動先での死亡率の増加につながるか，不適な場所で繁殖できない状況を強いられるだろう．けれども，移動先に新たな個体群が誕生する可能性もある．

密度効果を表すには，2つの異なるグラフがあり，互いの違いに注意する必要がある．図2.2の(a)は出生時の個体群密度に対する成熟時の個体数の関係，(b)は(a)の縦軸を横軸の個体数密度で割ったもの，つまり出生から成熟までの生存率である．白丸，黒丸，四角，太線と点線は，同じ状況を(a)と(b)で書き換えたものである．(a)の太線は，出生時の個体数と成熟時の個体数の間に一山形の関係があることを示している．四角はそれにばらつきを加えたものである．(b)を見ると，生存率は密度が増えると減っている．これらは密度依存関係にある．白丸は，成熟時個体数はどの密度でも大きくばらつき，縦軸と横軸に有意な相関がない．点線とそれにばらつきを加味した黒丸は出生時と成熟時の密度がほぼ比例関係にある．密度非依存とは白丸ではなく，黒丸と点線の状況のことである．それぞれの(b)を見ると，太線は，個体数密度が増えるほど生存率が下がる密度依存関係を示している．白丸はばらつきが大きいものの，各密度での最大値を見ると，密度が高いほど生存率が下がっていることがうかがえる．現在の密度と成熟時の数に明確な関係がないということは，1個体あたりの生存率に，十分強い**密度調節**がかかっていることを意味している．それに対して，点線と黒丸は生存率が密度によらず，生まれた子が多い分だけ親になる個体も多くなることを意味している．

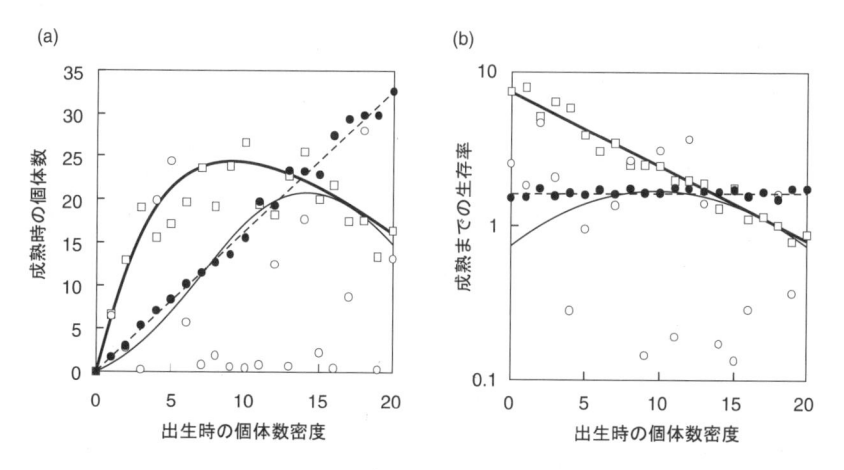

図2.2　生まれたときの個体数密度と(a)成熟時の個体数，(b)出生から成熟までの生存率の関係の模式図．4つの異なる生存率と密度の関係を示している．本文参照（細線は太線のような密度依存関係に前節最後で説明したアリー効果を考慮したもの）．

図2.2(a)の四角や太線を見ると，密度が低いうちは密度とともに成熟時の個体数が増える．この状況を**過小補償**的な密度効果といい，密度効果が働いても，子が多いほうが生き残る親も増える．密度がかなり高いときには，密度が高いとかえって生き残る親の数が減る．この状況を**過大補償**的な密度効果という．

　中間的な密度では生まれた子の密度によらず生き残る親の数は横ばいになっている．これに対応する状況は植物，特に農作物において古くから知られている．単位面積あたりの散布種子の密度を増やすと，密度効果によってそれぞれの株の生長が鈍り，収穫時の1株あたりの平均重量が密度に反比例して下がるために，単位面積あたりの密度を変えても，収量が変わらないことがある．これを**最終収量一定の法則**という．これは，過大補償と過小補償の中間である．

　図2.2のような関係は，生存率の密度効果だけでなく，繁殖率の密度効果でも成り立つ．すなわち，現在の成熟個体数と，次世代の子の数または1個体あたりの繁殖率の関係は，図2.2の2つのグラフと似た関係にある．また，現世代の個体数と次世代の個体数の間にも，似た関係が成り立つ．

　密度はふつう，均一ではない．空間的に過密な場所と過疎な場所があるだろう．注意すべきは，このときの密度の測り方である．たとえば，2つの生息地（生育地）があって，一方に8個体，他方に2個体いるとしよう（図2.3）．平均密度は5個体だが，これは密度効果を正しく反映していない．なぜなら，8個体いる過密な場所に全体の80%の個体がいて，2個体いる過疎の場所に20%の個体がいる．1個体あたりの平均密度は，$8 \times 80\% + 2 \times 20\%$で6.8個体である．このような1個体あたり平均密度を**平均こみあい度**という．2カ所に5個体ずついる状況に比べ，さらに過密な状態になる．個体あたりの適応度が生息地の個体数密度の下に凸の減少関数ならば，不均一に分かれたほうが一見得に見える（(b)の○より△が大きい）が，実際には平均こみあい度はより過密になるので，不均一に分かれたほうが，平均適応度は低くなる．

> **問2.3** 競争者の中で1個体だけが生き残る**勝ち抜き型（コンテスト型）競争**，密度が増えると生き残る個体数が少ないときよりさらに減ってしまう**共倒れ型（スクランブル型）競争**といういい方がある．これらはそれぞれ，過大補償，過小補償，その中間のどれに当たるか？

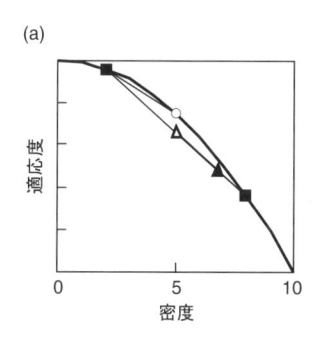

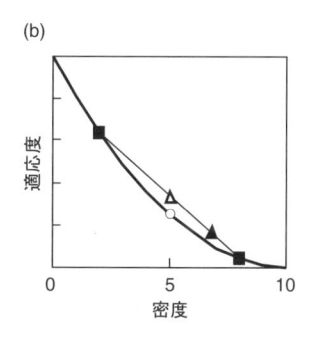

図 2.3 密度効果とこみあい効果．(a) 個体の適応度が密度の上に凸の単調減少関数のときと (b) 下に凸の単調減少関数のとき．10 個体が均等に 5 個体ずつ 2 カ所にいる場合（○），一方に 2 個体で他方に 8 個体いるとき（■），単純に平均 5 個体と誤解すると平均適応度は△になるが，実際には 2 と 8 の重みづけ平均だから，平均こみあい度は 6.8 個体で，平均適応度は▲になる．適応度が密度の減少関数である限り，これは△より必ず低くなる．

2.4 齢構造とサイズ構造

前節の議論では，個体の生存と繁殖だけしか考えなかった．1 年草ならこれでよいかもしれないが，多年草や，親が生き延びて一生のうちに何度も繁殖するような生物では，個体が成長（生長）するために，年齢や生活史段階によって繁殖率や生存率が違うことも考えるべきである．たとえば，マサバは 3 歳くらいで成熟し，少なくとも 20 歳くらいまで生きる個体がいる．ある年の個体には，1 歳もいれば 20 歳もいるだろう．1 歳が 1000 尾いるのと，5 歳が 1000 尾いるのでは，翌年の個体数が違ってくるだろう．

年齢別の個体数を列挙すれば，この問題は解決する．これを個体群の**齢構造（齢構成）**という（補足 2.2）．簡単のために，2 年目に繁殖して死ぬ架空の「2 年草」を考える．親 1 株あたりの種子の数を 100，発芽して 1 歳までの生存率を 0.02，1 歳から 2 歳までの生存率を 0.6 とする．t 年目の 1 歳と 2 歳の個体数をそれぞれ $N_{t,1}$ と $N_{t,2}$ とする．翌年の 1 歳と 2 歳の個体数は，それぞれ $N_{t+1,1} = 100 \times 0.02 \times N_{t,2}$, $N_{t+1,2} = 0.6 \times N_{t,1}$ と表すことができる．このように，繁殖と 1 歳までの生存率はよく積の形で出てくるので，特に水産学では，まとめて加入率ということがある．加入とは，ある生活史段階に新たに生まれた個体が加わることで，上記の場合には 1 歳に加わることを指す．水産学では，

漁獲対象となる生活史段階（年齢）に達することを指すことが多い．

今度は，2歳と3歳で繁殖する，次の行列算で表される架空の3年草を考えよう（表2.1）．この式で表される個体群動態は，図2.4(a)のようになる．初めに1歳が10個体しかいない状態から始めると，2年目は2歳のみ（繁殖期を過ぎれば0歳がこれに加わる），3年目には3歳と1歳がいる．4年目に初めて，1，2，3歳すべてがそろう．すなわち，齢構造は最初激しく変動するが，やがて一定の安定齢分布に収束する（補足2.2）．図2.4(a)の場合，1，2，3歳の個体数の比率はそれぞれ79.6%，14.8%，5.6%になる．それとともに，個体数も等比数列的に増え始める．表2.1の例では，10年ほどでほぼ安定齢分布に近づ

表2.1 齢構造のある個体群動態の計算．N_1, N_2, N_3 はそれぞれ1，2，3歳の個体数（相対値）を示す

t	N_1	N_2	N_3	N
1	10	0	0	10
2	0	2	0	2
3	4	0	0.8	4.8
4	8	0.8	0	8.8
5	1.6	1.6	0.32	3.52
6	6.4	0.32	0.64	7.36
7	7.04	1.28	0.128	8.448

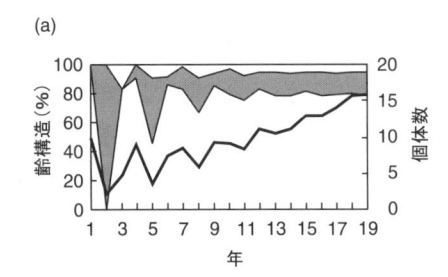

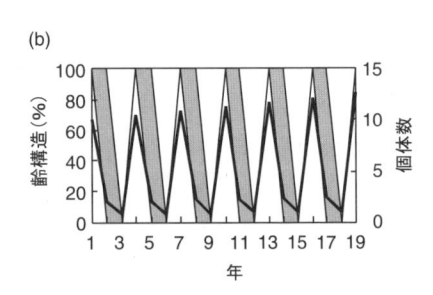

図2.4 (a) 式 (2.8) で表される齢構造モデルの齢構造（面グラフ，下から1，2，3歳の個体数頻度）と総個体数（実線）の変化．(b) 式 (2.8) で2歳と3歳の繁殖率2と10を，それぞれ0と13に変えたときの齢構造と総個体数の変化．

くことがわかる (表 2.1). これは 2 歳と 3 歳の複数の年齢で繁殖しているからで, **世代重複**という. 世代重複は 1 個体が 2 回以上繁殖する場合だけでなく, 個体群の中に異なる年齢で繁殖する個体がある場合にも生じる. **多回繁殖**とは狭義には前者だけを指すが, 広義には後者も含めて考えてよい.

なお, 本書では単に**生存率**といえば生まれてからの生存率を表し, 1 年あたりの生存率を**年生存率**と呼ぶ. けれども年生存率を単に生存率と呼ぶこともあるので, 使うたびに定義を確認すべきである.

表 2.1 の 2 歳の繁殖率 2 を 0, 3 歳の繁殖率 10 を 13 に変えると, 個体群動態は図 2.4(b) のようになる. 今度は永久に安定齢分布に達することなく, どの年にも 1 歳から 3 歳のどれか 1 つの年齢しかない. 個体群増加率は, 3 年あたりで $0.2 \times 0.4 \times 1.3 - 1 = 0.04$ である. これは, 生涯の繁殖機会が 1 回しかなく, $3t$ 年生まれの個体の子孫と $3t+1$ 年生まれ, $3t+2$ 年生まれの個体の子孫は, いつまでも出生年が異なり, 世代が重複しないからである.

なお, たとえばニホンジカでは, 3 歳以降は年生存率も繁殖率も変わらないが, 20 歳くらいまで生きることがある. また, 10 歳以降は年齢査定も不正確で, 高齢個体の齢構造はよくわからない. このようなときには, 2.7 節で説明するように, 3 歳以上をひとまとめにすることもできる.

2.5 生存曲線と世代時間

今度は, もっと高齢まで生きる生物を考えよう. 生存率はどのように推定するか.

よく行われる方法は, ある年の齢別の個体数を調べるという方法である. これを, 定常生命表という. **生命表**とは, 年齢別の生存率と繁殖率を記した表のことである. 表 2.2 に約 5000 年から 3500 年前のケンタッキー州のカールストン・アニス貝塚から出土した年齢別の遺骨数 (d_i) を示す. 高齢は 1 歳刻みで年齢査定することはできないので, 年齢級 i に属する年齢は, x_i から x_{i+1} 歳とする ($x_i = 0, 1, 2, 3, 4, 5, 10, 15, \ldots, 65$). これはある年に死んだ遺骨ではなく, 遺跡が使われていたおよそ 1500 年間の遺骨が混ざっている. x 歳で死んだ者は, それ以前まで生きていたのだから, この時代の x_i 歳の生存数は $D_i = \sum_{j \geqq i} d_j$ であ

表 2.2 カールストン・アニス貝塚 (Bt-5) から出土した遺骨の年齢から再現した定常生命表 (Menforth 1990 より). 平均余命については次節を参照

年齢 x_i	遺骨数 d_i	D_i	生存率 l'_i	出産率 m_i	$l'_i m_i$	$x_i l'_i m_i$	平均余命
0	76	354	1.000	0	0	0	11.317
1	11	278	0.785	0	0	0	11.922
2	8	267	0.754	0	0	0	12.417
3	6	259	0.732	0	0	0	13.117
4	4	253	0.715	0	0	0	14.127
5	17	249	0.703	0	0	0	15.612
10	14	232	0.655	0	0	0	13.881
15	27	218	0.616	0.642	0.3954	5.930	12.247
20	35	191	0.540	1.739	0.9383	18.765	10.859
25	34	156	0.441	1.741	0.7672	19.181	9.644
30	31	122	0.345	1.41	0.4859	14.578	8.482
35	22	91	0.257	0.981	0.2522	8.826	7.315
40	20	69	0.195	0.407	0.0793	3.173	6.034
45	18	49	0.138	0.084	0.0116	0.523	4.818
50	13	31	0.088	0	0	0	3.689
55	9	18	0.051	0	0	0	2.500
60	6	9	0.025	0	0	0	1.250
65	3	3	0.008	0	0	0	0.000
70			0				
合計	354				2.9299	70.977	11.317

る．D_0 は総遺骨数である．これより $l'_i = D_i/D_0$ として，表 2.2 の生存率 l'_i を求める．さらに，表 2.2 は遺跡人骨にもかかわらず出産率 m_i を推定している．

けれども，この推定手法はこの遺跡の個体数が増えも減りもせず，定常状態になければ成り立たない．もしも，この人口が年 λ ずつ増え続けていたとすれば，同じ年の 0 歳と x 歳の個体数の比率 l'_i は生存率 l_i ではなく，安定齢分布 l^*_i を表している．そのようすを表 2.3 に示す．表 2.3 では，たとえば，2002 年の 2 歳個体の生存率は，2002 年 0 歳の個体数との比 (67%) ではなく，その年齢級が生まれた 2000 年 0 歳の個体数との比 (82%) である．表 2.2 においても同様

表 2.3 架空の増え続けている個体群の齢別個体数の年変化．同じ年の 1 歳と 2 歳の個体数の比率からは，一見，年生存率が 82％に見えるが，実際には 90％である．100：82：67：55：45：37 は安定齢分布を表し，この比は毎年一定である

齢	2000 年	2001 年	2002 年	2003 年	2004 年
0	100	110	121	133	146
1	82	90	99	109	120
2	67	74	81	89	98
3	55	60	66	73	80
4	45	49	54	60	66
5	37	40	44	49	54

のはずである．安定齢分布 l_i^* 自身は真の生存率ではない．すなわち，l_i' が生存率ではなく，安定齢分布 l_i^* だとすれば，個体数増加率を λ とすると，生存率 l_i は，l_i^* に生まれた年から x 歳までの増加率 λ^x を掛けたものになる（$\lambda - 1$ と λ のどちらも増加率ということがある．前者は 0 のとき増減がなく，後者は 1 のとき増減がない）．現在 x 歳の個体が生まれたときの出生数は，今年の個体数より，その間の増加率の分だけ少なかったのである．

定常生命表のほかに，ある年生まれの個体全体（コホートまたは**年級群**という）の一生を追って作った生命表を，**コホート生命表**という．表 2.4 には，ある年の 100 万個体の受精卵が 1, 2, … 歳まで生き残った数 N_x と，各齢での 1 個体あたりの産卵数 m_x が示されている．定常生命表と異なり，今度は直接 N_x から生存率 l_x を $l_x = N_x/N_0$ として求めることができる．これから式 (2.17) を用いて得た内的自然増加率 r の値は 0.085 であり，この生命表どおりなら，個体群はゆっくりと増加することだろう．

世代時間の長さは，個体群動態を特徴づける．後に説明するように，個体群は世代時間を「周期」とした変動がよく見られるし，第 6 章で論じる絶滅リスクも 1 年あたりでなく，理論的には世代時間単位で特徴づけられる．絶滅の恐れのある生物の目録（レッドリスト）の国際基準を作っている国際自然保護連合 (IUCN) の絶滅危惧種の判定基準を示す「レッドリストカテゴリーと基準」(2001 年) は，(平均) **世代時間**を「子供が生まれたとき，その親の平均年齢」と定義している．

表 2.4 あるフジツボの生命表（M. ベゴンほか『生態学』, J. H. コネル 1970, *Ecol. Monogr.*, **40**, 49–78 より）

年齢	生存数	生存率	繁殖率			安定齢分布		
x	N_x	l_x	m_x	$l_x m_x$	$x l_x m_x$	l_x^*	$m_x l_x^*$	$x m_x l_x^*$
0	1,000,000	1				1		
1	62	0.0062%	4600	0.2852	0.2852	0.0057%	0.2620	0.2620
2	34	0.0034%	8700	0.2958	0.5916	0.0029%	0.2497	0.4994
3	20	0.0020%	11600	0.232	0.696	0.0016%	0.1799	0.5398
4	15.5	0.0016%	12700	0.19685	0.7874	0.0011%	0.1403	0.5611
5	11	0.0011%	12700	0.1397	0.6985	0.0007%	0.0915	0.4573
6	6.5	0.0007%	12700	0.08255	0.4953	0.0004%	0.0497	0.2979
7	2	0.0002%	12700	0.0254	0.1778	0.0001%	0.0140	0.0983
8	2	0.0002%	12700	0.0254	0.2032	0.0001%	0.0129	0.1032
合計				1.2829	3.935		1	2.8190

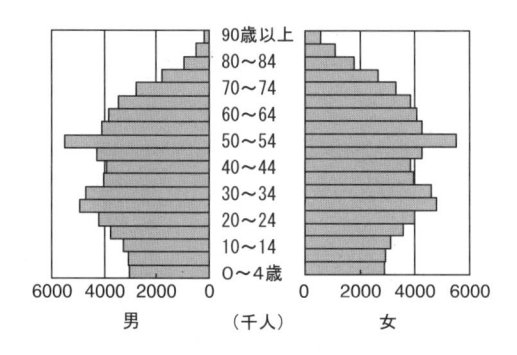

図 2.5 日本人の人口ピラミッド（厚生省人口動態統計平成 13 年版より作成）．

齢構造モデルは，安定齢分布に達した後の議論だけでなく，達するまでの齢構造のゆがみも無視できない．図 2.4 に示したように個体数が波打つことがよくある．現在の日本人の純繁殖率（人口学では合計出生率という）R_0 が 1.3 程度（娘の数では約 0.65）しかないのはよく知られている．大人になるまでまったく死なないとしても，人口はやがて減る．けれども，少子化が顕著になってからもまだ人口は増え続けている（図 2.5）．これは第一次，第二次ベビーブームで生まれたコホートによって高齢者の絶対数が増え，それが若年層の目減り

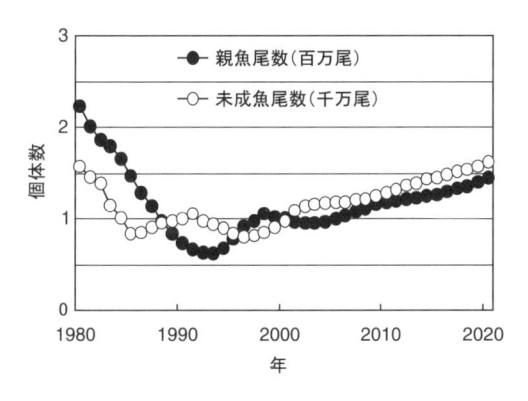

図 2.6 ミナミマグロの資源量および成魚，未成魚の 1992 年までの変動と，国際管理後の漁獲圧が 2020 年まで続いた場合の 1000 回のシミュレーションによる親魚尾数の平均値（Mori ら 2001 より改変）．

をしのいでいるためである．これを人口増加の慣性力という．

　減り続けた個体群が回復するときには，反対に個体数減少の慣性力が働く．だから，人口学的慣性力というほうが，より一般的である．図 2.6 にミナミマグロ個体数の過去の推定値と，将来予想を示した．ミナミマグロはクロマグロの近縁種で，豪州沿岸からインド洋に生息する．1980 年代までの乱獲で個体数が 1/5 以下に激減し，国際自然保護連合が絶滅危惧種の第一ランク（CR：深刻な危機）に指定した．1980 年代から徐々に保護策がとられていたが，なかなか成果が現れず，1989 年からはかなり手厚い管理が行われた．その結果，ようやく 1990 年代後半になって資源の減少が止まり，回復の兆しがある．

　図 2.6 の推定値を見ると，特に未成魚の漁獲圧を減らす管理方策を導入した後，未成魚を合わせた個体数はすぐに増え始めたが，1990 年代半ばまで成魚尾数が減り続けていたらしい．その後は成魚が増え始めているものの，今度は未成魚が再び伸び悩んでいる．これは，管理が失敗しているせいではない．1995 年ごろの未成魚は，1990 年ごろに生まれている．そのころは，成魚が最も少ない時期であった．未成魚の漁獲を控えているので，生まれた後の生存率は高いが，生まれた絶対数が少ないために，再び未成魚が減り始めている．

　ミナミマグロがこのまま順調に回復するとは限らない．図 2.6 に予想するように，再び減り始めた未成魚が成熟する 2000 年代半ばには，再び成魚が減り

始める恐れさえある．管理が成功すれば，長い目で見れば増えていくが，回復には波がある．これも，人口学的慣性力である．日豪などで作る国際管理組織ミナミマグロ保存委員会 (CCSBT) は，1980 年代には「2020 年までに 1980 年の資源量水準に回復させる」数値目標を合意していた．けれども，回復の遅れからこの目標が達成困難であることが明らかになり，2003 年に数値目標を見直すことに合意した．

問 2.4 1948 年ごろの第一次ベビーブームは戦後女性の出産率が一時的に上がったことで生じた「団塊の世代」である．1970 年代前半の第二次ベビーブームには，すでに少子化の時代になっていた．ではなぜ子供の数が増えたのだろうか？

問 2.5 図 2.6 のように人口学的慣性力が強くて個体数が波打つのは，どのような場合か？

問 2.6 表 2.2 の例では，残念ながら合計出生率 $\Sigma_x l_x m_x$ [Σ_x とは $\Sigma_{x=0}^{\infty}$ などの略で添字 x を動かして和をとることを表す] の式 (2.20) の右辺は 2.93 であり，1 にならない．データに誤差があるか，定常生命表の上記の議論に必要な仮定が成り立たないためと考えられる．何が問題か，具体的に考えよ．

問 2.7 表 2.4 の例で，補足 2.3 にある式 (2.22), (2.23) および (2.24) により世代時間を求めよ．また，表 2.2 を用いて同じように式 (2.21) により世代時間を求めよ（表 2.2 の l_x は真の安定齢分布ではないので，式 (2.21) の分母を忘れないこと）．

2.6 生存曲線と平均寿命

表 2.2 や表 2.4 のような生命表の生存率をグラフにしたものを，生存曲線という（図 2.7）．死亡率は誕生直後と繁殖できなくなった老後に高くなる．この傾向はほぼすべての動植物に共通している．ただし，老後まで生き延びる個体は，野生状態ではまれであり，表 2.4 の例では最大齢まで繁殖可能である．1 回繁殖の生物や哺乳類を除けば，野外の生物で老化現象が顕著に見られる例は少

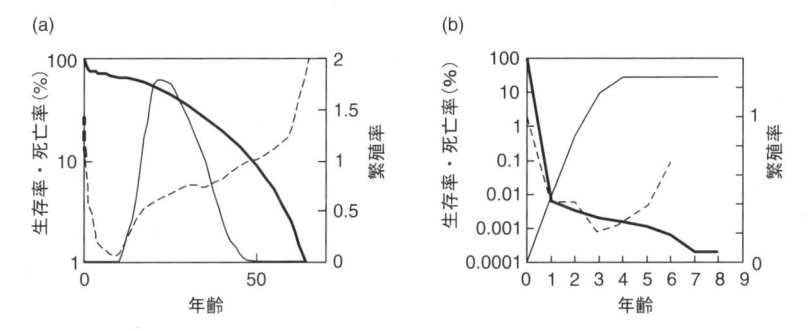

図 2.7 (a) 表 2.2（化石人骨）と (b) 表 2.4（フジツボ）の生存率から得られた生存曲線（太線），年あたり死亡率（点線）と齢別繁殖率（細線）．表 2.2 は定常生命表だが，本来はコホート生命表の生存率を用いるべきである．

ない．図 2.7(b) のフジツボの例では，1 歳までの死亡率が高いものの，それ以降の死亡率はほぼ一定であり，片対数グラフで生存曲線を描くと，1 歳以降はほぼ直線になる．6 歳以降にぶれているのは，標本数が少ないせいである．

生存曲線は，片対数グラフで見て，凸型，直線型，凹型（下に凸）の 3 つのタイプがあるといわれた．年齢と生存率の関係を図 2.7(b) のような片対数グラフに表したとき，年生存率が齢によらず一定なら直線型，若いころは高くて老化とともに低くなるなら凸型，若いころに年生存率が低くてそれ以降は高くなるなら凹型になる．図 2.7(b) のフジツボは典型的な凹型の例であり，**老化が顕著になる前にすべての個体が死んでしまう**．図 2.7(a) の化石人骨は凸型の例になる．しかし，よく見ればヒトでも，5 歳までの年生存率も老後の年生存率も低い．初期死亡率の高さと高齢者死亡率の高さのうち，どちらが目立つか，どちらも目立たないかにより，これら 3 つのどれかに見えるのであって，図 2.7(a) に示したように，誕生直後と老後の年生存率が低く，その中間の年生存率が高いというのが，一般的な性質である．特にモジュール型生物の場合，人工飼育下などでいくら飼っていても，老化現象は明らかではない．

生命表と生存曲線から得られる重要な指標に，寿命がある．**寿命**は，2 つの異なる意味がある．1 つは**生理寿命**と呼ばれ，できるだけ長生きするような条件下での死亡年齢である．通常，個体群の最大寿命で代用される．もう 1 つは**平均寿命**と呼ばれ，誕生した個体が死亡する年齢の平均値である．これを生態

寿命ともいう．同時に，x 歳まで生きた個体がその後平均何年間生きられるかも求めることができる．これを平均余命という．これらは，図 2.7 の縦軸の生存率を対数でなく真数にしたときの太線（生存曲線）と両軸で囲まれた部分の面積である．ただし，x 歳の平均余命では，y 歳での縦の長さ（生存率）は 0 歳からの生存率でなく，x 歳からの生存率をとる．つまり，x 歳での縦の長さを 1 に引き伸ばしたときの面積が，平均余命を表す．表 2.2 に，平均余命を示す．これを求めるには，式 (2.26) の右辺の分子と分母を高齢から若齢にさかのぼって計算し，年齢ごとにその比をとればよい．先史時代人の最大寿命は 80 歳前後と，現代人の平均寿命を上回っているが，平均寿命は約 11 歳で，当時の成熟年齢より短いことがわかる．

年齢とともに繁殖率が上がるのは，おもに，体が大きくなるからだ．動物の体長の成長過程は，ベルタランフィの**成長式**と呼ばれる補足 2.4 のような回帰式で近似される．そのときの体長および体重と年齢の関係は図 2.8 のような曲線になる．これは，体長と体重の関係が図 2.9 のようなアロメトリー関係にあるためである．

ベルタランフィの成長式は極限体長，成長の速さ，それに体長 0 となる仮想年齢（負の値）あるいは 0 歳時の体長という 3 つの径数で特徴づけられる．誕生直後から極限体長まで，1 つの成長式で近似できるとは限らず，ある程度大きくなってからこの式に当てはめるほうが妥当である．また，成熟前と成熟後では，同じ成長式で表されるとは限らない．

問 2.8　厚生労働省の**人口動態統計**では，国勢調査のデータをもとにして，日本人を 5 歳ごとの年齢層に分け，各年齢層の過去 5 年間の死亡率と女性の出産率を調査し，それから生命表を作る．これを**簡易生命表**という．これは，定常生命表ではないが，コホート生命表でもない．コホート生命表とどんな違いが生じるか？ そこから求めた平均寿命には，どんな注意が必要か？

問 2.9　体重と体長は両対数グラフで直線と述べたが，人間のように体長が止まってから体重が増えることはないか？

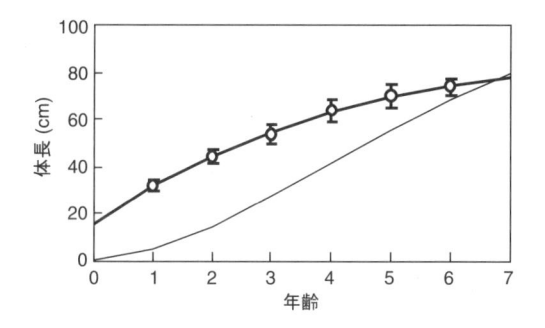

図 2.8 シロザケの成長曲線（Morita ほか 2003）．縦軸は尾叉長 (cm)，○と誤差棒はそれぞれ実測の平均値と標準偏差，太線は式 (2.28) で極限体長 $L_\infty = 93.1\,\mathrm{cm}$，成長速度 $\kappa = 0.236$, $t_0 = -0.77$ 歳としたときの理論的な成長曲線．細線はその 3 乗に比例した（体重を想定した）グラフ．

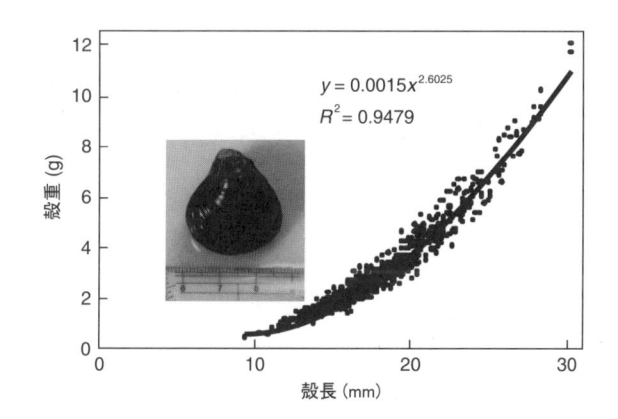

図 2.9 琵琶湖のセタシジミの殻長と殻重の関係（データと写真は西森克浩，未発表）．1993 年 12 月に滋賀県水産試験場の奥島試験漁場で試験漁獲したときに得た 1015 個体のデータと，式 (2.30) の関係式（曲線）．

2.7 サイズ構造モデル

前節までは年齢別の個体群構造を考えた．年生存率や繁殖率が年齢によって決まっているかのように扱った．けれども，同じ年齢でも，大きな個体も小さな個体もいる．生物には個体差がある．繁殖率や成長率は同じ年齢の個体どうしよりも，同じ体長どうしのほうが近いだろう．

生物の体長などは，ほとんどの場合，ある平均値の周りに一山形に散らばる．

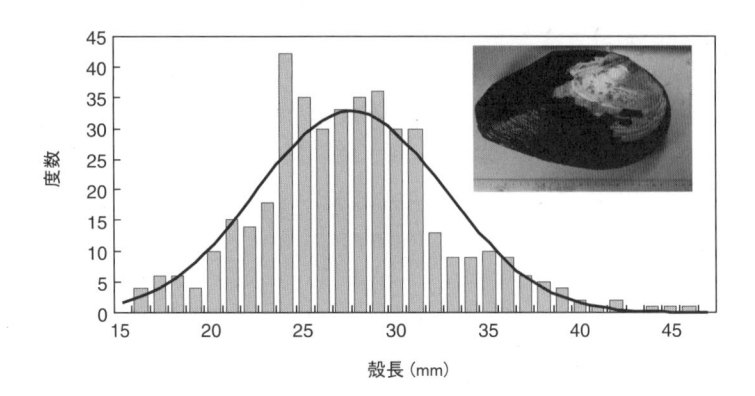

図 2.10 琵琶湖イケチョウガイ（淡水真珠母貝で環境省レッドデータブックで深刻な危機にあると判定されている）の 1 歳個体 421 標本の殻長分布（棒グラフ）．平均値は 21.7mm で標準偏差 (SD) は 5.7 mm（データと写真は西森克浩，未発表より）．曲線は同じ平均と標準偏差をもつ正規分布を表す．

図 2.10 はイケチョウガイの殻長分布である．

図 2.10 のように殻長 x の頻度 $F(x)$ の分布を頻度分布（ヒストグラム）という．通常 x をある区間，たとえば 1 mm 間隔に分け，その区間ごとの頻度を数える．母集団の頻度分布がある理論式に従っているとすれば，区間を無限に細かくし，標本数を無数に増やせば滑らかな曲線が描ける．これを確率密度分布という．

標本 i の殻長を x_i とすると，平均 $\bar{x}$ と標準偏差 σ はそれぞれ

$$\bar{x} = \frac{1}{n}\sum_{i=1}^{n} x_i = \frac{1}{n}(x_1 + x_2 + \ldots + x_n) \quad \text{および} \quad \sigma = \frac{1}{n-1}\sum_{i=1}^{n}(x_i - \bar{x})^2 \tag{2.1}$$

と表される．ただし n は標本数である．標準偏差を n でなく $n-1$ で割っているのは，限られた標本から母集団全体の標準偏差を推定するためである．標本数が 1 つしかないとき，標準偏差は分母分子ともに 0 になり計算できない．

補足 2.5 に示すように，図 2.10 のような頻度分布は平均 $\bar{x}$ と標準偏差 σ をもつ正規分布 $N(\bar{x}, \sigma^2)$ で近似される．正規分布は左右対称だが，実際の頻度分布はわずかに左に偏っているように見える．そもそも，正規分布は両側に限りなく広がるが，殻長のような「量」は必ず正の値になる．このような分布のとき

は，対数正規分布を用いることがある．対数正規分布とは，変量 x の対数が正規分布になるような分布のことである．

そこで，齢構造モデルと同じように，サイズ構造モデルが考えられる．ある個体群の個体を，体長によってクラス分けする．ベルタランフィの成長曲線に従うとき，成長率は極限体長と現在の体長の差に比例する（補足 2.4）．すなわち，極限体長に近づくほど，それに比例して下がる．これより，現在の体長が与えられたとき，翌年までの成長率は式 (2.28) の上下にばらつく．たとえば，現在の体長が 42.5 cm のとき，翌年の体長は平均 55.1 cm，標準偏差が 2.9 cm の正規分布に従うと仮定した．ただし，体長が縮むことはないだろう．この様子を表したものが表 2.5 である（補足 2.6）．

表 2.5 サケのサイズ遷移行列．1 行目に記された今年の体長 (cm) クラスの個体が，翌年 1 列目に示された体長クラスに成長して「進級」する確率を表したもの（森田健太郎，未発表）．たとえば今年 40～45 cm の個体が，来年も同じクラスにとどまる確率，50～55 cm，55～60 cm，60～65 cm に成長する確率は，左から 4 列目に示したとおり，それぞれ 4%，45%，46%，4% である．

	32.5	37.5	42.5	47.5	52.5	57.5	62.5	67.5	72.5	77.5	82.5
30～35	0%	0%	0%	0%	0%	0%	0%	0%	0%	0%	0%
35～40	1%	0%	0%	0%	0%	0%	0%	0%	0%	0%	0%
40～45	19%	2%	0%	0%	0%	0%	0%	0%	0%	0%	0%
45～50	51%	30%	4%	0%	0%	0%	0%	0%	0%	0%	0%
50～55	26%	54%	45%	8%	0%	0%	0%	0%	0%	0%	0%
55～60	3%	14%	46%	63%	17%	0%	0%	0%	0%	0%	0%
60～65	0%	0%	4%	28%	73%	37%	0%	0%	0%	0%	0%
65～70	0%	0%	0%	1%	10%	62%	71%	1%	0%	0%	0%
70～75	0%	0%	0%	0%	0%	1%	29%	96%	8%	0%	0%
75～80	0%	0%	0%	0%	0%	0%	0%	3%	92%	71%	0%
80～85	0%	0%	0%	0%	0%	0%	0%	0%	0%	29%	100%

繁殖率や生存率が体重に比例し，老化は無視できると考えるならば，成長が止まった年齢以降はひとまとめにすることができる．たとえば，シカは 2 歳で成熟し，成長を止め，毎年ほぼ 1 頭ずつの子供を生み，20 歳以上まで生きてい

る．シカでは，最大寿命までの大きなレスリー行列を作る代わりに，年生存率と繁殖率がほぼ一定となる2歳以降の年齢をまとめた2×2の行列で代用できる．ただし，2歳（以上）に属する個体は翌年も生き続けると考えるため，2行2列目が0ではなく2歳（以上）の年生存率である．哺乳類や鳥類では，成熟すると成長が止まる．これを**限定成長**という．爬虫類の**海ガメ類**でも，成熟するとほとんど成長しなくなる．実際には2歳の母親の妊娠率と2歳が生んだ仔の初期生存率が低い傾向にあるが，それほど大きな違いはない．そこで，個体を1歳（**亜成獣**）と2歳以上（**成獣**）に分けて考えることができる．これは齢構造でもサイズ構造でもなく，段階（ステージ）に分けた**段階構造モデル**である．数学的には，サイズ構造モデルと同じ扱いができる．たとえば昆虫の卵，1齢幼虫，2齢幼虫，蛹，成虫のような段階に分けることもできる．

この場合，サイズ構造モデルと同じ方法で，安定段階分布とそれに達した後の個体群増加率を求めることができる（補足2.7）．この方法は，より一般的な行列の固有値と固有ベクトルを用いるときにも応用できる．この例では，年あたり個体あたり増加率は1.02と，漸増傾向が示唆される（表2.6）．

哺乳類などの限定成長に対して，植物の多年草や魚類などでは成熟後も大きく成長する．これを**無限成長**という．図2.11にミナミマグロの例を示す．成熟は60 kg前後（8歳）と推定されているが，その後20歳過ぎまで大きくなり続けて約120 kgに成長し，約40歳と見られる個体も漁獲されている．死亡率には乱獲された1980年代までの漁獲による死亡も含めている．また，図2.11での「0歳」とは産卵時ではなく，数カ月を経て漁場に加入したあとの段階であり，産卵からそれまでにもきわめて高い初期死亡があるだろう．加入率は親1尾が1年あたりに残す加入尾数であり，8歳以降は体重に比例すると仮定した．比例定数を0.017尾/kgと仮定すると，内的自然増加率は-0.118と急激な減少を示し，平均世代時間は14歳になる．死亡率が2歳で最大になっているのは，1980年代に豪州が自国沿岸にいる未成魚を大量に漁獲したからと見られる（ただし，図には示していないが，加入前の死亡率のほうがずっと高い）．現在，豪州は未成魚を生け捕りにしたあと畜養して2倍に大きくし，トロ身をたっぷりつけて日本に輸出し，絶滅危惧種のミナミマグロのトロが，スーパーマーケットで安売りされている．年齢別またはサイズ別の漁獲が資源（個体群）の消長

表 2.6 イワナの北海道のある個体群の状態遷移行列 (森田健太郎氏より提供) を用いた，表計算ソフトによる遷移行列の固有値と固有ベクトルの計算．下記のようにセル B14:G19 に状態遷移行列を置く．固有値の値をセル I12 に置き，補足 2.7 の式 (2.41) の式の左辺括弧内の行列をセル B22:G27 に置く．その行列式をセル A22 に計算する．ソルバーで目的セル A22 がほぼ 0 (下の結果では 6×10^{-7}) になるように，変化するセル I12 を求める．これが固有値 (個体群増加率) である．その後，セル H14:H19 に N_t を置き，状態遷移行列との積 N_{t+1} をセル A14:A19 に計算する．これが N_t の固有値倍に一致するような N_t を求めるため，残差平方 $(N_{t+1,i} - \lambda N_{t,i})^2$ をセル I14:I19 に計算し，その和を I20 に求める．再びソルバーで目的セル I20 がほとんど 0 (以下の例では 6×10^{-7}) になるように変化させるセル H14:H19 を求める．こうして，H14:H19 に安定分布が求められる

	A	B	C	D	E	F	G	H	I
12					年生存率＝	0.4	個体群増加率＝		1.0196
13								安定齢分布	残差^2
14	1.02	0	0.21	2.95	4.45	5.37	5.77	**1**	0
15	0.4	0.4	0	0	0	0	0	**0.39**	0
16	0.157	0	0.4	0	0	0	0	**0.15**	0
17	0.062	0	0	0.4	0	0	0	**0.06**	0
18	0.024	0	0	0	0.4	0	0	**0.02**	0
19	0.016	0	0	0	0	0.4	0.4	**0.02**	0
20								残差平方和	0
21		行列式	固有値方程式						
22	$6E$ -07	-1	0.21	2.95	4.45	5.37	5.77		
23		0.4	-1	0	0	0	0		
24		0	0.4	-1	0	0	0		
25		0	0	0.4	-1	0	0		
26		0	0	0	0.4	-1	0		
27		0	0	0	0	0.4	-0.6		

に与える影響については，補足 2.8 で定義する繁殖価という概念が有効である．

繁殖価とは，ある年齢まで生きた個体が，それ以降死ぬまでに個体群の増加に貢献する寄与の指標であり，定常個体群ではその年齢まで生きた個体が，それ以降死ぬまでに生む子供の数を意味する．出生直後の繁殖価は定義より 1 であり，ふつう，成熟するまで繁殖価は増え続ける (図 2.11)．これは，生き延びた個体の子孫を残す貢献度が，年齢とともに増えることを意味する．

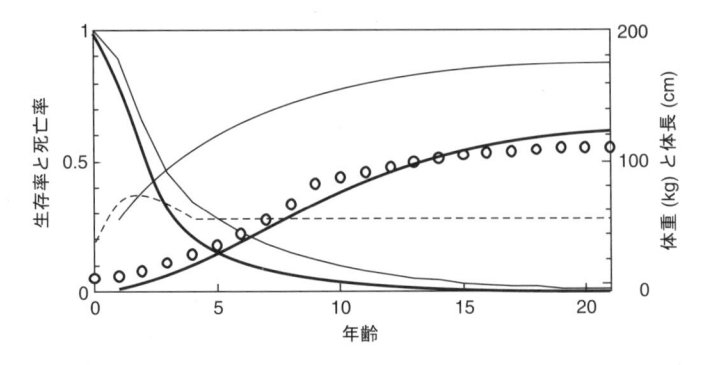

図 2.11 ミナミマグロの生存曲線と安定齢構成（それぞれ右下がりの太線と細線），（漁獲を含む）死亡率（点線），体長と体重と繁殖価（それぞれ右上がりの細線，太線，白丸）．

　ミナミマグロを漁獲するとき，子供をとるのと成魚をとるのでは，次世代の資源（個体群）に与える影響が異なる．図2.11に示すように，多くの場合，成熟するまでは，繁殖価は体重以上に年齢とともに急激に増える．したがって，同じ漁獲量を獲る場合，子供を獲るより親を獲るほうが，失う繁殖価は小さい．そのため，子孫の数を維持しながら，たくさん獲ることができる．魚の場合は成熟後も成長を続けるが，繁殖価の伸びは鈍くなる．

2.8　密度効果とカオス

　2.1節では，個体数はいったんねずみ算式に増えるが，その後資源の枯渇とともに増加率が下がり，やがて一定の個体数に落ち着くと述べた．しかし，密度効果の働き方によっては，すんなり落ち着くとは限らない．それには次のような要因が考えられる．

　時間遅れのある密度効果．生物はおおむね齢構造などの構造をもつ．親1個体あたりの繁殖率がその瞬間の個体数でなく，その親が育ったときの個体数に左右されることが考えられる．個体群の状態は齢別の個体数だけで特徴づけられるものではなく，各個体の栄養状態などが反映するだろう．子供のころに過密であれば，親の数が変わらなくても，加入率に影響することが考えられる．

　また，多種（3種以上）の相互作用によっては，カオスが生じうることが数学的に知られている．あるいは，世代時間や生存率，繁殖率，移動率などが密

度によって変わることによっても,カオスが生じうることが知られている.密度によって生物が生き方を変えることは,ありそうなことである.

今までは,世代を単位とした漸化式か,齢構造などのある状態遷移行列による年単位の個体群動態を考えてきた.齢構造の変化が無視できるなら,個体数全体を年単位の漸化式で扱うことができる.つまり,補足 2.9 の式 (2.6) のような漸化式は,

今年の個体数 $= f$ (前年の個体数)

という形であり,1 年前(あるいは 1 世代前)の個体数に左右される.その意味で,時間遅れの要素をすでに含んでいる.したがって,内的自然増加率 r を大きくすれば,それだけで永久振動が得られる.図 2.12 にその例を示す.(a) には単調な収束で環境収容力 K に近づく例 ($r = 0.5$),いったん K を飛び越えるが K の周りで振動しながら K に近づく減衰振動の例 ($r = 1.7$),4 周期に近づく**極限周期変動(リミットサイクル)**の例 ($r = 2.5$) が示されている.(b) には K の周りを 2 周期で振動している例 ($r = 2.1$) と永久に不規則に振動する例 ($r = 3$) が示されている.これらは,どれも r や K が一定の値で,外から何のノイズも加えず,単純な 1 つの二次の漸化式 (2.6) で得ている点に注意してほしい.こうしてノイズを加えずに得た不規則振動を**カオス**という.また,ヒ

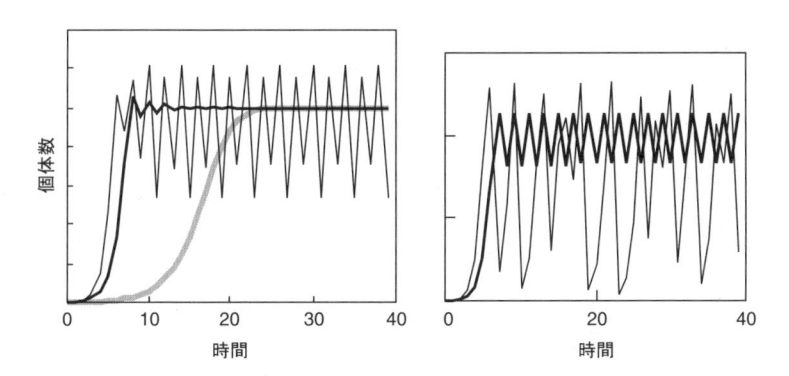

図 2.12 式 (2.6) がもたらす個体群の永久変動.(a) には $r = 0.5, 1.7, 2.5$ の 3 本の軌跡 (それぞれ灰色,太線,細線),(b) には $r = 2.1, 3$ の 2 本の軌跡 (それぞれ太線と細線) を描く.$K = 1000$,初期個体数を $N_0 = 1$ とした.本文参照.

トのようにどの季節でも繁殖し，世代が大幅に重複する場合には，式 (2.4) や (2.6) の時間 t を世代でなく，年と考えてもよい．

不規則な永久振動が得られることがわかっても，実際に観察される個体群変動がカオスかどうかを判断するのは難しい．現在，いくつかの判定方法が知られているが，ここでは紹介しない．高緯度地方にいる内的自然増加率 r の高いタビネズミなどの不規則な振動が，カオスと考えられている．

自然界にはさまざまな外からの不規則な撹乱がある．撹乱とは，状態を不規則に変える外からの影響のことである．カオスは撹乱なしで生じる不規則変化だが，撹乱によっても，個体数は不規則に変化する．これを**過程誤差（プロセスエラー）**という．また，真の個体数を正確に計ることは困難で，たとえ真の個体数が一定でも，推定値が変動することがある．これを**観測誤差**または**推定誤差**という．後者はできるだけ取り除くほうが望ましいだろうが，前者を取り除くのはむしろ不自然である．

いずれにしても重要なことは，自然界が一定の状態にないということである．単に環境収容力の周囲を小さく振動している場合もあるし，環境収容力から外れて大きく変動する場合もある．

> 問 2.10 式 (2.6) の環境収容力を変えたとき，図 2.12 はどのように変わるか？また，$1-\varepsilon$ から $1+\varepsilon$ までの一様乱数 Z_t を用いて，過程誤差を考慮した $N_t = [1 + r(1 - N_{t-1}/K)]N_{t-1}Z_t$ という式を作り，$r = 1.5, \varepsilon = 0.5, K = N_0 = 1000$ として計算してみよ（Excel ファイルのワークシート「図 2.12」の列 G および問 2.10 と書いたグラフを参照）．図 2.12 の諸軌道とどのような違いが見られるか？カオスの挙動と過程誤差の挙動はどのように違うか？

2.9 変動環境下の動態

前節では，r や K の値が変わらずに，時間遅れの密度効果によって個体数が変動する状況を紹介した．けれども，環境自身の変動によって個体数が変動す

る場合もある．また，そのときの個体群の消長を予測する場合，本章の前節までの議論にさまざまな注意が必要である．式 (2.4) の個体あたり増加率 λ が一定ではなく，時間とともに確率的に変化するとすれば，

$$N_{t+1} = \lambda_t N_t \tag{2.2}$$

と表せる．これを繰り返すと

$$N_t = \left[\prod_{i=0}^{t-1} \lambda_i\right] N_0 = \lambda_0 \lambda_1 \ldots \lambda_{t-2} \lambda_{t-1} N_0 \tag{2.3}$$

となる．たとえば，半分の年では個体数が前年の 5 割増しになり，残りの年に前年の半分になるとする．このとき個体数の増加率の幾何平均は $\bar{\lambda} = \sqrt{1.5 \times 0.5} \approx 0.866$ で，長期的には減ってしまう．図 2.13(a) に示したように，マルサス径数 λ_t の幾何平均（相乗平均）$\bar{\lambda} = (\lambda_0 \lambda_1 \ldots \lambda_{t-2} \lambda_{t-1})^{1/t}$ が 1 より大きければ個体数は変動しながらも増え続け，1 より小さければ減っていくことがわかる．つまり，環境変化とともに個体あたり増加率 r が揺らいでも，λ_t の幾何平均が重要である．

ところが，多変数の力学系（3.2 節参照）ではそう単純ではない．図 2.13(b) に示したように，繁殖率や初期生存率が変動するだけで，たとえ成熟個体の生

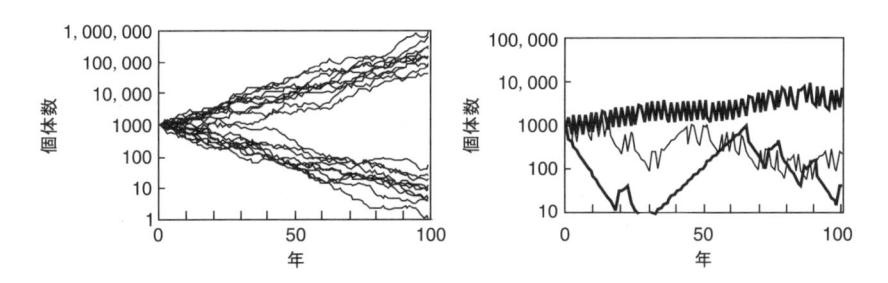

図 2.13 環境変動下の個体数変動の計算例．(a) 齢構造のない場合．式 (2.2) で $\lambda_t = \bar{\lambda} \exp[SZ_t]$ と仮定した．ここで Z_t は -0.5 と 0.5 の間の一様乱数，$S = 0.4$ である．増加する 10 本の軌跡は $\bar{\lambda} = 1.05$ の場合，減少する 10 本の軌跡は $\bar{\lambda} = 0.95$ の場合である．(b) 齢構造のある場合．個体数が減少している 2 つの軌跡は式 (2.45) で増加率 $(1+r_t)$ に自己相関（本文参照）がない場合（細線）と正の相関がある場合（太線）．増加している軌跡は負の自己相関がある場合．本文および補足 2.9 参照．

存率が毎年一定でも，個体数が増えるか減るかは容易に判断ができなくなる（補足 2.9）．繁殖率の高い年が連続して続く傾向にある場合や，高い年と低い年が交互にくる場合が考えられる．これは**自己相関**という指標で判断される．自己相関とは平均値より大きい年や小さい年が連続してくる傾向の有無を見る指標で，連続してきやすい状況を自己相関が正，大きい年の後に小さな年がきやすい状況を負，前年の状態に関係なく大小いずれも同じようにやってくる状況は 0 であるという．

自然状態の個体群は決して一定の環境条件にはない．猛禽類や大型哺乳類でも，長寿の高木でも，条件のよい年と悪い年がある．条件のよい年には繁殖率が高く，悪い年にはほとんど繁殖できない．貝類でも，数年に一度の繁殖率の高い年がくるなど，豊凶を繰り返すことで個体群が維持されていることがある．短期間の環境調査だけでは，生物が増えるのか減るのか評価できない．長期間の調査をしても，各年の繁殖率をこみにして平均値で議論しては，個体数の消長を見誤ることになる．

このように，1 種系でも個体群の動態は十分に複雑である．生態系には多くの種が存在し，互いに関係をもっているが，やはり，変動しつつある生物の相互関係を考慮しなくてはならない．次章以降は，そのような種間関係を説明する．

2.10 補足

補足 2.1　ロジスティック増殖の数理モデル

t 世代目の個体数を N_t とする．図 2.1 の細線のようなマルサス増殖の場合，前の世代から $(1+r)$ 倍に増えているから，

$$N_t = \lambda N_{t-1} \tag{2.4}$$

という漸化式が書ける．世代をさらにさかのぼると

$$N_t = \lambda N_{t-1} = \lambda^2 N_{t-2} = \ldots = \lambda^t N_0 \tag{2.5}$$

となる．つまり，個体数は公比 $(1+r)$ の等比数列で増えていく．$N_0 = 1000$, $r = 0.2$ のとき，図 2.1 の細線のようになる．

個体数増加がやがて頭打ちになることを表す数理モデルのうち，最も基本となるのは，以下のようなロジスティック増殖である．

$$N_{t+1} = \left[1 + r\left(1 - \frac{N_t}{K}\right)\right] N_t \tag{2.6}$$

この K が環境収容力である．$(N_{t+1} - N_t)/N_t = r(1 - N_t/K)$ が個体あたり増加率を表し，それに個体数を掛けた $r(1 - N_t/K)N_t$ が個体群増加率である．$N_t = K$ のとき，増加率は 0 になる．このとき $N_{t+1} = N_t = K$ で個体数は定常状態に達し，それ以上は増えない．$N_0 = 1000, r = 0.2, K = 10000$ のとき，図 2.1 の太線のようになる．

補足 2.2　齢構造のある個体群動態モデル

本文で紹介したような 2 年草の 1 歳と 2 歳の個体数の動態を行列で表すと，

$$\begin{pmatrix} N_{t+1,1} \\ N_{t+1,2} \end{pmatrix} = \begin{pmatrix} 0 & 100 \times 0.02 \\ 0.6 & 0 \end{pmatrix} \begin{pmatrix} N_{t,1} \\ N_{t,2} \end{pmatrix} \tag{2.7}$$

と表せる．また 2 歳と 3 歳で繁殖する，表 2.1 のような架空の 3 年草は，次の行列算で表される．

$$\mathbf{N}_{t+1} = \mathbf{L}\mathbf{N}_t \text{ ただし } \mathbf{N}_t = \begin{pmatrix} N_{t,1} \\ N_{t,2} \\ N_{t,3} \end{pmatrix}, \mathbf{L} = \begin{pmatrix} 0 & 2 & 10 \\ 0.2 & 0 & 0 \\ 0 & 0.4 & 0 \end{pmatrix} \tag{2.8}$$

図 2.1(b) の場合の状態遷移行列は，以下の式で表される．

$$\mathbf{L} = \begin{pmatrix} 0 & 0 & 13 \\ 0.2 & 0 & 0 \\ 0 & 0.4 & 0 \end{pmatrix} \tag{2.9}$$

式 (2.7) や式 (2.8) は，たいへん間違いやすい式である．初めて齢構造モデルを作る者が必ず犯す誤りといってもよい．つまり，式 (2.7) を

$$\begin{pmatrix} N_{t+1,0} \\ N_{t+1,1} \\ N_{t+1,2} \end{pmatrix} = \begin{pmatrix} 0 & 0 & 100 \\ 0.02 & 0 & 0 \\ 0 & 0.6 & 0 \end{pmatrix} \begin{pmatrix} N_{t,0} \\ N_{t,1} \\ N_{t,2} \end{pmatrix} \quad (2.10)$$

と間違えないように注意してほしい．2歳の親が100粒の種子を残すのは今年であり，翌年ではない．翌年には生存率0.2をかけて20株の1歳個体が残る．式(2.7)を書き直すと，$N_{t+2,2} = 100 \times 0.02 \times 0.6 \times N_{t,2} = 1.2 N_{t,2}$ となる．つまり，2年間で20%増えることになる．誤った式(2.10)では，3年間で2割増えるから，個体群増加率を過小評価してしまう．

式(2.8)は，

$$\begin{aligned} N_{t+1,1} &= 2 \times N_{t,2} + 10 \times N_{t,3} \\ N_{t+1,2} &= 0.2 \times N_{t,1} \\ N_{t+1,3} &= 0.4 \times N_{t,2} \end{aligned} \quad (2.11)$$

と書き直せる．式(2.7)は世代時間が2年と決まっていたが，今度は親が2歳で生まれる子と，3歳で生まれる子がある．全個体数 N_t は $N_t = N_{t,1} + N_{t,2} + N_{t,3}$ である．

遷移行列 **L** が毎年変わらず，世代を繰り返すと，ある共通の個体群増加率 λ により

$$\mathbf{N}_{t+1} = \lambda \mathbf{N}_t \quad (2.12)$$

つまり

$$N_{t+1,1} = \lambda N_{t,1},\ N_{t+1,2} = \lambda N_{t,2},\ N_{t+1,3} = \lambda N_{t,3} \quad (2.13)$$

というように，どの年齢の個体数も翌年に λ 倍になる状況に落ち着く．このとき年齢組成 $(N_{t,1}/N_t,\ N_{t,2}/N_t,\ N_{t,3}/N_t)$ は年によらず一定である．1歳から3歳まで，$N_{t,a} = N_{t+1,a}/\lambda$ を式(2.8)に代入すると

$$\begin{aligned} N_{t,1} &= (2N_{t,2} + 10N_{t,3})/\lambda, \\ N_{t,2} &= 0.2 N_{t,1}/\lambda, \\ N_{t,3} &= 0.4 N_{t,2}/\lambda \end{aligned} \quad (2.14)$$

となる．この後ろ2つの式から $N_{t,3} = 0.2 \times 0.4 N_{t,1}/\lambda^2$ であり，これを第一の式に

代入して $N_{t,1}$ で割ると

$$1 = 2 \times 0.2/\lambda^2 + 10 \times 0.08/\lambda^3 \tag{2.15}$$

という関係が成り立つ．このとき，0.08 は 1 歳から 3 歳までの生存率を表す．

より一般的には，式 (2.14) と (2.15) はそれぞれ以下のように書き直される．

$$N_{t,a} = (l_a/l_{a-1})N_{t-1,a-1}/\lambda \text{ ただし } a > 1 \tag{2.16}$$

$$1 = l_1 m_1 \lambda^{-1} + l_2 m_2 \lambda^{-2} + l_3 m_3 \lambda^{-3} + \ldots \text{ すなわち } 1 = \sum_{x=1}^{\infty} l_x m_x / \lambda^x \tag{2.17}$$

という関係が成り立つ．ここで，l_a は生まれてから a 歳までの生存率，m_a は a 歳での繁殖率（産卵数，雌の比率の積），λ は個体群増加率である．この方程式をオイラー・ロトカ方程式といい，これから長期的な個体群増加率 R を求めることができる．この λ の自然対数 $r = \ln \lambda$ を，**内的自然増加率**という．

数学的には，式 (2.8) の行列の 3 つの**固有値**のうち，最大固有値が長期的な個体群増加率に一致し，それに対応する固有ベクトルが，安定齢分布に一致する．式 (2.9) では，長期的な個体数の増減を表す実数の固有値と，齢構造の変化をもたらす複素数固有値の絶対値が等しく，振動が収まらない．

より一般的に，t 年目の 1 歳，2 歳，3 歳…の個体数を，それぞれ $N_{t,1}$, $N_{t,2}$, $N_{t,3}$…とする．1 歳は翌年に 2 歳，2 歳は 3 歳になる．a 歳の翌年までの生存率を P_a とする．a 歳の雌一個体あたりの繁殖率（産卵または出産時点で，新たな個体の誕生とみなす．生まれた雌だけを数えることにする）を m_a，生まれてから 1 歳（繁殖期の直前）までの生存率を P_0，最大齢を A 歳とすると

$$\mathbf{L} = \begin{pmatrix} m_1 P_0 & m_2 P_0 & m_3 P_0 & \cdots & m_{A-1} P_0 & m_A P_0 \\ P_1 & 0 & 0 & \cdots & 0 & 0 \\ 0 & P_2 & 0 & \cdots & 0 & 0 \\ 0 & 0 & P_3 & \cdots & 0 & 0 \\ \vdots & \vdots & \vdots & \ddots & \vdots & \vdots \\ 0 & 0 & 0 & \cdots & P_{A-1} & 0 \end{pmatrix} \tag{2.18}$$

という行列ができる．このような行列 $\mathbf{L}$ は齢構造に関する**状態遷移行列**の1つであり，考案者の名にちなんでレスリー行列という．この個体群動態も，表2.1のようにして計算することができる．

補足2.3　生存率と平均世代時間の計算

人口増加率 λ が何らかの形で推定できるなら，上記の補正ができる．すなわち

$$l_x = l_x^* \lambda^x \quad \text{または} \quad l_x^* = l_x \lambda^{-x} \tag{2.19}$$

という補正が必要である（この式は安定齢分布で一般的に成り立つので，l_i' を l_x^* に書き改めた）．これを式(2.17)に代入すれば，λ が相殺されて，以下の式が成り立つ．

$$1 = \sum_{x=1}^{\infty} l_x^* m_x \tag{2.20}$$

これは，安定齢分布であればつねに成り立つはずだし，λ にかかわらず成立する．

上記のIUCNの定義は，現在の個体群の齢分布を l_x' とすると

$$\text{世代時間} = \frac{\displaystyle\sum_{x=1}^{\infty} x l_x' m_x}{\displaystyle\sum_{x=1}^{\infty} l_x' m_x} \tag{2.21}$$

と表される．この定義は生態学の標準的な教科書に見られる定義と完全には一致しないが，妥当な定義である．現在の齢分布が安定齢分布であれば，l_x' に l_x^* を代入して

$$\text{世代時間} = \sum_{x=1}^{\infty} x l_x^* m_x \tag{2.22}$$

と求められる．l_x' が安定齢分布 l_x^* に等しいとき，式(2.21)の分母 $\sum_x l_x^* m_x$ は式(2.20)により1であり，不要である．

ここでは表2.4の生命表から，安定齢分布 l_x^* での平均世代時間 T を求めよう．安定齢分布 l_x^* は，式(2.19)を用いて得られる．式(2.22)による世代時間は，表2.4の例では2.82年である．多くの教科書では，世代時間の近似式として，安定齢分布 l_x^* を用いず，生存率 l_x を用いて

$$\text{世代時間} = \frac{\displaystyle\sum_{x=1}^{\infty} x l_x m_x}{\displaystyle\sum_{x=1}^{\infty} l_x m_x} \tag{2.23}$$

としている．式 (2.23) の分母 $\sum_x l_x m_x$ を**純繁殖率**と呼び，しばしば R_0 と表す．これが 1 より大きければ，個体群は増える．また，純繁殖率と内的自然増加率を用いて

$$\text{世代時間} = \frac{\ln R_0}{r} \tag{2.24}$$

という定義式を用いることもある．この式よりも，式 (2.22) のほうが IUCN の定義に一致している．

生存率 l_x が与えられたとき，平均寿命は

$$\text{平均寿命} = \frac{\displaystyle\sum_{x=0}^{\infty} x l_x}{\displaystyle\sum_{x=0}^{\infty} l_x} \tag{2.25}$$

で与えられる．平均余命は

$$x \text{ 歳の平均余命} = \frac{\displaystyle\sum_{y=0}^{\infty} y l_{x+y}}{\displaystyle\sum_{y=0}^{\infty} l_{x+y}} \tag{2.26}$$

で与えられる．0 歳の平均余命が平均寿命である．

補足 2.4 ベルタランフィの成長式

年齢 t の生物の体長を $L(t)$ とするとき，成長率が

$$\frac{dL}{dt} = k(L_\infty - L) \tag{2.27}$$

という微分方程式で表されると仮定する．ただし L_∞ は十分高齢になったときの極限体長，κ は成長の速さを表す．この微分方程式を解くと，$L(t_0) = 0$ として，

$$L(t) = L_\infty [1 - e^{-\kappa(t-t_0)}] \tag{2.28}$$

と表される．ただし t_0 は体長 0 となる仮想年齢（負の値）を表す．このようにして得られた体長 $L(t)$ は年齢 t に対して上に凸の増加関数である．

体重 $W(t)$ は，体形が相似形ならば，体長の 3 乗に比例して増える．しかし，ぴったり 3 乗になるとは限らない．そこで，

$$W(t) = aL(t)^b \tag{2.29}$$

という関係が成り立つと考え，この式で求めた体重の理論値と実測値が最もよく当てはまるような係数 a と b の値を求める．1.7 節で説明したように，一方が他方のべき乗に比例するときの関係をアロメトリーという．図 2.9 の場合には

$$W = 0.0015 L^{2.60} \tag{2.30}$$

という関係式が最も当てはまりがよかった．べき指数が 3 よりわずかに小さく，成長とともに「やせて」くることがうかがえる．

補足 2.5　正規分布と対数正規分布

図 2.10 のようなヒストグラムがあるとき，殻長 x の頻度 $f(x)$ の分布が

$$f(x) = \frac{1}{\sqrt{2\pi\sigma^2}} \exp\left[-\frac{(x-\bar{x})^2}{2\sigma^2}\right] \tag{2.31}$$

と表せるとき，この確率密度分布 $f(x)$ を平均 $\bar{x}$，標準偏差 σ の正規分布と呼び，$N(\bar{x}, \sigma^2)$ と表す．σ^2 は分散を表す．

この式は複雑に見えるが，x を $-\infty$ から ∞ まで積分すると 1 になるように $\sqrt{2\pi\sigma^2}$ で割っている．x が $-\infty$ から x までの累積確率は

$$\int_{-\infty}^{x} f(y) dy = \frac{1}{\sqrt{2\pi\sigma^2}} \int_{-\infty}^{x} \exp\left[-\frac{(y-\bar{x})^2}{2\sigma^2}\right] dy = \frac{1}{2} + \frac{\mathrm{erf}[x-\bar{x}]}{2\sqrt{2\pi\sigma^2}} \tag{2.32}$$

と表される．ここで $\mathrm{erf}(x)$ は，誤差関数と呼ばれ，コンピュータでよく用いられる関数である．任意の x までの累積確率を解析的に（多項式や指数関数などで）求めることはできない．しかし $-\infty$ から ∞ までの積分が 1 であることは解析的に証明できる（解析学の教科書に載っているので，興味ある読者は各自調べてみること）．正規分布

は平均と標準偏差で特徴づけられる．

対数正規分布は，以下のように表される．

$$f(x) = \frac{1}{x\sqrt{2\pi\sigma^2}} \exp\left[-\frac{(\log x - \log \mu)^2}{2\sigma^2}\right] \tag{2.33}$$

ただし μ はこの分布の最頻値（モード，頻度が最大になる x）であり，中央値（メディアン）は $\mu/\exp[\sigma^2]$，相加平均値は $\mu\exp[\sigma^2/2]$ であり，代数平均（相加平均）値が $\bar{x}$ になるわけではなく，幾何平均が $\bar{x}$ になる．これらはそれぞれ以下の式で求められる．

最頻値 μ : $f(\mu) \geqq f(x)$

中央値 m : $\int_{-\infty}^{m} f(y) dy = \frac{1}{2}$

対数正規分布とは，変量 x の対数が正規分布になるような分布のことである．たとえば，殻長は負になるはずがない．しかし正規分布は $-\infty$ から ∞ で値があるので不合理である．対数正規分布は必ず正の値をとるような変量に対してよく当てはまる分布である．

補足 2.6　サイズ構造の数理モデル

齢構造モデルでは，1年後には必ず1歳年をとった．それと異なり，サイズ構造モデルでは，1年後に1つ上のサイズクラスに移るとは限らない．同じクラスに「落第」することも，2つ以上上のクラスに「飛び級」することもある．小さくなることがないとしても，たとえば4つのサイズクラスからなるとき，個体群動態は以下のような行列算で表される．

$$\mathbf{N}_{t+1} = \mathbf{L}\mathbf{N}_t \tag{2.34}$$

ただし $\mathbf{L} = \begin{pmatrix} m_1 p_0 + p_1 g_{11} & m_2 p_0 & m_3 p_0 & m_4 p_0 \\ p_1 g_{12} & p_2 g_{22} & 0 & 0 \\ p_1 g_{13} & p_2 g_{23} & p_3 g_{33} & 0 \\ p_1 g_{14} & p_2 g_{24} & p_3 g_{34} & p_4 g_{44} \end{pmatrix}, \mathbf{N}_t = \begin{pmatrix} N_{t,1} \\ N_{t,2} \\ N_{t,3} \\ N_{t,4} \end{pmatrix}$

ただし，m_a は今年サイズクラス a の個体が生む0歳の娘の数，p_a は今年クラス a の

個体が来年まで生き残る年生存率, g_{ij} は今年クラス i の個体が生きていたとして, 翌年クラス j に成長する (または同じクラスにとどまる) 確率を表す. 表 2.5 は g_{ij} だけをまとめたものである. 遷移行列 $\mathbf{L}$ を, 繁殖と成長と生存に分解して考えると

$$\mathbf{L} = \mathbf{B} + \mathbf{G}.\mathbf{S} \tag{2.35}$$

ただし

$$\mathbf{B} = \begin{pmatrix} m_1 p_0 & m_2 p_0 & m_3 p_0 & m_4 p_0 \\ 0 & 0 & 0 & 0 \\ 0 & 0 & 0 & 0 \\ 0 & 0 & 0 & 0 \end{pmatrix} \tag{2.36}$$

$$\mathbf{G} = \begin{pmatrix} g_{11} & 0 & 0 & 0 \\ g_{12} & g_{22} & 0 & 0 \\ g_{13} & g_{23} & g_{33} & 0 \\ g_{14} & g_{24} & g_{34} & g_{44} \end{pmatrix}, \quad \mathbf{S} = \begin{pmatrix} p_1 & 0 & 0 & 0 \\ 0 & p_2 & 0 & 0 \\ 0 & 0 & p_3 & 0 \\ 0 & 0 & 0 & p_4 \end{pmatrix} \tag{2.37}$$

と表すことができる. $\mathbf{B}$, $\mathbf{G}$ と $\mathbf{S}$ はそれぞれ加入, 成長そして生存を表す行列である. もし, ある年に生まれた子が翌年いきなり最小のサイズクラス以外のクラスに成長するなら, $\mathbf{B}$ はより複雑になる.

今度は, 補足 2.2 の齢構造モデルについて得たオイラー・ロトカ方程式を導くことはできず, 行列をまともに計算する必要がある. けれども, 補足 2.2 の最後に述べたことと同じく, 式 (2.34) の状態遷移行列 $\mathbf{L}$ の固有値が長期的な個体群増加率になり, その固有値に対応する固有ベクトルが安定齢分布になる.

補足 2.7 状態遷移行列から安定段階分布とそれに達した後の個体群増加率

式 (2.12) と同じ方法を使う. つまり, 式 (2.12) で $\mathbf{N}_{t+1} = \lambda \mathbf{N}_t = \mathbf{L}.\mathbf{N}_t$ という関係にあるときが安定段階分布だから, 式 (2.42) を用いて

$$mp_0 N_t = \lambda n_t \quad \text{および} \quad p_1 n_t + P N_t = \lambda n_t \tag{2.38}$$

という連立方程式を解き,

$$\lambda^2 - \lambda P - p_0 p_1 m = 0 \tag{2.39}$$

という λ に関する方程式を得る．これを固有(値)方程式という．これを解くと

$$\lambda = \frac{1}{2}\left(P \pm \sqrt{P^2 + 4mp_0p_1}\right) \tag{2.40}$$

という2つの解を得る．根号内は正であり，複号のうち「+」の解のほうが大きく，これが安定段階分布に達した後の個体群増加率である．式 (2.38) から $n_t/N_t = mp_0/\lambda$ であり，これより安定段階分布（各段階の個体数の比）$n_t = N_t[\sqrt{P^2 + 4mp_0p_1} - P]/2$ と求められる．

より一般的に，式 (2.34) のような行列 **L** の固有値は

$$\det(\mathbf{L} - \lambda \mathbf{I}) = 0 \tag{2.41}$$

という固有値方程式の解である．$det(\ )$ は括弧内の行列の行列式を意味し，**I** は **L** と同じ行数列数の対角要素だけが 1 で残りの要素がすべて 0 の単位行列を意味する．

エゾシカを例に考える．エゾシカはほぼ2歳から毎年出産するから，1歳の亜成獣と2歳以上に分けた以下のような段階構造モデルを考える．

$$\begin{pmatrix} n_{t+1} \\ N_{t+1} \end{pmatrix} = \begin{pmatrix} 0 & mp_0 \\ p_1 & P \end{pmatrix} \begin{pmatrix} n_t \\ N_t \end{pmatrix} \quad \text{または} \quad \begin{cases} n_{t+1} = mp_0 N_t \\ N_{t+1} = p_1 n_t + P N_t \end{cases} \tag{2.42}$$

ただし n_t と N_t はそれぞれ1歳と2歳以上の雌ジカの個体数，m は出産率（毎年ほぼ1頭ずつ生み，生まれたときは雌雄1：1なので，ほぼ0.5），p_0, p_1, P はそれぞれ0歳，1歳，2歳以上の年生存率である．

式 (2.42) の場合には，

$$\det\left[\begin{pmatrix} 0 & mp_0 \\ p_1 & P \end{pmatrix} - \lambda \begin{pmatrix} 1 & 0 \\ 0 & 1 \end{pmatrix}\right] = \det\left[\begin{pmatrix} -\lambda & mp_0 \\ p_1 & P - \lambda \end{pmatrix}\right] = 0 \tag{2.43}$$

であり，2行2列の行列式を書き下して，式 (2.39) を得る．より大きな行列の固有値も，大学1，2年生の線形代数学で学ぶ行列式の求め方を知っていれば，式 (2.41) を用いて解くことができる．これは，表計算ソフトを用いてもできる．Microsoft Excel では，行列算と行列式を計算する機能が標準でついているので，それとソルバーを用

いればよい．

表 2.6 にその一例を示す．この方法は，より一般的な行列の固有値と固有ベクトルを用いるときにも応用できる．この例では，年あたり個体群増加率は 1.02 と，漸増傾向が示唆される．

補足 2.8 繁殖価

年齢 x までの生存率を l_x，年齢 x での繁殖率を m_x とする．内的自然増加率 $r = \log \lambda$ は補足 2.2 の式 (2.17) により与えられる．このとき，以下の指標 V_x を繁殖価という．

$$V_x = \frac{1}{l_x} \sum_{y=x}^{\infty} l_y m_y e^{-r(y-x)} \tag{2.44}$$

$r = 0$，つまり定常個体群のとき，繁殖価は年齢 x まで生きた個体が，その後死ぬまでに生む子供の数を表す．$r > 0$，つまり個体群が増えているときには，子供を早く生むほうが増加率が高くなる．$r < 0$，つまり個体群が減っているときには，子供を遅く生むほうが個体数の減少が遅くなる．

定義から明らかなように，生まれたときの繁殖価 V_0 は式 (2.17) のオイラー・ロトカ方程式から 1 である．

補足 2.9　変動環境下の行列個体群モデル

たとえば式 (2.42) ような，齢（生活史段階）構造のある力学系で，繁殖率が年変動する場合を考える．

$$\begin{pmatrix} n_{t+1} \\ N_{t+1} \end{pmatrix} = \begin{pmatrix} 0 & R_t \\ s & S \end{pmatrix} \begin{pmatrix} n_t \\ N_t \end{pmatrix} \tag{2.45}$$

ただし n_t は t 年目の子供の個体数，N_t は大人の個体数，s と S はそれぞれ子供が翌年親になるまでの生存率，大人が来年も大人として生き続ける生存率を表す．R_t は t 年目の大人 1 個体が生む子供の数の平均値を表す．

たとえば $(s, S) = (0.2, 0.8)$ で一定とし，環境に 2 つのタイプがあるとして，R_t が確率 1/2 で 0 か 2 のどちらかの値を毎年とるとする．R_t の長年の平均値は 1 だが，

R_t に 1 を代入したときの式 (2.45) の状態遷移行列から求めた安定段階分布の増加率はちょうど 1 になる．つまり，増えも減りもしない．ところが，交互に R_t が 0 の年と 2 の年が繰り返されるなら，$\mathbf{N}_{t+2}$ は以下の行列と $\mathbf{N}$ の積で表せる．

$$\begin{pmatrix} 0 & 0 \\ 0.2 & 0.8 \end{pmatrix} \begin{pmatrix} 0 & 2 \\ 0.2 & 0.8 \end{pmatrix} = \begin{pmatrix} 0 & 0 \\ 0.16 & 1.04 \end{pmatrix} \tag{2.46}$$

であり，この行列から得られる齢構造は 1 年ごとに変わるが，偶数年ごとに見た個体数は 2 年で 4% ずつ増えていく．

ところが，式 (2.46) 左辺の初めの行列がずっと続く場合，後の行列がずっと続く場合の個体数増加率は，それぞれ年あたり 0.8 と 1.148 であり，その幾何平均は 0.96 である．もしも $R_t = 0$ という悪い条件が長く続き，その後 $R_t = 2$ という好条件が同じだけ長く続けば，平均すればほぼこの幾何平均の増加率になる．つまり，個体数は減ってしまう．R_t が 0 か 2 のどちらかの値をとるとし，前年と同じ環境になる確率が 0.5，0.1，0.9 の 3 つの場合を図 2.13(b) に示した．式 (2.46) の推論どおり，環境のよい年と悪い年が交互に来る状況では個体数が増え，そうでないと長期的に減る傾向にあることがわかる．

第3章

種間相互作用と群集

3.1 ニッチ（生態的地位）

　競争は同種内だけでなく，種間でも起こる．基本的には個体間の相互作用なので，考え方は種内相互作用と変わらない．ただし，種内にはほとんどない関係がいくつかある．

　相互作用の分類には，2つのやり方がある．同種個体間の相互作用も異種間の相互作用も，基本的な考え方は変わらない．1つは適応度への影響の正負で分ける方法である．もう1つは，相互作用のタイプで分けるやり方である．数学的には，前者のほうが明確に定義できる．2個体間の相互作用を考え，相互作用がない場合に比べて，双方ともに適応度が下がる場合を**競争**という．一方が適応度の上で得をして他方が損をする場合を**搾取**，双方ともに利益を得る場合を**相利**（双利）または**共生**という．ただし，同種個体どうしの場合には共生とはいわない．代わりに**協力**（協同）ということがある．

　相互作用のタイプで見ると，共通の有限な資源を利用しあう関係が競争である．一方が相互作用の相手そのものを資源として利用するのが捕食と寄生である．互いに何らかの形で資源を供給する，あるいは互いの存在により環境中の潜在的な資源を結果的に相手が利用できる形にする場合が**相利共生**である．捕食は一方が他方を利用した瞬間に相手個体が死ぬ場合であり，寄生は利用されながら生き続ける場合である．捕食も寄生も，利用する資源が生物である点に特徴があり，利用されるほうが生存や繁殖上の損失を被ると仮定している．利

用される側も利益を得るなら，それは相利共生である．一方が生存や繁殖上の利益を得て他方のそれらには利害が及ばないとき，これら2種の関係を片利（偏利）共生という．広義の共生には片利共生や寄生を含む．

ただ，2種間の関係だけでは種間関係は完結しない．2種の生物がある生物を餌として利用する場合，前章で述べた消費型競争の関係にある．このとき，2種の捕食者と餌である1種の被食者がいるので，3種の関係にある．狭義には，捕食とは動物を餌として利用することを指し，植物を消費する動物は植食者または（一次）消費者と呼ぶ．広義には，生物を食物として利用する行為すべてを捕食と呼ぶ．

種内競争では，消費型競争は個体群の限りなき増殖を防ぐことを見た．第1章では種内すべての個体の子孫をまとめて扱ったために，それ以上の結末はなかった．種間競争では，直ちに次の疑問がわく．同じ資源を利用する2種の個体群は共存できるか？　できるとすればその条件は何か？　競争は個体数の変動をもたらすか？

競争種がいるときといないときで，分布域や利用する餌などの資源が変わることがある．競争種がいないときに利用できる資源の組合わせを**基本ニッチ**，競争種がいる状況で利用する資源の組合わせを**実現ニッチ**という．基本ニッチの一部が実現ニッチになる．いずれにしても，生物が利用する資源の組合わせをニッチという．生物は，大なり小なり融通が利く．ある餌種だけでしか生きていけないとか，ある温度だけ個体群が存続できるということはあまりない．これは，環境自身が多様であり，完全に同じ環境が2つとないことからも理解できる．ただし，捕食や寄生の対象として利用できる資源が1種しかないという動物もいる．たとえばイチジクコバチはイチジクしか利用しない．これを**単食性**という．これに対して，餌のメニューが狭い範囲に限られることを**狭食**，さまざまな餌を利用できることを**広食**という．ただし，さまざまな餌種を十分に与えると，基本ニッチに含まれる餌をすべて利用するとは限らない．捕食者にとって「おいしい」餌だけしか利用せず，競争者がいなくても，餌のメニューは狭くなるかもしれない．生物は利用できるものをすべて利用するわけではなく，最も利用しやすいものから利用するだろう．「好物」をめぐって競争が起こり，利用できなくなっても，死ぬとは限らない．基本ニッチに含まれる，次

善の餌で食いつなぐことができる．ただし，「おいしい」餌を利用することが生存率や繁殖率を高めるとすれば，次善の餌で食いつないだ場合の適応度はより低くなるだろう．また，強いほうの数が増えてくれば，彼ら自身があらゆる基本ニッチを使うようになる．

実現ニッチは，他種との関係によって変わる．他種がいることにより，利用する資源が競合すれば，その資源を利用できなくなる．そのとき，基本ニッチの一部が失われて，残りを利用する．この推論から予想できるように，基本ニッチが重なった種ほど，競争は厳しくなる．どのニッチでも一方が強ければ，他方はいなくなるだろう．けれども，互いに相手が利用できないニッチがあり，それだけで存続できるなら，両者は共存できるだろう．

3.2 種間競争

このような競争過程を考えるために，図 3.1 のような模式図を考える．図の横軸と縦軸は，それぞれ種 1 と 2 の個体数 N_1 と N_2 である（第 2 章では添え字は年齢を表したが，この章では種を表す）．図中に描いた実線の直線は被食者の個体数の増減の境界を表し，この線の右上側では種 1 が減り，左下側では増えることを意味する．同じく破線の直線は，種 2 の個体数の増減の境界を表し，この線の右上で種 2 が減り，左下で増えることを意味する．このような，それぞれの種の個体数の増減の境界をゼロクラインという．ゼロクラインを描くことで，個体数変動を概観することができる（アイソクライン法ともいう）．個体数変動の例を 2 つの曲線で示しているが，実線をまたぐときには種 1 の個体数は変化しないので垂直に，破線をまたぐときには水平にまたいでいることがわかるだろう．いったん実線上にきても，種 2 の個体数が変化すれば線上から外れるので，再び種 1 の個体数も変化し始める．しかし，実線と破線の交点では，種 1 も 2 も個体数が変化しないので，いつまでもこの交点が示す個体数が変わらない．このように時間的に変化しない状態を，**定常状態**，**平衡状態**，**休止点**などという．また，いったん個体数が 0 になった種は外からの移入がない限り復活しないので，実線と縦軸の交点および破線と横軸の交点も定常状態である．

このように，ある時点の状態を与えればそれ以降の状態変化を記述できる系

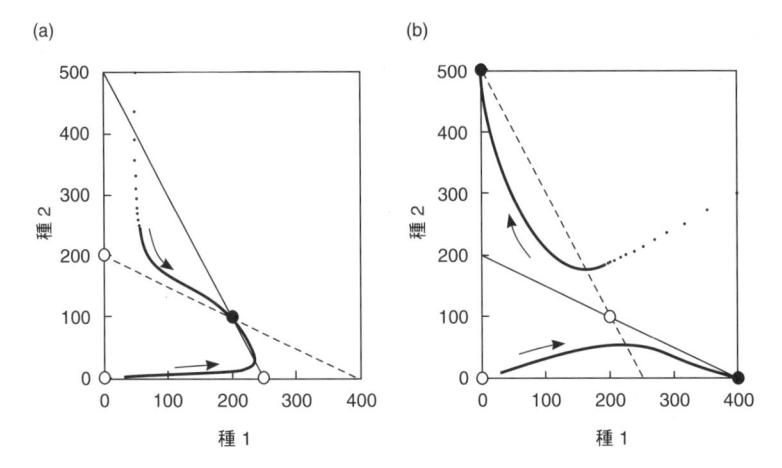

図 3.1 補足 3.1 に示した式 (3.5) の 2 種競争系の個体群動態の一例．直線の実線と破線はそれぞれ種 1 と 2 の個体数 N_1 と N_2 の増減の境界を表し，2 本の軌跡は初期状態の (N_1, N_2) が (a) では $(50, 500)$ と $(30, 1)$，(b) では $(400, 300)$ と $(30, 10)$ から出発した個体数変動を 0.002 単位時間ごとに追ったものである．黒丸は安定定常状態，白丸は不安定定常状態を表し，(a) では軌跡は共存する安定定常状態に近づき，(b) では種 1 か 2 どちらかだけが存続する定常状態に近づく．本文参照．

（システム）を力学系という．ある時点の状態を与えればそれ以降の状態がすべて一意的に決まるモデルを決定論的モデルという．数学的には，補足 3.1 に示すような微分方程式や差分方程式あるいは第 2 章で示したような空間分布の時間変化を記述する格子モデルなどによって表される．第 2 章で示した単一種のロジスティック方程式や，齢構成を考えたレスリー行列モデルも力学系である．また，やはり第 2 章で示したような環境の確率的変動を考えた場合，将来は一意的には決まらず，確率的に決まる．このように確率を考慮したモデルを確率論的モデルという．

図 3.1 に力学系に示した 2 種は競争関係にあるので，どちらが増えても密度効果によって増えにくくなるが，増減の境目は両者で同じではないので，直線と破線は必ずしも一致しない．なお，図 3.1 ではこの境界は直線で表されるが，より複雑な相互作用のもとでは曲線かもしれないし，環境が変動すればこのように境界の左右で増減がきれいに描けないかもしれない．けれども，およそ図 3.1 のような傾向にあるとしても的外れではないだろう．

2 本の軌跡は異なる初期状態から始めた個体数変動を表す．(a) と (b) では結

果がかなり異なる．その理由は，直線と破線の位置関係が異なるためである．図 3.1 の 2 本の右下がりの直線が (a) のように交わるとき，共存定常状態は安定で，2 種がどんな個体数から出発しても，この状態に落ち着く．このように，現実的な任意の場所から出発してもある状態に落ち着くとき，その状態は**大域安定**であるという．それに対して，その状態から任意の方向にほんの少しだけずれたときにその状態に戻るとき，その状態は**局所安定**であるという．これは，種間競争が種内競争より小さいときに生じる．つまり，種 1 が増えたとき，種 1 の他個体が利用できる資源の目減りのほうが種 2 のそれより大きく，同様に種 2 が増えたときに同種個体への影響が他種への影響より大きい場合に，2 種が共存できることを意味する．

逆に，図 3.1(b) の場合にはどちらか 1 種しか存続できない．両方いる状態から出発しても，どちらか多いほうの種が生き残り，他方は絶滅する．共存定常状態は不安定である．この場合，種 1 だけいる状態と種 2 だけいる状態の両方が局所安定になり，他種が進入できない．このように 2 つの局所安定状態をもつ系を**双安定**と呼ぶ．どちらが生き残るかは初期状態に左右され，原点と不安定な共存定常状態を通る分水嶺の右下側から始めれば種 1 が，左上側から出発すれば種 2 が生き残る．この関係を**競争的排他関係**という．図 3.1 の右と左では 2 本の等傾線の位置関係が入れ替わっていることに注意してほしい．図 3.1(b) の場合には，種内競争よりも種間競争のほうが強いときに，競争的排他関係が起こりえる．

また，2 種の環境収容力に大きな差があるか，種間競争の強さに偏りがあるような場合には，どんな個体数から始めても，強いほうが弱いほうを駆逐する．これは図 3.1 に描いた右下がりの 2 本の直線が交わらない場合に生じる．これは決して珍しくない．外来種が侵入したとき，一方的に在来種を駆逐し続ける例はよく見られる．

ニッチの議論に戻ろう．他種がいることで実現ニッチが変わるということは，種間競争の強さ（補足 3.1 の α_{ij}）の値が変わることを意味する．補足 3.1 では，このことは考えなかった．つまり，最終的な実現ニッチのみを考え，2 種間の実現ニッチの重なりが種間競争の強さを決めているとみなした．このように，2 種の相互作用の結果，実現ニッチが重ならないように分かれることを，

ニッチ分化という．よくいわれるのは，棲み場所の分化（棲み分け）と餌種の分化（食い分け）である．種間競争の強さは多くの場合，非対称，と考えられる．たとえば種 1 が 2 に与える影響は深刻だが，種 2 がいても種 1 にはあまり影響がないような場合も多いだろう．餌の利用の仕方はさまざまであり，2 種にとって，各餌へのかけがえのなさは異なるだろう．

同種個体は似たような資源を利用すると考えられるから，多くの例では，種内競争のほうが種間競争より強いと考えられる．けれども，種間競争のほうが強い例もある．M. ベゴンほか『生態学』にあげられている小麦につく 2 種の甲虫コクヌストモドキとヒラタコクヌストモドキの例では，彼らは共通の資源（小麦）を奪い合うだけでなく，成虫や幼虫が，競争者の卵や蛹を食い殺す．これは競争者自身を資源として利用する（捕食する）という意味以上に，小麦を独占する効果がある．同種間での共食いも起こるが，異種の相手をよく食べるという勝ち抜き型競争の 1 つであり，種間競争のほうが強いので，**敵対作用**という．

同種個体間のニッチの重なりは，異種間よりも大きいと考えられる．それならば，種間競争は種内競争より弱く，競争的排他関係は起こりにくいだろう．競争排除が起こっていることを実験室で証明するには，個体数を逆転させた 2 通りの初期状態から出発して，種 1 でも 2 でも，初めに多いほうの種だけが存続することを示さねばならない．逆に，2 種が共存しているとして，それが種内競争のほうが強く，2 種の実現ニッチが分かれていること（ニッチ分化）の証明になるかといえば，それだけでは物足りない．共存を示しても，補足 3.1 の式 (3.4) に示したような，現実を単純化した数理モデルが正しいことを前提にしての議論にすぎず，証明とはいえない．検証には，共存しているという事実とは別の側面から，種間競争の強さを計る必要がある．

問 3.1　どの程度ニッチが近ければ共存できないかを，**ニッチの類似限界**という（図 3.2）．たとえば，各種の平均的な顎の大きさの違いにより，利用できる餌の大きさが違うとする．各種が利用するニッチの幅 w と，ニッチ間の距離 d によって，類似限界を評価できる．1970 年代の理論によれば，種間競争の強さ α_{12} と α_{21} は，ある簡単な仮定によって

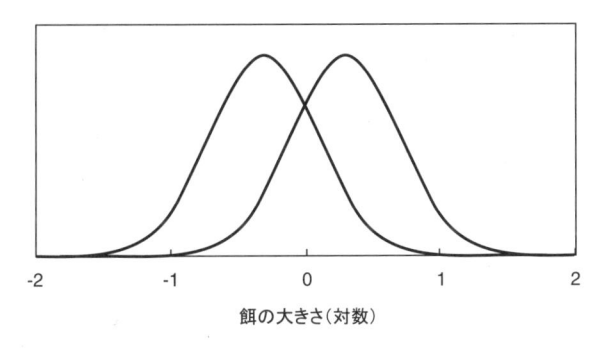

図3.2 ニッチの類似限界理論の模式図．縦軸は，横軸に示した「餌の大きさ」により，「顎の大きさ x」が異なる2つの種にどの程度利用されるかを表す．餌の多様性は分散1の正規分布と仮定した．この図では2種の顎の大きさは $(x_1, x_2) = (-0.3, 0.3)$ であり，その差 $d = 0.6$ が狭いほど両種の競争が厳しくなり，共存しづらくなる．

$\alpha_{12} = \alpha_{21} = \exp(-d^2/4w^2)$ と表すことができ，環境収容力の等しい2種が共存する条件は $d > w$ と表すことができる．しかし，現在ではこの理論は省みられず，非現実的な理論の見本のように紹介される．その答えはすでに本書に説明されているのだが，なぜだろうか？

3.3 競争する2種の共存の仕組み

上記の数理モデルを現実に当てはめる場合の問題点はいくつかある．まず，r や K を定数とみなしているが，はたして妥当だろうか．より重要な問題として，種間競争の強さ α_{ij} は定数だろうか？ さらに，空間分布を考えていない．たとえば，1年生草本のイネムギ属の雑草2種にとって，同時に種子をまけば一方が必ず勝つが，弱いほうを1カ月早くまくと今度はそちらが場所を席巻する．もしもこれら2種の発芽時期がところによってまちまちなら，少なくとも1年単位では，2種は共存する．すぐ後に説明するように，長期にわたって共存するためには，秋にできる種子数に何らかの調節機能が必要かもしれない．いずれにしても，このような種間競争は，上記の数理モデルでは想定外のことだろう．

環境条件に空間的な不均一性があり，一方の種が有利な場所と他方が有利な場所があるとき，2種は共存するだろうか？ 空間的不均一性だけでは，共存の

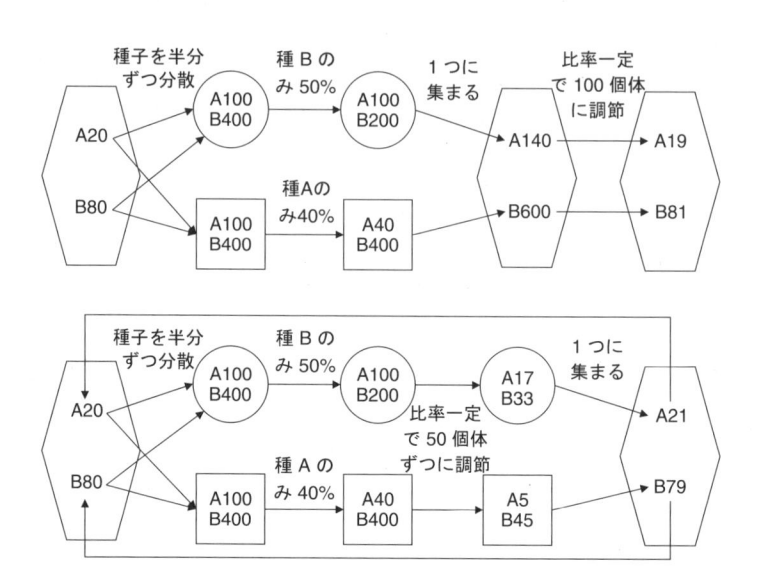

図 3.3 細切れ環境（上段）と粗削り環境（下段）の模式図（ecology3.xls ファイルのワークシート「細切れ」を参照）．種 A と B が生育地 a と b に分かれて育つ間に個体数が変わる様子を表す．最初 A と B はそれぞれ 20 個体と 40 個体だったが，2 つの生育地に分かれ，それぞれ生活史を進むごとに個体数が変遷し，次世代には右端のように上段では種 A と B それぞれ 19 と 81 個体，下段ではそれぞれ 21 と 79 個体となる．本文参照．

ための条件が足りない．たとえば，密度効果が局所的に生じるという条件が必要である．ほとんどの生物にとって，生息地（生育地）は均一かつ連続して分布しているわけでなく，密度に濃淡がある．多くの生物は，環境中に一様に分布するのではなく，ある場所に固まって分布する傾向にある．もし，2 種が独立な場所に（またはあえて別のところに）集まるなら，一方が他方の拠点を根絶することは少なく，2 種が共存しやすい．これは，生息地という資源が 2 種で結果的に分かれて使っていることを意味し，種間競争が弱いと解釈できる．

図 3.3 の上段に示した架空の例で説明しよう．1 カ所に集まっていたある 2 種の生物 A と B が繁殖して種子を作る．それらが 2 つの生育地 a（丸いほうの生育地）と b（四角いほうの生育地）にそれぞれ半分ずつに分かれて生長すると仮定する．それぞれの環境で種 A と種 B は相手の種より生存率が高いとする．

たとえば，種 A は自らに好適な生育地 a と苦手な生育地 b で，それぞれ生存率 100％と 40％で生き残り，種 B は生育地 a と b で，それぞれ生存率 50％と

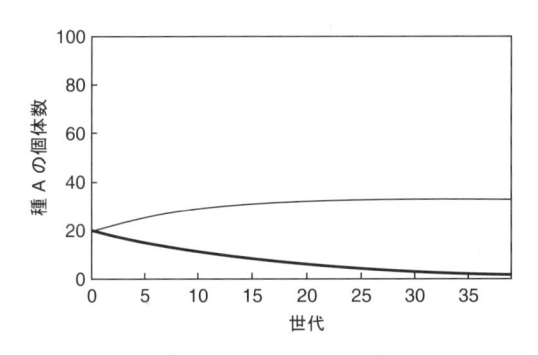

図 3.4　3.3 の上段と下段に対応する個体群動態. (i) 密度依存的繁殖が 1 カ所に集まってから生じる場合（太線）と (ii) 密度依存的繁殖が 1 カ所に集まる前に各生育地で生じる場合（細線）. (i) の太線は種 A だけが存続するが, (ii) の細線は 2 種が共存する. 本文参照.

100%で生き残ると仮定する. 種 A と B ともに 1 親あたり 10 個の種子を作り, ある世代に種 A と B の個体数がそれぞれ 20 個体と 80 個体だとすると, 生育地 a と b で生き残る種 A の個体数はそれぞれ 100 個体と 40 個体, 種 B はそれぞれ 200 個体と 400 個体になる. それが再び 1 カ所に集まり, そのあと密度が全体として 100 個体に回復するような再生産過程を考える.

補足 3.2 に示した数式に従い, 次世代には種 A が個体数を増やし, B が減る（図 3.3 の上段では次世代の種 A と B がそれぞれ 19 個体と 81 個体）. これを毎世代繰り返すと図 3.4 の細線のようになり, つねに種 A のほうが適応度が低く, やがて種 A は絶滅する. 結果として, 2 種は共存できない. 補足 3.2 に示すように, 生育地 a と b で有利な種が入れ替わっていても, パラメータの値を変えても, このような環境の不均一性だけでは, 2 種は共存できない.

少し別の架空の例を考えてみよう. 図 3.3 の上段と同じように, 1 カ所に集まっていた種 A と B が, 生育地 a と b にそれぞれ半分ずつに分かれて生長し, それぞれの環境で種 A と種 B は相手の種より生存率が高いとする. 図 3.3 の下段でも両生育地での 2 種の生存率や繁殖率は図 3.3 の上段と同じである. 違うのはここからで, それが再び 1 カ所に集まる前に, それぞれの生育地で密度が調節され, それぞれの生育地にいる種 A と B の個体数の和が 50 個体になると仮定する. その後, 1 カ所に再び集まり, 次の世代を繰り返す.

図 3.3 の下段に示したように, 今度は次世代に種 A が個体数を増やし, B が

減る．それぞれの種の適応度は2種の個体数とともに変わる．しかし，つねに種Bのほうが適応度が高いわけではなく，これら2種の適応度が等しくなる（両方1になる）個体数がある．これを毎世代繰り返すと図3.4の太線のようになり，確かに共存している．

このように，密度が個体群全体で調節される図3.3の上段の状況を**細切れ**(fine-grained)**な環境**，密度が分集団に分かれた生息地ごとに調節される図3.3の下段の状況を**粗削り**(coarse-grained)**な環境**という．後者のほうが生息地が大きく，その中で密度調節が起こるのに対し，前者はそれぞれの環境の生息地が小さいので，密度調節は全体で生じるという発想でつけられた名前だろう．

密度調節は有限な資源をめぐって起こる競争の結果なので，生息地がそれなりに広ければ，生育地ごとの密度で調節されるのは，むしろ自然である．次の問題は，なぜ好適な環境と不適な環境に半分ずつ種子をばらまくかという疑問が残るかもしれない．だが，この比率を変えても，共存することに変わりはない．また，環境が絶えず変動しているときには，行った先の環境条件はわからない．半分ずつというのは単純化しすぎているだろうが，それぞれの種にとって生存しやすい環境にだけ行くという仮定より不自然とは限らない．

2種が競争する場合，2種の能力はまったく同じわけではなく，競争は非対称になるだろう．図3.4の例のように，なぜ平均して有利な種だけが勝ち残らないか，よく考えてみる必要がある．基本的には，種内競争が種間競争よりも強い状況が生じているときに，共存できると考えてよい．粗削りな不均一環境では，増えた個体の周囲には結果的に自種が多くなり，自種と競争することになっている．細切れな環境では再び全体が混ざり合ってから密度が調節されるため，種内競争のほうが強いとはいえない．結果的にさまざまな多種共存機構が考えられるが，どれも，きちんと吟味しないと，本当に成り立っているかわからない．それらの共存機構を，1つ1つ具体的に考え，実際の生物でそれが起こっているかどうかを検証することが，生態学の課題である．

3.4　空間構造と2種共存

3.1節で，生態学における空間構造の重要性を強調した．競争に強くても，今

いるところの近くにしか子を増やすことができない種は，競争に弱くても，広範囲に子を分散させる種を駆逐するとは限らない．これを一目で理解するために，また複雑な局所的相互作用や空間構造を記述するために，図 3.5 のような**格子モデル（セルオートマトンモデルともいう）**が用いられる．ここでは，以下のような架空の **1 年草**と**多年草**を考える．図 3.5 のセル C3:L12 が 10×10 の局所的な生育地（パッチあるいは格子という）を表し，各パッチは 1 成熟個体の 1 年草か多年草で占められるか，空き地になっている（それぞれ 1, 2, 0 の数値で表す）．パッチ内の資源に限りがあるので，1 つのパッチに 2 成熟個体以上がいることはないとする．

	A	B	C	D	E	F	G	H	I	J	K	L	M
1		0.02	1		1 世代目の状態								
2		1 年草種子数											
3		2	0	0	1	2	1	1	0	1	0	1	
4		多年草生存率	2	0	0	1	2	1	0	0	1	1	
5		0.8	1	2	2	2	0	2	2	0	2	2	
6		0.1	2	2	0	2	2	0	1	1	2	2	
7		N_1	2	2	0	1	0	2	0	0	2	1	
8		26	1	2	0	1	0	0	2	2	2	0	
9		N_2	2	1	2	0	0	1	0	1	2	0	
10		39	2	0	2	0	2	2	2	0	2	0	
11		35	0	2	2	2	0	2	1	1	1	1	
12		$< N_1 >$	2	0	2	0	0	1	0	0	1	0	
13		30.45											

図 3.5 広く種子をばらまく 1 年草と親の隣にラメットを作る多年草の格子モデル．セル C3:L12 が 10×10 の局所的な生育地（パッチ）を表し，各パッチは 1 成熟個体の 1 年草か多年草で占められるか，空き地になっている（それぞれ 1, 2, 0 の数値で表わす）．Excel ファイルのワークシート「図 5&6」を開いて，セル A3, A5, A6 にそれぞれ 1 年草繁殖率 Rs，多年草生存率 S，多年草繁殖率 P の値を適宜入れ，セル O3:X12 の各セルに適宜 0, 1, 2 の値を入れて初期状態の空間分布を作り，まず「初期状態を代入」をクリックする．次に「1 世代更新」をクリックすると 1 世代後の空間分布がセル C3:L12 に，1 年草と多年草の個体数がセル A8 と A10 に示される．「1 世代更新」を何度か繰り返してもよいし，「100 世代計算」をクリックすると，100 世代目まで一気に計算する．本文参照．

ここでは，栄養繁殖でラメット（第1章で説明したように，分かれた株のようなもの）を増やす「モジュール型生物」である多年草を想定する．各ラメットは翌年に確率80%で生き残る．1年で「成熟」し，根茎を出して翌年にはその周囲8つのパッチにラメットが生えてくる（栄養繁殖する）可能性がある．隣のそれぞれのパッチにラメットを出す確率 p を10%，種子はつけないと仮定する．1年草より競争に絶対的に強く，生存や繁殖に1年草の有無は無関係だと仮定する．

　多年草のいないパッチに新たに多年草のラメットが生える確率は，そのパッチの周囲8カ所中 n カ所に多年草がいるとき，$1-(1-p)^n$ で表される．$(1-p)$ は隣の多年草1個体が周囲8カ所のうちのこのパッチにラメットを生やさない確率であり，その n 乗は周囲にいる n 個体の多年草のどれ1つとしてこのパッチにラメットを生やさない確率であり，1からその確率を引けば，このパッチに多年草が生える確率になる．p が10%である空きパッチの周囲8つのパッチすべてに多年草がいるとき，この空きパッチにラメットが生える確率は0.9の8乗を1から引いて57%になる．生育地全体での多年草の成熟ラメット数 N_2 は，それが固まって分布しているか，ばらけているかにより，翌年増えるか減るかの傾向が異なる．図3.5の場合には，生存率は隣のパッチと無関係なので，ばらけていたほうが増加率は高い．現実にはありそうなことだが，固まった大きなパッチにいる個体の生存率が高いとすれば，塊のほうが増えやすいかもしれない．

　なお，この 10×10 の生育地の外は，ラメットを伸ばしても生育できない，1年草も多年草も生育できない場所と仮定する（ほかの仮定をする格子モデルもある）．

　1年草は，**自家和合性**で，1年で成熟して両性花をつけ，R 個の種子を作って全生育地に無作為にばらまき，親自身は死ぬと仮定する．多年草に比べて競争に弱く，多年草が翌年生えない場所だけに生える可能性がある．

　生育地全体で成熟した1年草が N_1 個体いれば，1パッチあたりに飛んでくる種子数は $RN_1/100$ である．そのパッチが空き地になれば（前年に多年草がいても，死んで空き地になり，その隣から多年草が入ってこなければ，1年草が生えることができる），1種子あたりの空き地での成熟までの生存率を s とす

れば，平均 $RsN_1/100$ 個体がそのパッチを占める候補者になる（パッチ内資源に限りがあるから，実際にそのパッチを占めるのは，たかだか1個体であると仮定する）．たとえば $R=100$, $s=2\%$ と仮定する．ただ，種子は均一に同じ数ずつばらまかれるのではなく，無作為にばらまくと，必ず濃淡ができる．これは補足3.3で説明するポアソン分布という確率分布に従う．この分布に従うと，平均 Rs なのに実際には 0 になってしまう確率は，自然対数の底 e を用いて，e^{-Rs} と表される．それ以外は1年草がそのパッチを占める．t 世代目から $t+1$ 世代目への1年草の増加率は，1パッチあたりに飛来する種子数と生存率の積 $RsN_1/100$ と，$t+1$ 世代に多年草が占めない空き地の数 $(100-N_2(t+1))$ に左右される．多年草の割合 $N_2(t)$ がおおよそ一定の割合 $N_2^*/100$ に落ち着いていると仮定すると，$N_1(t) \times (1-RsN_2^*/100)$ がおよその $N_1(t+1)$ の期待値になる．これより，

$$Rs(1-N_2^*/100) > 1 \tag{3.1}$$

のとき，1年草は増えると期待できる．Rs が2なら，多年草が半分のパッチを占めているときに1年草は平均すれば増えも減りもしないと考えられる．これを100世代繰り返したときの1年草と多年草の割合の変化はたとえば図3.6のようになる．ただし，このような平均的な推論を行うには，100カ所というパッチの数はあまりに少ない．上記は確率過程なので，不運が重なると絶滅するし，長い期間，致命的な不運に見舞われない可能性はかなり低い．この生育地の外から，少しずつでも種子が飛んでくるなら，絶滅するリスクはかなり減り，図3.5の仮想的な1年草の定着は，式 (3.1) の条件でおおよそ判定できるだろう．なお，リスクの定義は第6章で詳しく述べる．

図3.5の仮想的な多年草の存続条件は，以下のようにして推論できる．1個体の孤立した多年草があるとき，自分が生き残る確率は S であり，周囲に残すラメットの数の期待値は $8p$ で，合計 $S+8p$ である．もし，

$$S+8p > 1 \tag{3.2}$$

ならば，おおよそ存続できるだろう．ただし，やはり 10×10 という生育地の狭さから，この条件ぎりぎりでは長期間存続することはできないだろう．

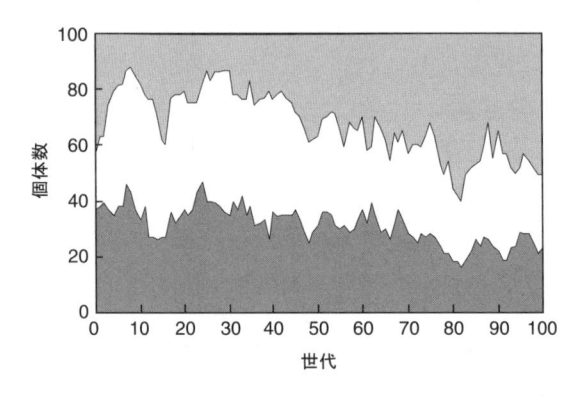

図 3.6 図 3.5 で 100 世代計算したときの 1 年草，空き地，多年草のパッチ数の世代変化．$Rs = 2$, $S = 80\%$, $p = 10\%$ のときの図．

図 3.5 では 1 年生草本が種子をばらまき，多年生草本が栄養繁殖のみを行うと仮定した．M. ベゴンほか『生態学』によれば，これに近い状況は，1 年生の褐藻であるウミヤシ (*Postelsia palmaeformis*) と多年生で岩礁に固着する貝類であるカリフォルニアイガイ (*Mytilus californianus*) の間で見られる．波で貝がはがされると，周囲のイガイが移動してその場所を埋めていくという．貝が栄養繁殖するわけではないが，占有面積で考えると，図 3.5 に近い状況らしい．貝が埋めない場所は褐藻が繁茂する．

このように，競争に弱いが分散能力が高く，どこか空いたパッチ（ギャップ）で生き延びる種を逃亡種という．ギャップは偶然生じるが，広い面積の中では，どこかで必ず生じる．このようなある個体にとっての災いは，別の個体の子孫が入り込む機会を与え，共存を可能とする．

図 3.5 は，確率的な多年草の死亡を考えたが，その確率自身はどのパッチでも等しく，（端を除けば）ラメットが生える率も均一だった．1 年草の生存率や実生定着率も均一だった．つまり，結果として何が生えるかの空間分布が大切だが，環境条件としては均一であった．これは，異なる環境条件下での共存を考えた図 3.3 の状況と大きく異なる．

均一な環境にときどきギャップができる代わりに，生息地が突如として，つかの間に現れる状況でも，似たような議論ができる．雨が降ってできる水たまりは蚊のように水中で幼虫期を過ごす昆虫には欠かせない環境だが，長続きし

ない「つかの間の (ephemeral)」生息地である．捨てた空き缶が増えると，その分だけボウフラが増えるといわれる．しかも，その生息地にすべての競争種が必ずわいてくるわけではなく，どの種が水たまりにくるかは，かなり機会的に（偶然）決まっている．ここでも，同じパッチに鉢合わせたときに絶対的に有利な種と，分散力が高くどのパッチにも満遍なく卵をばらまく種がいれば，共存する可能性がある．

このような議論では説明できないと思われるものに，プランクトンの逆理（パラドクス）がある．海は一見，ニッチ分化の余地がほとんどないほど均一で，連続した環境に見える．しかし，時間的には天候も長期的な気候も海流も絶えず変化し，おそらく種間の競争上の優劣はめまぐるしく変わっていることだろう．このような環境条件の時間変化が，プランクトンの多様性を支えていると思われる．けれども，より厳密な検証は行われていない．さらに驚くべきことに，表層よりずっと安定していると思われる，中深層の微生物群集も多様な種が共存している．分類学的にはまだ検証の余地があるが，それらの多くは広域に分布する**世界共通種**（コスモポリタン種）である．多種共存機構について，私たちはまだ，何か見落としていることがあるかもしれない．環境条件の時間的変化が共存をもたらす点については，2.13 節でも説明した．

いずれにしても，ニッチ分化，環境の不均一性や分散力の違いなどが，常に共存を可能にするわけではない．細切れな環境で説明したように，共存をもたらさない場合もあるし，増加率の種差が極端に違うときには共存できないことがある．

問 3.2 図 3.5 の架空の 1 年草と多年草の系において，多年草の存続条件 (3.2) つまり $S + 8p$ が 1 より大きくても，多年草が全体に広がるまで増えるとは限らない．それはなぜか？ $S + 8p$ がより小さいときには多年草が絶滅することを Excel ファイルのワークシート「図 5&6」を用いて確かめよ．また，どの程度 p が高いと多年草が全体を席巻するか？

3.5 捕食と寄生

競争が限りある共通の資源を利用しあう関係であるのに対し，2種の生物の一方が他方を資源として利用し，他方が利用される関係には，捕食と寄生がある．捕食の場合，食べる側を**捕食者**（プレデター），食べられる側を**被食者**（餌生物）という．ふつう，捕食者のほうが被食者より強く，大きい．寄生の場合，利用する側を寄生者，利用される側を宿主（寄主）という．**寄生蜂**は両者の中間である．アオムシコマユバチの親はモンシロチョウの幼虫の体表に産卵し，幼虫は孵化すると青虫の中に入り込む．しばらく青虫は生き続け，蜂の子は青虫の中で大きくなる．しかし，最後は青虫が死に，ハチは蛹を経て羽化するときに青虫の外に出る．親がとりついたとき，すぐに青虫は死なない．しかし最後は死に，繁殖の機会がない．このような形で搾取をする者を**捕食寄生者**といい，日本語では，この場合の宿主を**寄主**という．

捕食寄生が捕食に近い寄生であるのに対し，寄生に近い捕食もある．植物を利用する動物は，植物個体を丸ごと食べないことが多い．植物の体組織の一部を食べる．これを**刈取り者**（グレーザー）ということがある．多くの草食者はこれに属する．タンガニーカ湖にはほかの魚の鱗を食べる魚がいる（第4章）．これを**鱗食魚**というが，鱗をはぎ取られれば生存率は落ちるだろうが，直ちに死ぬわけではなく，その意味では刈取り者と同じである．

競争関係にある2種は，共存できないことがあった．捕食や寄生では，被食者や宿主がいなくなれば，それが必須の資源ならば，搾取する側も存続できない．個体群動態の様子は，競争の場合の数理モデルである式(3.5)とは異なる．それは図3.7のような力学系で表される．このように捕食者と被食者を考慮した個体群動態を表すシステムを，**捕食者・被食者系**（または被食者・捕食者系）という．

図3.1の競争系と同じように，補足3.4の式(3.16)で表された捕食者・被食者系における個体数の時間変化を図3.7に示す．(b)の2本の直線は，それぞれ，被食者と捕食者の個体数が増える状態と減る状態の境界を表す．定常状態を通る垂直の直線の右側では捕食者は増え，左側では減る．定常状態を通る右下がりの直線の右上側では被食者は減り，左下側では増える．したがって，図

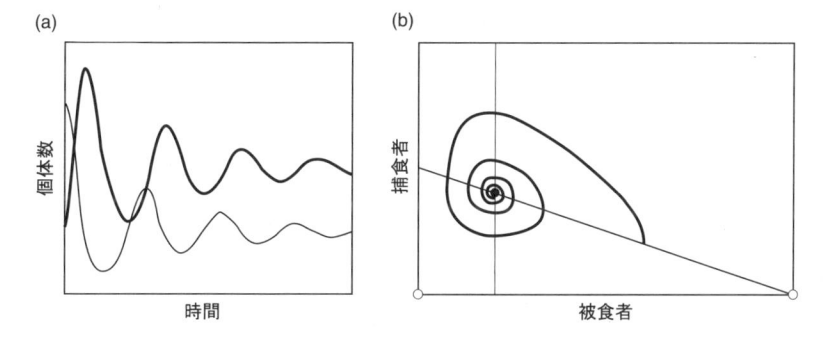

図 3.7　補足 3.4 の式 (3.16) に示す被食者・捕食者系の (a) 時間変化と (b) 相平面図. (a) では太線が被食者, 細線が捕食者を表す. (b) では 2 つの白丸が不安定定常点で, 黒丸が安定共存定常点, 垂直な細線と右下がりの細線はそれぞれ捕食者と被食者のゼロクラインを表す. 本文参照.

のように反時計回りに回転しながら変動する. (a) に示すように, まず被食者が増え, それにつれて捕食者が増え, やがて被食者が減り始め, その後捕食者も減る. これを繰り返すが, 1 周回るたびに振幅が小さくなり, やがて定常状態に収束する.

補足 3.4 の式 (3.16) では被食者に種内競争を考えたが, 捕食者の個体あたり増加率は, 被食者数だけで決まり, 捕食者によらない. これは, 図 3.7 の捕食者の増減を決めるゼロクラインが垂直で, 捕食者の増減が被食者の個体数だけで決まることに対応する. 捕食者にとっての被食者という資源の有限性は, 捕食を通じて将来の資源の減少として現れる. 図 3.7 の右図の 2 本のゼロクラインによって分けられた 4 つの区画をよく見ると, 被食者も捕食者も少ない左下の部分では, 餌不足のため捕食者は減るが, 天敵が少ないために被食者は増える. 図 3.7 の例では捕食者が絶滅するには長い時間がかかるので, 絶滅する前に被食者が増えて右下の三角形の区画に移る. 餌不足が解消されて捕食者が増え始めるが, まだ天敵が少ないのでしばらくは被食者も増え続ける. やがて捕食者が増えると右上の区画に移り, 被食者が減り始める. しかしまだ餌があるので捕食者はしばらく増え続け, やがて左上の区画に移る. 再び餌不足になり捕食者が減り始めるが, まだ天敵が多いので被食者も減り続け, 再び左下の区画に戻ってくる. このとき, 以前より共存定常点に近い状態に戻るか, 原点に近い状態に戻るかは, 数理モデルの立て方によるが, 図 3.7 の例では共存定常

点に徐々に近づいていく．

　もし，被食者の内的自然増加率が低すぎるか，捕食者の死亡率が高すぎるか，あるいは捕食者1個体が被食者1個体を単位時間あたりに発見して食べる確率（捕食効率）が低すぎる場合，被食者と捕食者のゼロクラインのどちらかまたは両方が原点に近づき，第一象限で交わることがない．このとき，捕食者は減り続けてやがて絶滅する．被食者が絶滅することはない．

　食べられる率をより一般的な関係で表すこともある．図3.7あるいは補足3.4の式(3.16)では，1捕食者あたりの摂食率（個体あたり単位時間あたりの摂食量）は，被食者の数に比例していた．そのため，補足3.4の捕食者のゼロクラインは右下がりの直線になっていた．けれども，摂食率は生息地全体での被食者の量ではなく，捕食者の周りの局所密度によると考えるほうがより妥当だろう．局所的な被食者密度と捕食者1個体あたりの摂食率が，比例関係にない場合はよくある．この関係を，生態学では**機能的反応**という特別な呼び方をする．「捕食について」といわなくても，生態学で単に機能的反応といえば，局所的な被食者密度と捕食者1個体あたり摂食率の関係のことである．

　他方，食べた分だけ捕食者は増える．上記では食べた量に比例して増えると仮定した．この捕食者1個体あたりが食べた量と捕食者の個体あたり増加率の関係を**数量的反応**という．これも，生態学では特別な意味をもつ．2倍食べたからといって，生存率が2倍になるとか，子供の数が2倍に増えることはないだろう．しかし，図3.7あるいは補足3.4の式(3.16)はそのように仮定している．この式が定量的に当てはまるかどうかを，実験や観察で確かめる研究はほとんどない．この式は被食者と捕食者の変動が連動する様子を定性的に描いたものであって，定量的に合うとはいえない．特に，実際の現象に合う各係数を定量的に求めるには，この式はあまりにも単純である．けれども，実際の被食者と捕食者，あるいは実験室内の寄主と寄生者の個体数変動は，図3.7とそれほど違わないこともある．

3.6　機能的反応

　より複雑な機能的反応，あるいは数量的反応を考えた数理モデルを作ること

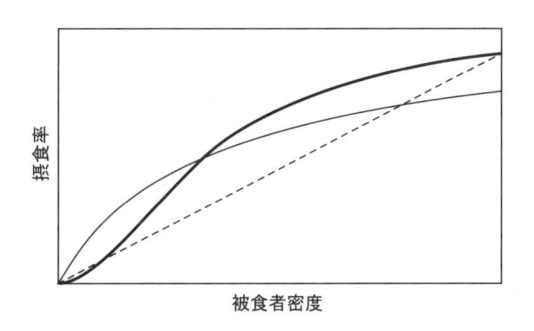

図 3.8　3 つのタイプの機能的反応の模式図．タイプ 1, 2, 3 が
　　　　それぞれ破線，細線，太線に相当．本文参照．

もできる．先進国のヒトと異なり，野生動物はたいてい空腹であり，餌があり余ることはまれである．しかし，野生動物でも，一時的に餌が余ることはある．したがって，被食者密度の増加とともに摂食率が増えるが，やがて頭打ちになる関係が考えられる．これを，**タイプ 2 の機能的反応**という．このとき，図 3.7 と異なり，被食者のゼロクラインは上に凸の曲線になる．

図 3.8 は，被食者密度と摂食率の関係を表す模式図である．タイプ 1 の機能的反応では摂食率は被食者密度に比例して直線になる．タイプ 2 の機能的反応の式は，被食者密度に対して上に凸の増加曲線になる．それを表す式は補足 3.5 の式 (3.17) のように表される．

さらに，後で複数の餌を利用する状況を説明するときに述べるが，被食者密度が減りすぎると，まだそれなりに餌があるのに，ほとんど食べなくなる状況も考えられる．たとえば，見慣れぬ餌は発見しにくいが，前に捕まえたことのある餌は発見しやすいことがある．前に捕まえた餌ばかり探して，少ない餌はほとんど食べなくなることがある．これは餌を探すときに餌の色や模様の目星をつけて探すためであり，**探索像**という．捕獲に成功しやすくなる場合もある．繰り返し食べる餌の処理時間が短くなることもある．これらの場合，特に被食者密度が極端に低いときに，餌 1 個体あたりの捕食効率（式 (3.17) の a）が下がるため，被食者密度に対して摂食率が，いったんは下に凸の増加曲線を描く．餌が多すぎるときに頭打ちになるのは，タイプ 2 と同じである．このように全体として S 字形の曲線になる関係をタイプ 3 の機能的反応という．以上をまと

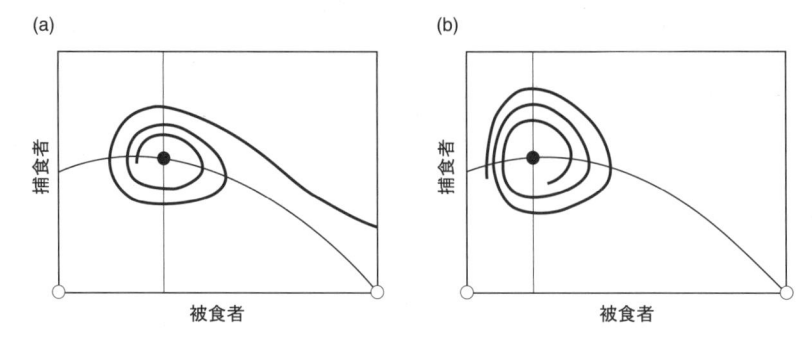

図 3.9 補足 3.5 の式 (3.18) に示すタイプ 2 の機能的反応のときの，被食者・捕食者系の個体群動態．(a) 共存定常状態が安定な場合と，(b) 定常状態が不安定で周期変動する場合．

めると，図 3.8 のようになる．

タイプ 1 の機能的反応をタイプ 2 のそれに置き換えると，個体群動態は，図 3.9 のように表される．捕食者のゼロクライン（増減の境目 $dN_2/dt = 0$ は図 3.7 と変わらず，垂直な直線のままだが，被食者の増減の境目が，今度は放物線になっている．やはり定常状態の周りを反時計回りに回るが，今度は定常状態に近づくとは限らない．図 3.9(b) のように，振動幅が狭まらず，ある一定の極限周期変動（リミットサイクル）に近づくことがある．

タイプ 2 の機能的反応は，かなり普遍的に見られるが，個体群動態を不安定にする効果がある．なぜなら，被食者の数が増えたときにそれを食べ残すことになり，数が減ったときに強い被食圧をかける．増えたときに比例関係以上にたくさん食べ，減ったときに食べ控えるなら，変動幅を縮める効果があるが，タイプ 2 の機能的反応は，その逆である．

このように，被食者・捕食者系は，2 種の競争系と異なり，個体数の周期変動をもたらす．被食者や捕食者の密度効果は定常状態の安定化に寄与し，タイプ 2 の機能的反応は不安定化に寄与する．ほかにも，安定化や不安定化に寄与するさまざまな要因が知られている．

環境収容力やその他の係数は，時間的に一定とはいえない．これらの値の微妙な変化が，個体群の一時的な大発生をもたらすことがある．害虫などの不規則な個体数変動は，第 2 章で説明したような一定環境下で生じるカオスではなく，わずかな環境変動の結果かもしれない．もちろん，環境の激変による個体

数の大変動もある．いずれにしても，自然状態の個体群が安定に維持されているとはいえない．絶えず変動し続けているほうが，むしろふつうである．

　上記の密度効果は，繁殖率や死亡率に寄与するものだったが，捕食効率にも密度効果が考えられる．捕食者が過密になると，（同種の）捕食者どうしで縄張り争いが増え，相手の獲物を盗みあうことさえある．縄張りとは，動物の個体，つがい，群れなどが，他の同種または異種の個体ないし群れなどを排除してある空間を利用し，侵入された場合にこれを防御する空間のことである．縄張りには**採餌縄張り**と**配偶縄張り**がある．アユは採餌縄張りを作ることが知られている．それを利用して釣り人がわざと別個体を入れ，食いついてくる本命のアユを釣る．これを友釣りという．縄張りはふだん利用している場所である**行動圏**と異なり，他個体が入ると積極的に追い出す場所をいう．定義からわかるように，縄張りは行動圏の一部あるいは全部にあたる．ただし，同種同性の他個体のみ，同種他個体のみ，あるいは異種をも排除する縄張りがある．

　配偶縄張りも採餌縄張りも，捕食者個体間の**相互干渉**である．これは，捕食者が増えたときに増加率を下げる効果があるので，個体群動態の安定化に寄与する．このような干渉がなくても，捕食者が少なければよい餌場ばかりに集中し，捕食者が増えると劣悪な餌場にいる捕食者が増えるとすれば，これもまた安定化に寄与する．これを餌密度への**集中反応**という．ただし，餌がたくさんいるところに集まるのではなく，単に捕食者が移動せずに捕食場所を集中させるだけのこともある（この場合，安定化に寄与するか，考えてみよ）．

　どんなメカニズムが安定になりやすいか，不安定になりやすいかは興味あることだが，1つ注意したい．生物は安定を目指しているわけではない．安定な系のほうが進化を通じて残りやすいとさえいえない．ただし，たとえば農業害虫を管理するときに，その害虫の天敵が害虫の大発生を防ぐことができるなら，それは人間にとって有効である．カナダでは，ヒイラギモチの害虫の天敵であるヒイラギハモグリバエというヒメコバチ科の2種の寄生バチを比べたところ，一方で餌密度への集中反応が見られ，そちらだけが天敵として害虫防除に役立っているという．

　寄生バチのような捕食寄生者の多くは特定の1種の寄主しか利用しない「単食」である．ある外来害虫が大発生したとき，農薬を使う代わりに原産地にい

る天敵を人為的に導入して害虫を減らすことが考えられる．これを「生物防除」という．ほかの餌や寄主も利用する天敵を導入してしまうと，外来種だけを駆除するつもりが在来種にも大きな影響を与え，かえって収拾がつかなくなることがある．また，導入した外来性の天敵が在来種に影響を与えないとは限らない．

> 問 3.3　実際には，10 倍食べても捕食者の増加率が 10 倍には増えないだろうから，数量的反応も上に凸の増加関数になることが多いだろう．たとえば式 (3.18) の b を 0.9 とおくと，図 3.9 の個体群動態は安定になるか，より不安定になるか？（サイト上の Excel ファイル ecology3.xls のワークシート「図 6&8」のセル H3 の値を変えて確かめてみよ）

3.7　限界値定理と最適な餌場滞在時間

捕食効率 a は，どのようにして決まるだろうか？ 採餌時間が長いほど，a は大きくなるだろう．もしも捕食者がしばらく 1 カ所の餌場（パッチ）にとどまるなら，局所的な被食者密度は，捕食を重ねるたびに減ってくるかもしれない．餌場の滞在時間 T_1 と，その餌場での累積摂食量 $P(T_1)$ が図 3.10 のような関係にあるとき，そして餌場を離れてから次の餌場を見つけるまでの平均移動時間を T_2 とするとき，それぞれの餌場の滞在時間はどのように決まるだろうか．長くいすぎると累積摂食量は増えるが，1 つの餌場に滞在する時間が長く，1 日に訪れる餌場の数が減る．パッチ滞在時間が短いとたくさんの餌場を回ることができるが，累積摂食量は少ない．

本書には**採餌**（採食，foraging）と**摂食**（摂餌，feeding）と**捕食**(predation)という言葉が出てくる．採餌とは餌を探し，捕まえて食べるまでの行為すべてを指し，消化も含めることがある．摂食は捕まえて食べる行為に限り，餌を探す行為や時間や労力を含まないことが多い．これらは生きた生物を食べるときに限らず，死骸や老廃物を食べるときにも用いる．捕食は生きた生物（以前は動物に限られていたが，現在では生物すべてを含む）を食べるときに用いる．

パッチ間を移動する時間を含めて単位時間あたりの摂食量（摂食率）が最大

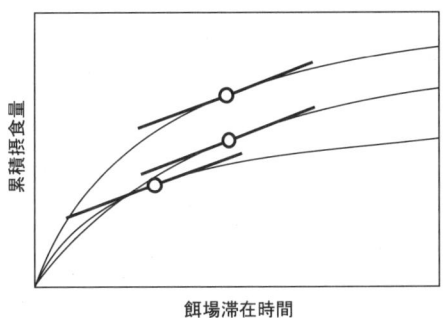

図3.10 限界値定理の模式図．同じ餌場に滞在する時間が長いほどその餌場で得る累積摂食量は増えるが，餌場内の資源は有限なので，その増え方は鈍っていくと考えられる．3本の曲線は3つの異なる餌場を表し，曲線の傾き（単位時間あたりの摂食率）がある限界値を下回るとその餌場を飛び立ち，別の餌場を探しに行くのが最適であるという理論．この図ではそれぞれの曲線上の白丸が限界値を示し，それらの接線の傾きはどれも等しい．

になるように滞在時間が決まるとすれば，図3.10のように，どのパッチでもある瞬間摂食率を下回ったときにその餌場を離れ，別の餌場を探しに行くのが最適滞在時間と考えられる．この瞬間摂食率の閾値は，餌場あたりの平均摂食量を餌場滞在時間と平均移動時間の合計で割ったもの，つまり長期的な平均摂食率に一致する．瞬間摂食率は累積摂食量 $P(T)$ の時間微分 $P'(T)$ で表され，経済学では限界値という．そこで，瞬間摂食率に閾値があることを「限界値定理」という．よくいわれるのは，その餌場に来て，一定時間以上餌が見つからなければ離れるという，「諦め時間一定」方策である．これが上記の限界値定理に一致するのは，餌が集中もせず，均等でもなく，無作為に分布しているときであることが知られている．

　けれども，実際の生物が，この閾値を正確に知ることは難しい．人間を見ても，頻繁に場所を変える者も，粘り強い者もいるだろう．たいせつなことは，ぴったり最適値に合致していることではなく，総合的に見てうまくいくことであり，大失敗しないことだろう．もし，各餌場での最低収量（ノルマ）を定めたら，餌のない場所に来たらそこから出られなくなる．どの餌場にも一定時間しかいなかったら，まだ餌が多いのに場を離れることになる．これらに比べて，上記の戦略は，どんな餌場にも対応できて，餌の多いところを有効に利用できるだろう．

被食者は，単にまな板の上の鯉ではない．資源も生物だから，捕食者から逃れようとする．植物も毒物を作ったり，棘をつけたり，葉を厚くしたりする．さらに，食べられるとある化学物質を出し，助けを呼ぶものがある．これは，植食者を食べる捕食者を引きつける．これをアレロケミカル（種間誘因化学物質）という．動物でもハリネズミのようなよろいをまとったり，マイワシやシマウマやスズメのように群れをなしたりする．17年ゼミのような一斉羽化も，捕食者から逃れるのに有効である．これほど長期でなくても，季節のある時期（たとえば月齢）をきっかけに一斉に羽化したり，産卵する生物は数多い．被食者にとって重要な指標は，1捕食者あたりの摂食率 P でも，個体群全体の機能的反応 PN_1N_2 でもなく，1被食者あたりの被食リスク PN_2 である．局所的または一時的な被食者密度が高いほうが，被食者1個体あたりが食べられるリスクは少なくなる．被食者密度が十分に大きい場合には，ほとんど被食者密度に反比例してリスクが減る．

被食者の中にも，油断している個体と用心深い個体がいる．釣りをしていると，最初のうちは釣果が高いが，そのうち目に見えて釣れなくなることがある．これは池の魚が減ったせいばかりではない．油断している魚が先に釣られてしまい，用心深い魚が残ってくるからだと考えられる．日本では釣りは食料を得るためでなく，娯楽のために盛んであり，釣った魚を放すことが奨励されている（在来種については，小さな魚を放すのは，資源利用の面からも奨励される）．外来種のオオクチバス（ブラックバス）などを釣り上げると，いくつも口に針をはずした跡のような傷があるという．

草食者に刈り取られることにより，植物の生産が高まることがある．年老いた組織より，若い芽のほうが生長は盛んである．しかし，M. ベゴンほか『生態学』によれば，食われたほうが食われないときより大きくなるようなことはないだろうという．完全ではないが，ある程度の補償作用は，生物によく見られる．

3.8　理想自由分布

多くの場合，資源は環境中に不均一に分布する．したがって，消費者は資源

の多いところに行く．ところが，資源は1個体のみで利用するのではない．資源の多いところには，多くの消費者が集まる．利用する消費者が多ければ，その場に資源が多くても，1個体が利用できる資源の量は目減りし，あるいは互いに干渉しあって，資源を利用しにくくなる．

このように，消費者が増えるにつれて分布が広がる場合，被食者個体数が減っても，摂食率はそれに比例して減るとはいえない．消費者が少ないとき，最も過密な部分に消費者が集中し，その部分の餌密度が減る．

このとき，2通りの状況がある．まず，摂食率が餌の存在密度によって決まる場合が考えられる．もう1つ，摂食率が餌の供給量とそれを利用する捕食者密度の比によって決まる場合が考えられる．限界値定理は前者の状況で，捕食者が食べた分だけ，その餌場の餌密度が減っていく．行動学では後者の実験を行う場合がある．たとえば，水槽の両端から餌を一定の頻度で落としていけば供給量が一定である．餌自身はすぐに魚に食い尽くされる（存在密度はほぼ0である）が，そこに群がる魚の数次第で，魚の闘争能力が等しいとすれば，魚1尾あたりの摂食率は供給量と魚の数の比で与えられる．

あるところにRの量の資源があり，そこにn個体の消費者がいるとき，1個体が利用できる資源量を$F(n,R)$とおく．先ほど述べた摂食率が餌供給量とその餌場での捕食者数の比に比例する場合，$F(n,R) = R/n$，すなわち1個体が利用できる資源量は，その場の資源供給量を集まってきた個体数で割った商である．そこまで単純でない場合でも，$F(n,R)$は資源量Rが増えると上がり，集まってくる個体数が増えると下がるだろう．2つの餌場の個体あたり摂食率に格差があると，摂食率の少ないほうの餌場にいる個体の一部が他方の餌場に移り，結果として個体あたり摂食率は，2つの餌場でおおむね等しくなるだろう．逆に，餌場間の餌の量に大きな隔たりがある場合には，餌が少ないほうの餌場には1個体も分布しないだろう．

この推論の前提は，消費者は自由に居場所を選ぶことができ，移動するのにほとんど労力がかからず，場所ごとに利用できる資源量を正しく知ることができることである．実際には，これらはすべて不完全である．人間でも，スーパーマーケットのレジ，駅の切符売り場，公衆便所，銀行の自動引出機などに並ぶとき，複数の列があれば似たような状況が起こる．だいたい，どこも同じ長さ

の列ができる．しかし，正確に待ち時間が等しくなるわけではない．結局，1列に並び，不公平がないようにしているところが増えてきている．

> 問 3.4　スーパーのレジや銀行の現金引出機などで1列に並ばず，窓口ごとに並ぶ店を探し，50人程度の客の並び始めた時刻と並んだ場所（レジや引出機），手続きを済ませた時刻を記録せよ．これだけの情報があれば，店全体で1列に並んだときと客1人あたりの平均待ち時間とその標準偏差を計算できる．それらを比較してみよう（サイトのExcelファイル「Ecology 3.xls」のワークシート「理想自由」を参照）．

3.9　消費型競争と「見かけの競争」

　共通の資源を利用しあう関係は競争関係である．その資源が生物（被食者）である場合，消費型競争は3種の関係になる．被食者側のさまざまな応答により，2種の捕食者の間にさまざまな間接的な関係が現れる．以前の生態学の理論では，資源が生物であろうと水や栄養塩であろうと，同じように扱っていた．しかし，被食者側のさまざまな被食を避ける応答が知られてきてから，競争関係が実に多様なものであることが明らかになってきた．

　同じ3種の関係でも2種の被食者AとBと両者を利用する1種の捕食者の系を考える．この系でも，2種の被食者は競争関係にある．つまり，被食種Aが増えると捕食者が増え，結果的に被食種Bの被食リスクが増してしまう．これを**見かけの競争**（巻き添え競争）という．被食者は利用される側である．この場合の被食者にとっての資源とは何だろうか？それは安全，あるいは敵のいない空間である．被食者にとって安全は限りある資源であり，被食者の存在自身によって捕食者を増やし，安全を失っていくのである．

　すなわち，被食種Aが増えると，捕食者が増えることによって種Bのリスクが増え，逆に種Bの個体数が増えると，Aのリスクが増えることがある．一方の数の増加が互いに他方の適応度の減少をもたらす関係を競争関係と定義すれば，これは共通の天敵を介した紛れもない競争関係である．それは共通の被食者を介した2種の捕食者をめぐる競争関係の鏡像である．4.6節で説明する

ように，第三の生物を介したさまざまな種間関係を間接効果という．

3.10 行動変化を通じた相利関係

それでは，いつも2種の被食者の関係は競争関係なのだろうか？ そうともいえない．捕食者が被食者をいつも同じように捕まえるのではなく，多いほうの種類の餌に照準を絞る場合がある．これを**捕食のスイッチング**という．スイッチングが起こるのは，3.6節で紹介した捕食者が探索像をもつ場合と，2種の餌が別々の場所に棲み，捕食者がその間を移動する場合である．

このとき，被食者Aが増えると，捕食者はAに攻撃を集中し，被食者Bを攻撃しなくなる．このように，捕食者の数は増えるかもしれないが，被食者Bのリスクが増えるとは限らない．逆に減る場合も考えられる．この場合，被食者間の関係は間接的な相利関係になるだろう．つまり，被食者Aの増加により，被食者Aは被食者Bの身代わりとなり，被食者Bは安全という資源を増やすことができるかもしれない．

同様に，2種の捕食者の関係が，つねに競争関係とは限らない．被食者は，被食リスクを避けるさまざまな被食回避努力を行う．いつでも精一杯天敵を避けているかといえば，そうとは限らない．たとえば，シマウマが草を食べるときは見晴らしのよい草原に出なくてはいけない．小鳥が餌をつついている間は空を見張って猛禽類を発見することができない．排泄や交尾のときには，しばしば，天敵に対する守りが手薄になる．したがって，天敵の数が増えると，被食者は回避努力を増やすと考えられる．

ある被食者を利用する2種の天敵aとbがいるとき，2種の天敵を同時に避けることができるなら，天敵aの数が増えると，被食者の防備が厚くなり，天敵bも捕食しにくくなる．bが増えればaの摂食率が減る．つまり，被食者が数を減らさなくても，2種の天敵は間接的に競争関係にある．ふつうの消費型競争は，被食者の数あるいは個体数密度または個体数の変化を通じた密度媒介間接効果であるが，このような場合は被食者の形質または行動の変化を通じた**形質媒介間接効果**である．

しかし，同時に避けることができるとは限らない．一方しか避けられない場

合も，一方から逃れることがかえって他方に食べられやすくなる場合もあるだろう．このように，天敵ごとに防ぎ方が違うことを，**天敵特異的防御**という．この場合，天敵 a が増えることで，被食者は a を警戒し，b に対する守りが手薄になり，天敵 b の摂食率が増えることがある．つまり，2種の捕食者は，被食者の天敵特異的防御により，間接的に相利関係にある．

このような相利関係が成り立つのは，2種の天敵が異なる探索・攻撃行動をとる場合だろう．襲い方が同じなら，同時に避けることができるはずである．このとき，2種の捕食者は，互いのニッチを分けることなく，むしろ積極的にニッチを重ねて，同じ被食者を狙う傾向が生じる．また，2種の共存を促す．

3.11 左右非対称性

実際に，タンガニーカ湖の鱗食魚は多くの魚種の鱗を食べるが，第4章で述べるように，襲い方が異なる2種が同所的に共存し，多くの魚種をともに利用している．さらに，これらの鱗食魚には遺伝的とみられる種内の左右二型が知られている（図3.11）．顎が右に向いた魚（体の左側が発達しているので，左利きという）は被食者の左側面の鱗を，左に向いた魚は右側面の鱗を食べている．もし，右利きが増えれば被食者は右側面を警戒し，左側面の守りが手薄になり，左利きが襲いやすくなる．逆もまた真であり，少数派の表現型が有利になる．これを頻度依存淘汰という．こうして，タンガニーカ湖の鱗食魚は，それぞれの種内で，左利きと右利きがほぼ半分ずつ共存している．厳密に左右対称な魚はいない．

生物に見られる左右非対称性は，以下の3つに分けられる（図3.12）．まず，

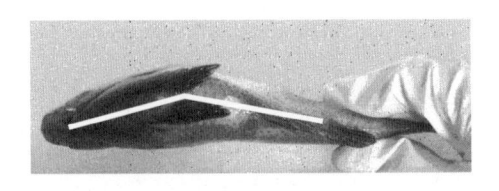

図3.11 魚類の分断性非対称．この魚は腹側から見て右に曲がっている．体側面の左側が発達しているので「左利き」という（写真：中嶋美冬氏）．

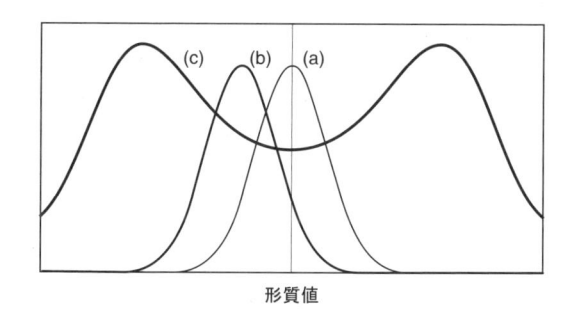

図 3.12 対称性の揺らぎ (a)，定向性非対称 (b)，分断性非対称 (c) の模式図.

心臓の位置のように，大多数の個体が特定の側にずれているものがある．これを定向性非対称という．また，たとえばヒトの体や顔はだいたい左右対称だが，微妙に非対称である．かといって，心臓の位置のような特定の側へのずれではない．このように左右対称を中心に右や左に微妙にぶれる非対称性は，栄養不良や病気など，発育途上での障害や遺伝的欠陥によるものと考えられ，**対称性の揺らぎ(FA)** という．もう 1 つ，シオマネキの大きなはさみなどは，個体群中に右が大きい個体と左が大きい個体が，ちょうど半々ではないが，共存している．これを**分断性非対称**という．上記の鱗食魚の非対称性は，このうちの分断性非対称であり，二型は少数派有利の頻度依存淘汰によって維持されている．心臓が右にあるヒトもまれにいるが，頻度が低く，少数派が子孫を残す上で有利とはいえない．対称性の揺らぎは，一時期，個体群の**存続性**の有効な指標の 1 つと考えられた．

3.12 捕食者の共存

1 つの資源を利用する 2 種の消費者は共存できないといわれる．これを**ガウゼの競争排他律**という．さらに拡張すれば，資源の種数よりも多くの消費者は共存できない．これは，定常状態を仮定した理論から導かれる．数学的にいえば，「連立方程式のすべてを満たす解があるためには，未知数の数は方程式の数以上でなくてはいけない」という制約から導かれる．すなわち，種 i の個体数を N_i，資源 j の資源量を R_j とするとき，個体数の時間変化は

$$dN_1/dt = F_1(R_1, R_2, \ldots R_r)N_1$$
$$dN_2/dt = F_2(R_1, R_2, \ldots R_r)N_2 \qquad (3.3)$$
$$dN_c/dt = F_k(R_1, R_2, \ldots R_r)N_c$$

のように表せるだろう．ここで r は資源の種数，c は消費者の種数，F_i は種 i の1個体あたりの個体数増加率である $(i = 1, 2, \ldots, c)$．dN_i/dt の右辺が正ならば種 i の個体数は増え，負ならば減る．種 i の増減はさまざまな資源 j のそれぞれの量による．定常状態にあるためには，すべての時間変化が 0 でなくてはいけない．こうして，$dN_i/dt = F_i(R_1, R_2, \ldots R_r) = 0$ という形の c 個 $(i = 1, 2, \ldots, c)$ の方程式ができる．これを連立させたときの個体数 N_i の解が定常状態である．この連立方程式の未知数は資源量 R_j であり，r 個ある $(j = 1, 2, \ldots, r)$．未知数の数が方程式の数より少なければ，方程式が解をもたない．したがって，資源の種数 r より消費者の種数 c が多ければ，定常状態は存在しない．

この単純な数学的発想から，消費者の種数は資源の種数よりも多くないという予想が生まれた．ここで未知数の数を種数と読み替えていることに注意してほしい．けれども，資源は餌だけではない．棲み場所なども個体数変動を左右する．また，資源は空間的に均一に分布しているわけではない．したがって，ある環境に何種の消費者が共存できるかを予測することは，上記の数学的推論ほど単純ではない．競争排他律は，複数の消費者が共存するには，ある程度利用する資源を変えたり，別の資源も利用する必要があることを示している．すなわち，図 3.2 に示したニッチの類似限界を分析する研究が進んでいる．いずれにしても，生物の多様性を守るためにも，共存のメカニズムを知る必要がある．

もう 1 つ重要なことは，生態系が定常状態になければ，上記の前提は崩れる．式 (3.3) の右辺の F_i が資源量 R_j の一次式ならば，個体数の時間平均は定常状態での個体数に一致することが数学的に知られている．しかし，増加率と資源量の関係は一次式（線形）とは限らず，図 3.8 に示すように曲線（非線形）になる．このとき，1 つの資源でも複数の消費者が共存できることが，数学的に知られている（図 3.13）．アズキゾウムシを含む実験個体群でも，定常状態では共存できないのに，3 種が変動し続ける場合，長い間共存し続ける例が知られている．

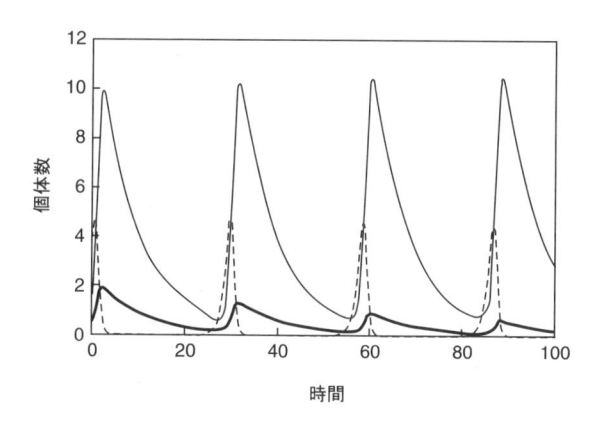

図 3.13　補足 3.6 の式 (3.19) による 1 被食者，2 捕食者の共存．太線，細線，点線はそれぞれ捕食者 1, 2, 被食者の個体数を表す．

3.13　共生と相利

　酸素を用いずに分解すると，糖類は最後（二酸化炭素と水）まで分解せず，アルコールや有機酸が作られる．酸素を用いると，最終産物まで分解する．両者をそれぞれ，嫌気的条件と好気的条件という．酵母菌や乳酸菌による分解は，それぞれアルコールとヨーグルトを作る．このように微生物による（嫌気的な）分解を**発酵**という．乳酸菌などによる発酵は環境の pH を下げ，細菌の分解活性を抑える．パンにつくアオカビなど，人体に有害な分解もある．大気と水の中には，細菌類や菌類の胞子があふれている．最も分解されやすいのは糖類で，分解されにくいのはセルロース（植物の細胞壁の主成分），リグニン（木質素），細胞壁の**コルク**，**クチクラ**（動物の上皮や植物の表皮に分泌される膜状の構造）などである．人工有機物であるプラスチックのほとんどは，分解されない．特に植物の枯死体では，ミミズ類などの分解者が死体を噛み砕くことで，細胞壁などに囲まれていた糖類を先に分解することができる．このような分解の難易度，および分解者自身が酸素や pH などの環境条件を変えていくことにより，主要な分解者が遷移する．分解者のほとんどは利用する資源と利用できる環境条件が狭いスペシャリストであり，死体や老廃物の分解には多種の分解者がかかわる．

セルロースを分解できる酵素はセルラーゼしかない．これを分泌する多細胞動物は，1種のゴキブリと数種のシロアリ類を除いて知られていない．そのため，草食獣などでは細菌類や原生動物などとの消化共生が必要である．相手なしでは生きられないタイプの相利関係を必須共生，なしでも何とか生きていける場合を任意共生という．多くのシロアリ類では腸内にいる原生動物にセルロースを分解してもらっているが，木質の主成分であるリグニンは消化されない．また，ベラなどの宿主魚の口内を掃除する小型魚やエビ類，またウシなどの大型動物の体表についた寄生虫を摂食する小鳥などは，宿主と相利関係にある．これを掃除共生という．

3.14 補足

補足 3.1 ゼロクラインによる定常状態とその安定性

図 3.1 の模式図は，以下のような数理モデルで描いたものである．

$$dN_1/dt = f_1(N_1, N_2)N_1$$
$$dN_2/dt = f_2(N_1, N_2)N_2 \tag{3.4}$$

ただし，ここで N_1 と N_2 は種 1 と 2 の個体数（第 2 章では添え字は年齢を表したが，この章では種を表す），dN_i/dt は種 i の個体数の時間変化（瞬間変化率，つまり時刻 $t+dt$ と t の個体数 N_i の差を時間刻み dt で割った値）を表し，右辺が正のときは個体数 N_i が右辺の絶対値に比例して増え，負のときは減り，0 のときは増えも減りもしないことを表す．以下の計算機実験では図 3.13 を除いて，式 (3.4) の左辺を微小時間の時間刻み $\Delta N_i/\Delta t$ に置き換えた．これをオイラー法という．このように，現在の状態（式 (3.4) の場合には種 1 と 2 の個体数）が与えられたとき，その状態の時間変化が記述できる系が力学系である．

式 (3.4) の右辺は自種だけでなく，相手の種の個体数にも左右され，競争関係にあるときには，自種または他種の個体数が増えると増加率が下がるだろう．外からの移入がないときには，N_i が 0 のときは種 i は増えず，0 のままである．

図 3.1(a) と (b) の (N_1, N_2) 平面上に描かれた直線と破線は，$f_i(N_1, N_2) = 0$ を表している．2 種が競争関係にあるときには，$dN_i/dt = f_i(N_1, N_2)$ はその左下側で正，

右上側で負となる．つまり，個体数が少ないときは個体数が増え，多いときは減る傾向にある．$dN_1/dt = 0$ の線の右側では種 1 の個体数は減り，左側では増える．同様に $dN_2/dt = 0$ の先の上側では種 2 の個体数が減り，下側では増える．式 (3.4) の 2 つの式の右辺が同時に 0 になるとき，個体数の変化がとまる．

式 (3.4) の力学系の具体的な性質は，$f_i(N_1, N_2)$ の関数形しだいである．特に，以下のような一次式の関数形がよく用いられる．

$$\frac{dN_1}{dt} = r_1 \left[1 - \frac{N_1 + \alpha_{12} N_2}{K_1} \right] N_1 \tag{3.5}$$
$$\frac{dN_2}{dt} = r_2 \left[1 - \frac{N_2 + \alpha_{21} N_1}{K_2} \right] N_2$$

これは，2 人の考案者にちなんで A. J. ロトカと V. ヴォルテラの競争モデルと呼ばれる．ただし，r_1 と r_2 は種間および種内の密度効果がない場合の個体あたり増加率（内的自然増加率），K_1 と K_2 は種 1 と 2 の環境収容力，α_{ij} は種 j が 1 個体増えたときの種 i の個体あたり増加率に及ぼす負の影響（種間競争の強さ）を表す．この式 (3.5) は，種内競争を表すロジスティック方程式に種間競争を $\alpha_{ij} N_j$ の形で加えたものである．

式 (3.5) から $dN_1/dt = 0$ を解くと $N_1 = 0$ または $K_1 - N_1 - \alpha_{12} N_2 = 0$ となる．後者は $(K_1, 0)$ と $(0, K_1/\alpha_{12})$ を通る右下がりの直線である．個体数変化を考えているのだから，第一象限だけで考えればよい．この右下がりの直線の右上側では $dN_1/dt < 0$ であり，種 1 は減る．逆にこの直線の左下側では種 1 は増える．軌跡がこの直線を横切るときは，常に垂直に横切る．つまり，横切る瞬間には種 1 は個体数が増えも減りもしない．同様に，$dN_2/dt = 0$ から $N_2 = 0$ と $(0, K_2)$ と $(K_2/\alpha_{21}, 0)$ を通る別の右下がりの直線が得られる．この右下がりの直線の右上側では種 2 は減り，左下側では種 2 は増える．このように，微分が 0 になる線がゼロクラインである．クラインとは傾き（微分）のことである．

定常状態は 2 種ともに数が変化しない状態であり，$N_1 = 0$ と $N_2 = 0$ を含めた上記 4 本の直線の交点から求められる．多い場合には 4 つあり，$(N_1, N_2) = (0, 0), (K_1, 0), (0, K_2)$，および

$$(N_1^*, N_2^*) = ((K_1 - \alpha_{12} K_2)/D, (K_2 - \alpha_{21} K_1)/D) \tag{3.6}$$

と表すことができる．ここで $D = 1 - \alpha_{12}\alpha_{21}$ である．この競争モデルの結末は，$(0,0)$ で2種とも絶滅するか，$(0, K_2)$ または $(K_1, 0)$ でどちらか1種が存続するか，(N_1^*, N_2^*) で2種共存するかのどれかである．r_1 か r_2 のどちらかが正なら，2種とも絶滅する状況は不安定で，どちらが侵入してきても個体数が増える．

種1だけがいる状態 $(N_1, N_2) = (K_1, 0)$ で種2が侵入できるかどうかは，dN_2/dt の式の右辺にこの個体数を代入すればわかる．$N_2 = 0$ だからこの式の右辺は 0 になるが，以下の式で表される個体あたり増加率が正なら徐々に個体数を増やし，負なら種1だけの状態に戻ってしまう．

$$(dN_2/dt)/N_2 = r_2[1 - (N_2 + \alpha_{21}N_1)/K_2] = r_2(K_2 - \alpha_{21}K_1)K_2 \tag{3.7}$$

これが正なら種2が絶滅することはない．つまり，種2が存続する条件は $K_2 > \alpha_{21}K_1$，種1が存続する条件は同様に $K_1 > \alpha_{12}K_2$ と表すことができる．

この2つの条件は背反事象ではない．一方だけが成り立つことも，同時に成り立つことも，どちらも成り立たないこともある．一方だけが成り立てば，その種だけが存続し，ほかはいつか必ず絶滅する．このときには，先ほど求めた共存定常状態は存在せず，式 (3.6) の N_1^* か N_2^* が負になっている．2つの条件が同時に成り立つときは，どちらの種も絶滅せず，共存定常状態は大域安定で，2種がどんな正の個体数から出発してもその状態に収束する（図 3.1(a)）．2つの条件がどちらも成り立たないときには，一方の生物だけがいる状態では，他方の種は侵入することができない（図 3.1(b)）．

図 3.1 に示したような計算機実験をやるときには，微分方程式のままではなく，

$$\Delta N_1 = r_1 \left[1 - \frac{N_1 + \alpha_{12}N_2}{K_1}\right] N_1 \Delta t$$
および
$$\Delta N_2 = r_2 \left[1 - \frac{N_2 + \alpha_{21}N_1}{K_2}\right] N_2 \Delta t \tag{3.8}$$

という形に直して計算した．Δt は時間の刻み幅で，図 3.1 では $\Delta t = 0.1$ とした．Δt が小さいほど式 (3.5) のよい近似を得る．時刻 t の N_1 と N_2 の値を用いて，式 (3.8) の右辺を計算しそれに時刻 t の N_1 と N_2 の値を加えて時刻 $t + \Delta t$ での N_1 と N_2 の値とする．これを何度も繰り返せば，図 3.1 のような時間変化の軌跡を描くことができる．

図 3.1(a) のときに定常点は局所安定になるが，このとき式 (3.6) の分母 D は正である．これは，種間競争を表す係数の積 $\alpha_{12}\alpha_{21}$ が 1 より小さいことを意味する．他方，図 3.1(b) の場合には，式 (3.6) の分母 D が負になり，種間競争を表す係数の積 $\alpha_{12}\alpha_{21}$ が 1 より大きい．

補足 3.2　細切れ (fine-grained) 環境と粗削り (coarse-grained) 環境

本文中に説明した通り，2 種 A と B があり，種 A は自らに好適な生育地 a と苦手な生育地 b で，ともに個体あたり種子数が R であり，それぞれ生存率 s と sw_A で生き残り，種 B は生育地 a と b で，それぞれ生存率 sw_B と s で生き残ると仮定する $(1 > w_A > w_B)$．ある世代に種 A と B の個体数がそれぞれ N_A と $N_B (= 100 - N_A)$ だとすると，生育地 a と b で生き残る種 A の個体数はそれぞれ $RsN_A/2$ と $Rsw_A N_A/2$，種 B はそれぞれ $Rsw_B N_B/2$ と $RsN_B/2$ になる．それが再び 1 カ所に集まり，そのあと密度が全体として 100 個体に回復する．このとき，次世代の個体数 N'_A と N'_B は，それぞれ

$$N'_A = N_A \frac{100Rs(1+w_A)/2}{Rs(1+w_A)N_A/2 + Rs(1+w_B)N_B/2}$$
$$N'_B = N_B \frac{100Rs(1+w_B)/2}{Rs(1+w_A)N_A/2 + Rs(1+w_B)N_B/2} \quad (3.9)$$

と書き表せる（$Rs/2$ は分母子のすべてにかかっているで，約分可能）．これを毎世代繰り返すと図 3.4 の細線のようになる．それぞれの種の適応度は式 (3.9) それぞれの分数であり，その値は 2 種の個体数とともに変わる．つまり，密度効果が働いている．しかし，その差をとると

$$\frac{100(1+w_A)}{(1+w_A)N_A + (1+w_B)N_B} - \frac{100(1+w_B)}{(1+w_A)N_A + (1+w_B)N_B}$$
$$= \frac{100(w_A - w_B)}{(1+w_A)N_A + (1+w_B)N_B} \quad (3.10)$$

となり，$w_A < w_B$ なら，どんな個体数 N_A と N_B の組合わせでも，種 B の適応度のほうが大きい．つまり，種 B の頻度は増え続け，A は減り続ける．

図 3.3 の下段に示した状況は，図 3.3 の上段と同じように，1 カ所に集まっていた種 A と B が，生育地 a と b にそれぞれ半分ずつに分かれて生長し，それぞれの環境で種

Aと種Bは相手の種より生存率が高いとする．図3.3の下段でも $s=1$, $w_A=0.3$, $w_B=0.5$ という仮定は図3.3の上段と同じである．違うのはここからで，それが再び1カ所に集まる前に，それぞれの生育地で密度依存的に繁殖し，それぞれの生育地にいる種AとBの個体数の和が50個体に回復すると仮定する．その後，1カ所に再び集まり，次の世代を繰り返す．このとき，次世代の個体数 N'_A と N'_B は，それぞれ

$$N'_A = N_A \left(\frac{50Rs/2}{RsN_A/2 + Rsw_B N_B/2} + \frac{50Rsw_A/2}{Rsw_A N_A/2 + RsN_B/2} \right) \quad (3.11)$$

$$N'_B = N_B \left(\frac{50w_B Rs/2}{RsN_A/2 + Rsw_B N_B/2} + \frac{50Rs/2}{Rsw_A N_A/2 + RsN_B/2} \right)$$

と書き表せる（再び，$Rs/2$ はすべて約分できる）．やはり次世代には種Bが個体数を増やし，Aが減る．それぞれの種の適応度は式 (3.11) それぞれの括弧内であり，その値は2種の個体数とともに変わる．つまり，やはり密度効果が働いている．しかし，$N_A + N_B = 100$ のもとで，これら2種の適応度が等しくなる（両方1になる）個体数がある．これは式 (3.11) の括弧内が1になる N_A と $N_B = 100 - N_A$ を求めればよいから

$$N_A = \frac{50[1 - (2 - w_A)w_B]}{(1 - w_A)(1 - w_B)} \quad \text{および} \quad N_B = \frac{50[1 - (2 - w_B)w_A]}{(1 - w_A)(1 - w_B)} \quad (3.12)$$

となる．たとえ種Aは生育地bで全滅したとしても，$w_B < 0.5$ なら，2種は共存する．

> 問3.5　式 (3.11) で $N_A = 0$ のときに種Aの適応度が1より大きくなる条件を求めよ（これは，種Aが絶滅しない条件を与える）．逆に，$N_B = 0$ のときに種Bの適応度が1より大きくなる条件を求めよ．それらが両方同時に成り立つ w_A と w_B の範囲を求めよ．

補足3.3　生態学でよく使う，基本的な確率分布

サイコロを n 回振る．1の目が出る確率 p は $1/6$ である．n 回のうち m 回1の目が出る確率は，

$$_n\mathrm{C}_m p^m (1-p)^{(n-m)}$$

と表せる．これを二項分布という．$_nC_m$ は n 回の列のうち m 回が 1 になる組合わせであり，$\binom{n}{m}$ と表されることが多い．階乗記号「!」を用いて

$$_nC_m = \binom{n}{m} = \frac{n!}{m!(n-m)!} = \frac{n \times (n-1) \times \cdots \times (n-m+1)}{m \times (m-1) \times \cdots 2 \times 1} \tag{3.13}$$

である．たとえば 4 回さいころを振って 2 回 1 の目が出るのは，1 回目と 2 回目だけに出るか，1 と 3 か，1 と 4 か，2 と 3 か，2 と 4 か，3 と 4 の計 6 通りある．これは $(4 \times 3) \div (2 \times 1) = 6$ と求められる．上記の二項分布をとる確率変数（1 の目の出る回数 m）は，0 から n までの値をとる．全部で 10 回振ったときには，一番確率が高いのはその 1/6 に近い 2 回であり，29% である．二項分布のある目が出る回数の期待値（m の平均）は np，分散は $np(1-p)$ である．さいころを多く振れば平均値は 3.5 に近づく．これと同じように，個体数が多ければ偶然的な運・不運は平均化されるので，人口学的ゆらぎは個体数が大きいときにはほとんど無視できる．

　上記の n を増やして「ある事象が起こる」確率 p を減らし，平均値 $np(1-p)$ を一定に保ったまま，n を無限に増やしていくと，ポアソン分布が得られる（図 3.14）．平均値を λ と書き換えると，ある事象が m 回起こる確率 P_m は

$$P_m = \frac{\lambda^m}{m!e^\lambda} \tag{3.14}$$

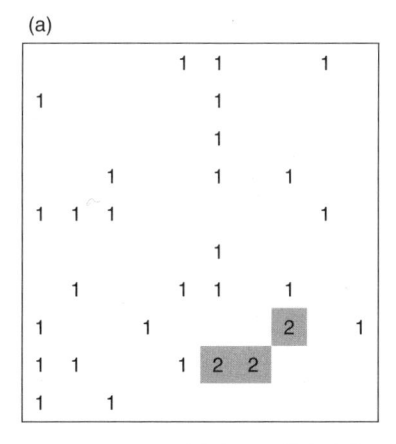

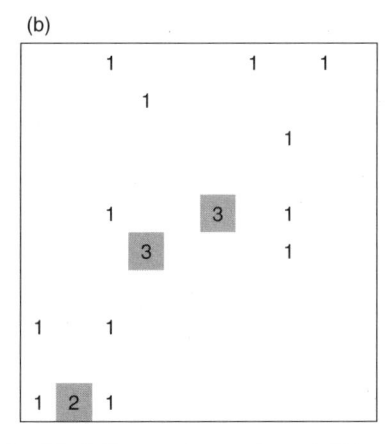

図 3.14 (a) ポアソン分布と (b) 集中分布の例．全個体数はほぼ同じでも，1 個体しかいない区画はポアソン分布のほうが多く，空白や，たくさんいる区画は集中分布のほうが多い．

表 3.1 二項分布，ポアソン分布，負の二項分布の頻度分布（サイト上の Excel ファイル ecology3.xls のワークシート「表 1」を参照）

	A	B	C	D	E	F	G	H
1	二項分布			ポアソン分布			負の二項分布（集中分布）	
2	$n=$	10		$\lambda=$	1.667		$n=$	10
3	$p=$	0.167					$p=$	0.65
4	出現回数	確率		出現回数	確率		出現回数	確率
5	m	P		m	P		m	P
6	0	16%		0	19%		0	35%
7	1	32%		1	31%		1	23%
8	2	29%		2	26%		2	15%
9	3	16%		3	15%		3	0.096
10	4	5%		4	6%		4	0.062
11	5	1%		5	2%		5	0.041
	⋮	⋮		⋮	⋮		⋮	⋮
15	9	8E-07		9	5E-05		9	0.007
16	10	2E-08						
17	合計	100%		合計	100%		合計	99%
18	平均	1.667		平均	1.667		平均	1.698

と表される．

さらに，負の二項分布のとき，ある事象が m 回起こる確率 P_m は

$$P_m = \binom{k+m-1}{m} \frac{q^m}{(1+q)^{k+m}} \tag{3.15}$$

と表される．これは集中分布といって，1 回も起こらないか，続けてたくさん起こる確率が高く，ほどほどに起こる確率はポアソン分布よりも小さい．

以上をまとめると，表 3.1 のようになる．

補足 3.4　ロトカとヴォルテラの捕食方程式

R と N をそれぞれ被食者と捕食者の個体数とするとき，競争方程式 (3.5) に対応

する数理モデルは以下のように表される．

$$\frac{dR}{dt} = r\left(1 - \frac{R}{K}\right)R - aNR \quad (3.16)$$
$$\frac{dN}{dt} = (-d + caR)N$$

ここで r と K はそれぞれ被食者の内的自然増加率と環境収容力，d は捕食者の（被食者がいないときの）死亡率，a と c は，それぞれ捕食者 1 個体が被食者 1 個体を食べるときの探索効率（または捕食効率）と 1 個体の被食者を食べたときの個体数増加への寄与を表す．これより，被食者が食べられる量は個体群全体として aN_2N_1 であり，捕食者と被食者が遭遇する確率は，両者の個体数の積に比例し，食べた量に比例して捕食者は増えると仮定している．これらは，実は運動する分子どうしが衝突することによって化学反応が生じるという化学反応速度論から借りてきた式である．

　この式でもやはり，dR/dt と dN/dt はそれぞれ被食者と捕食者の個体数の時間変化率を表し，式 (3.16) の右辺が正なら個体数が増え，負なら減る．定常状態は式 (3.16) の 2 つの式の右辺がともに 0 になる連立方程式の解であり，(R, N) が $(0,0)$ か，$(K, 0)$ か，それとも $(d/ca, r(1 - d/caK)/a)$ である．$caK > d$ のとき，つまり捕食者の死亡率 d が小さく，被食者の環境収容力が大きくて，捕食効率が小さいときに，捕食者は存続できる．両者ともいない状態 $(0,0)$ に被食者が侵入すれば，$r > 0$ である限り，必ず被食者が増える．図 3.7 の後のところで説明したように，被食者が絶滅することはない．

　本文中に述べたとおり，捕食者のゼロクラインは垂直である．これは，被食者が減ることで式 (3.16) の第一の式を通じて表せている．ただし，好適な生息地など，ほかの資源にも限りがあるだろうから，式 (3.16) の捕食者の動態を $dN/dt = (-d - \delta R + aN)N$ などと表しても，不自然ではない．ここで δ は捕食者の密度効果の強さを表す正の係数である．

補足 3.5　タイプ 2 の機能的反応とその捕食者・被食者系の個体数変動

　図 3.8 に示したタイプ 2 の機能的反応は，被食者密度 R が増えるにつれて捕食者 1 個体あたりの摂食率 P が頭打ちになる．この関係は，以下のような関数形で表されることが多い．

$$P = \frac{1}{(1/aR) + h} = \frac{aR}{1 + ahR} \tag{3.17}$$

ここで h は被食者 1 個体を発見してから追跡し，捕食し，次の被食者を探し始めるまでの平均時間（**処理時間**）を表す．h が 0 なら，摂食率 P と被食者密度 R は比例関係（タイプ 1 の機能的反応）に戻る．この式では，被食者が無限に増えても，摂食率は有限 ($P \leqq 1/h$) である．$1/h$ とは休む間なく餌を食べ続ける状態を意味する．1 個体食べるのに h の時間がかかるため，単位時間あたりの摂食量が $1/h$ なのである．この式は，1 個体の餌を発見して捕まえるまでの時間 T_s が，被食者密度 R に反比例する，つまり餌が多いほど探す時間が短くなる ($T_s = 1/aR$) と仮定している．比例定数が発見効率 a である．1 個体捕まえるたびに処理時間が h かかるから，結局，1 個体捕まえて食べ終わるまでの時間は $T_s + h = (1/aR) + h$ であり，単位時間あたりの摂食量 P は，この逆数，つまり式 (3.17) になる．

式 (3.16) の被食者・捕食者系の $-aRN$ の部分を，タイプ 2 の機能的反応 (3.17) に置き換え，もう少し一般的にすると，以下の式が得られる．

$$\frac{dR}{dt} = r\left(1 - \frac{R}{K}\right)R - PN = \left[r\left(1 - \frac{R}{k}\right) - \frac{aN}{1 + ahR}\right]R \tag{3.18}$$
$$\frac{dN}{dt} = (-d + P^b)N = \left[-d + \left(\frac{caR}{1 + ahR}\right)^b\right]N$$

ただし b は正の定数で，$b < 1$ のときには数量的反応の上に凸の関係を表す（これは機能的反応のタイプにかかわらず考えられ，数量的反応を表す）．ここではとりあえず式 (3.16) と同じく $b = 1$ と仮定し，摂食率と捕食者の個体あたり増加率の関係（数量的反応）は式 (3.16) と同じとする．このときの個体群動態は，図 3.9 のように表される．ここで $(r, K, a, b, c, h) = (10, 100, 0.2, 1, 1, 0.1)$ で共存定常点が安定な (a) では $d = 3$，不安定な (b) では $d = 4$ とした．捕食者のゼロクライン（増減の境目 $dN/dt = 0$) は式 (3.16) と変わらないが，被食者の増減の境目が，今度は放物線になっている．捕食者のゼロクラインがこの放物線の頂点より右側を通るときに共存定常点は安定だが，左側を通るときには不安定になり，個体数変動は安定な極限周期変動に漸近する．

補足 3.6　タイプ 2 の機能的反応と捕食者の共存 (Armstrong-MacGehee 理論)

被食者・捕食者系 (3.18) の被食者を 1 種，捕食者を 2 種にして，捕食者のうち少なくとも一方にタイプ 2 の機能的反応を仮定すると，その数理モデルは

$$\frac{dR}{dt} = \left[r(1 - \frac{R}{K}) - \frac{aN_1}{1 + ah_1 R} - bN_2 \right] R \qquad (3.19)$$
$$\frac{dN_1}{dt} = \left[-d_1 + \frac{caR}{1 + ah_1 R} \right] N_1$$
$$\frac{dN_2}{dt} = [-d_2 + cbR] N_2$$

と表される．R は被食者，N_1 と N_2 はそれぞれ捕食者 1 と 2 の個体数である．簡単のため，捕食者 2 についてはタイプ 1 の機能的反応を仮定した．

本文中に結論だけ述べたように，$h_1 = 0$ のとき，式 (3.19) の対数は

$$\frac{d\log R}{dt} = \left[r\left(1 - \frac{R}{K}\right) - aN_1 - bN_2 \right] \qquad (3.20)$$
$$\frac{d\log N_1}{dt} = (-d_1 + caR)$$
$$\frac{d\log N_2}{dt} = (-d_2 + cbR)$$

という個体数 R, N_1, N_2 についての線形の式（一次式）になる．ここで $d\log R/dt = (dR/dt)/R$ であることなどを用いた．もしも個体数が周期変動するときには，1 周期後には個体数は元に戻るので 1 周期の積分 $\int d\log R/dt$ は 0 になるはずである．ということは，式 (3.20) の右辺に平均個体数を代入した値も 0 である．これは R, N_1, N_2 の平均値についての三元連立方程式になるが，線形なので，これらを同時に満たす平均個体数は 0 しかない．これは不合理であり，周期変動する解があるという仮定が間違っていたことが証明される．このように，ある命題が正しいと仮定したときに矛盾が起こることを示してその命題を否定する論法を**背理法**という．

式 (3.19) のように非線形の場合には，1 周期の右辺の平均には個体数の平均値だけでなく分散なども関与する ($R(t)N_1(t)$ の平均は $R(t)$ の平均と $N_1(t)$ の平均の積ではない) から，図 3.13 のように極限周期変動に漸近する場合がある．この図の例は式 (3.19) において $r = 1$, $d_1 = 0.09$, $d_2 = 0.11$, $a = 0.23$, $b = 0.3$, $h = 0.1$,

$K = 100$ と仮定して描いたものである．ここでは誤差を減らすためにルンゲ・クッタ法を用いて計算機実験を行った．

第4章

群　集

4.1 群集の種多様度

　第0章で定義したように，**群集**（群落）とはある時空間を共有するさまざまな種の個体群の集まりである．生物の多種共存機構を理解するには，1つ1つの種に注目するだけでなく，種間関係を理解する必要がある．第3章で説明した競争，捕食と寄生，相利関係を基本に，生物群集全体がどのように成り立っているかを理解する生態学を群集生態学という．

　群集（群落）は英語で community であり，人間の共同体と区別するときには生物群集 (biological community) という．日本語では人の集まりを「群衆」というが，字が違うので注意すること．

　群集を特徴づける第一の指標は種数である．ある地域に棲む種数の多さを**種多様度**という．たとえば，森の中で夜間明かりをつけて網をかけ，多くの昆虫を光で誘って捕まえるとたくさんの昆虫種を採集できる．種多様度は単に観察される種数で測ることもできるが，すべての種を見つけることは難しい．一定の捕獲努力のもとでの種数を比べることになるが，分類群によって見つけやすさが異なるときは，単純に比較できない．

　種ごとの観察個体数を合わせた種多様度の指標のほうが，偏りがない．ある観察により S 種が見つかり，そのうち種 i の観察個体数を x_i とする．それぞれの種の割合 $p_i = x_i / \Sigma x_j$ を用いて，

$$\sum_{i=1}^{S} \frac{1}{p_i^2} \tag{4.1}$$

$$-\sum_{i=1}^{S} p_i \log_2 p_i \tag{4.2}$$

を，それぞれシンプソン (Simpson) の**種多様度**およびシャノン (Shannon) の種多様度という．シンプソンの多様度は，S 種が同じ個体数ずつ発見されたときに S となり，実際の観察種数に一致する．発見数に偏りがあるときは，**多様度は観察種数より低くなる**．シャノンの多様度は情報科学で用いる情報量と同じものだが，やはり，発見数に偏りがあると多様度が低くなる．

表 4.1 に仮想的な 2 つの計算例を示す．例 1 では 4 種発見されているが，種 1 が多く，シンプソンの多様度は 4 よりずっと少なく，1.93 しかない．例 2 では 3 種しか発見されていないが，種 1 が減ったために，かえって多様度が増えている．この事情はシャノンの多様度でも変わらない．絶滅危惧種を保全するような場合，この指標は有効ではない．絶滅危惧種は個体数が少ないので，種多様度にほとんど貢献しない．絶滅危惧種がなくなるかどうかより，普通種の個体数に偏りがあるかどうかのほうが，種多様度を大きく左右してしまう．絶滅危惧種を保全する視点から見れば，シンプソンやシャノンの種多様度が増えていても，生物多様性を保全したとみなすべきではない．

さて，今まで個体数をきちんと定義せずに使ってきた．個体数とは通常ある個体群中にいる個体の数であり，人間の場合は出生後のすべての個体を数える．魚では卵を個体数に数えないし，孵化直後の幼魚や仔魚も普通は含めない．資源尾数または**資源量**というときは，漁獲対象となるくらい成長した後のものを数える．また，個体群（人口）動態では雌（女性）のみを数えることがある．後で述べる国際自然保護連合 (IUCN) の絶滅危惧種判定基準では雌雄の成熟個体

表 4.1 仮想的な 4 種からなる群集の種多様度の計算例

例	x_1	x_2	x_3	x_4	Σx_j	p_1	p_2	p_3	p_4	シャノン	シンプソン
1	20	5	3	1	29	69%	17%	10%	3%	1.31	1.93
2	5	5	3	0	13	38%	38%	23%	—	1.55	2.86

数を用いる．また，数でなく重さで計ることもあり，**生物体量**（バイオマス）という．数か生物体量か特に区別せずに考えるときには，**豊度**(abundance) という．また，個体群全体の個体数ではなく，一定面積あたりの個体数を，**個体数密度**(population density) といい，単に密度ということがある．

▌問 4.1　シンプソン多様度とシャノンの多様度はどう使い分けるのか？ どういう場合にシャノンの指数を使うのか？ なぜ $-\Sigma p_i \log p_i$ なのか？

▌問 4.2　種の多様度を求めるとき，各種の個体数が式に含まれているが，厳密に別種であるかわからない場合はどうしているのか？

4.2　群集の種数と面積の関係，環境諸要因との関係

　群集内の種数は，どのような要因と関係するだろうか．この問いに答えるには，群集を明確に定義しなくてはいけない．ある場所にいる生物種の集合としても，ある瞬間にいる生物種だけを考えていては，たまたま植物がいないで動物だけがいるかもしれない．これでは，相互作用やそれぞれの種の維持機構を正しく理解することはできない．生態系は開放系であり，明確な境界がない．トンボは**若虫**（不完全変態をする昆虫の「幼虫」を若虫といい，**完全変態**をする昆虫の**幼虫**と区別することがある）が水中に棲み，成虫とは生息地が異なる．渡り鳥はずっと遠くまで移動する．したがって，群集の種数よりも，ある範囲にいる種数を数えるほうが，定義がより明確である．

　生息環境は多かれ少なかれ均一ではない．わかりやすい例は陸上生物群集にとっての島であり，島の外は海（水界）で，島の中でしか生きていけない．ただし，離れた島に移動することはできる．逆に，湖は陸に隔てられているし，砂漠にあるオアシスも，田園にある林もパッチ状の生息地である．河川のように細長く隔てられた生息環境もあるが，まず，「島」ないしは「パッチ状」の環境にある生物群集の特徴が，最もよく研究されている．ここでも，パッチという概念が生態学で重要であることがうかがえる．

　調べた面積 A と発見される種数 S には，しばしば，S が A の平方根に比例するような関係が見られる．より一般的に，$S = CA^z$ という関係が見出され

る．ただし C は比例定数，z はべき指数で，これが 0.5 のときに種数は面積の平方根に比例する．対数をとって書き直すと，$\ln S = \ln C + z \ln A$ となり，S と A の両対数グラフで傾き z の直線関係になる．これを**種数面積曲線**という．

種数と面積の関係を決める要因は，おもに3つある．第一の要因は生息環境の多様性である．広い島の中にはさまざまな環境があり，それぞれ別の生物が棲むのに適しているとすれば，広い島ほど多くの種が暮らしていけることだろう．

第二の要因は**外来種**の移入と在来種の局所絶滅のつりあいである．自然状態でも，外来種が島の外から低い頻度でやってきて，在来種もときどき島からいなくなる．移入率は，島が大陸から遠いほど，島が狭いほど低く，そしてすでに島内にたくさんの種がいるほど低くなると考えられる．すでにたくさんの種が大陸からやってきているなら，新たにきた種が「新種」である確率は低いし，新たな種が生きていける開いたニッチも少ないことだろう．局所絶滅率は大陸からの距離には関係ないだろうが，島が狭いほど高く，島内の種数が多いほど（種間競争が厳しければ，種数に比例する以上に）高くなるだろうと考えられる．これを「ロバート・マッカーサーとエドワード・ウィルソンの平衡理論」という．図 4.1(a) に示すように，長い時間がたてば，移入率と局所絶滅率がつりあった状態の種数に落ち着くと考えられる．ただし，その後も外来種の移入と局所絶滅は続いていて，種の置き換わりが続いている．また，大きな島のほうが種数が多く，大陸など外来種の供給源が近い島ほど種数が多いはずである．

離れ小島の生物群集は大陸の生物群集の単なる縮図ではない．大陸には分散力の高い種も低い種もいるが，島には分散力の低い種は少ない．いろんな餌を利用できる動物は島でも生きていけるが，特定の餌しか利用しない動物は絶滅しやすいだろう．したがって，大陸にいるはずのニッチを占める種が島にいないことがある．総じて，島の生物の群集構造は大陸に比べて貧弱になるだろう．

種数と面積の関係を決める第三の要因は進化である．第二の要因では大陸にいる種も島に移入してきた種も，新種に変わるようなことは考えていなかった．実際には，大陸とは異なる環境の島に移入した種は独自に進化することがある．島には，大陸にもほかの島にも見られない固有の生物相がある．むしろ分散能力の低い種のほうが，しばしば島で独自の進化を遂げるという．約 1200〜900

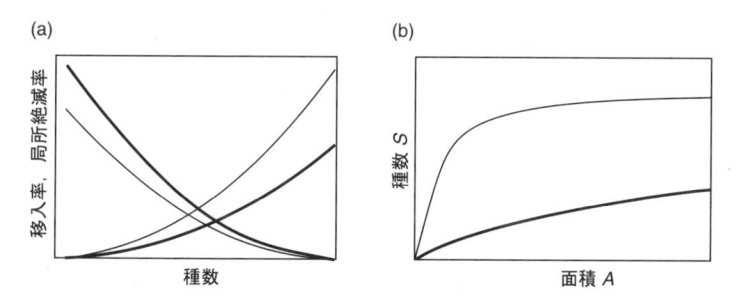

図4.1 (a) 島内の種数に対する移入率と局所絶滅率の関係の概念図．右下がりの2本の曲線は移入率，右上がりの2本の曲線は局所絶滅率を表し，太線と細線はそれぞれ大きな島と小さな島を表す．太線どうし，細線どうしの交点が移入と絶滅がつりあった平衡状態での種数であり，大きな島のほうが種数が多い．(b) 平衡状態における種数と面積の関係の概念図．太線と細線はそれぞれ島が大陸から遠いときと近いときを表す．用いた関数形などは補足4.2参照．

万年前にできたといわれるアフリカのタンガニーカ湖ではカワスズメ科の魚が165種生息し，そのうち160種がタンガニーカ湖にしかいない固有種だという．

種数を決める要因は面積だけではない．種数はさまざまな環境要因に左右される．種数は①低緯度ほど多く，②低地ほど多く，③季節変化が少ないほど多く，④空間的に不均一なほど多く，⑤蒸発散量（植物の表面から蒸発する面積あたりの水の量）が高いほど多い傾向にある．また，⑥pH，⑦降水量，⑧水深や⑨一次生産力と種数の関係は一山形の関係にある．

季節変化が少ないと，たとえば羽化や開花時期をずらすことで，たくさんの動植物が共存できる．季節変化が大きいと，どの生物も羽化や開花の時期が集中してくると考えられる．生物は四季の変化に合わせて発芽，開花，結実など（渡り鳥なら繁殖，巣立ち，渡り，越冬など，昆虫なら孵化，蛹化，羽化など）を種ごとに決まった季節に行う．このように，生物は**季節性**（フェノロジー）をもつ．熱帯でも雨季と乾季に合わせた季節性がある．

一次生産力が高いほうが生物体量が多く，結果として種数も多くなりそうだが，そう単純ではない．生物体量が増えても，それぞれの種（あるいは限られた優占種）の個体数が増えるだけかもしれないし，種数が増えるかもしれない．あるいは，増えた一次生産力を動物群集が有効に利用できないかもしれない．先に述べたように，海産魚類でも低緯度地方のほうが種数が多いが，陸上と異

なり，一次生産力は高緯度域のほうが高い．

　資源を利用しつくした飽和状態に達していれば，種数の上限を決めるおもな要因は種間競争と考えられる．けれども，生物群集は必ずしも資源を利用しつくしているわけではない．各種や群集全体の生物体量はさまざまな要因に左右される．さまざまな撹乱があると，生物個体数は環境収容力に達するまで増えず，競争が緩和され，多種が共存できると考えられている．ただし，撹乱が強すぎても多くの種は存続できない．ほどほどの撹乱がある場所が最も種数が多くなるという．これを J. H. コネルの中規模撹乱説という．撹乱とは，不定期の偶発的な事件によって安定な状態が乱されるか，それがなければ進んだであろう遷移が中断されることであり，洪水，山火事，土砂崩れ，噴火，旱魃（かんばつ）などがある．不定期にやってきたイノシシが土を掘り起こすことや，大木が倒れて林冠（こうらん）が開くことも撹乱に含めることがある（漢和辞典によれば正しくは攪乱と読むが，ここでは慣例に従い撹乱と読む）．

　また，捕食者も被食者を減らし，結果として被食者どうしの競争を緩和すると考えられている．これを捕食者が媒介する共存という．ただし，捕食者が数の多い被食種を選んで食べる「スイッチング捕食」を行わないと，必ずしも多種共存効果はない．あるいは，競争に強い種と分散力に富んだ種がいるとき，競争に強いを捕食者が好んで利用すれば，その後に空いた場所を分散力の高い種が占め，結果として共存することがある．ロバート・ペインが行った実験が有名である．彼は，フジツボ，イガイなど潮間帯の固着生物は，天敵であるヒトデを取り除くとイガイがほかを駆逐するが，ヒトデがいるとイガイを捕食し，多種が共存することを実験によって確かめた．

　森林内では，空き地は巨木が倒れることによって生まれる．その後を継ぐ種が元の巨木と同じとは限らない．たとえば枯死する季節が無作為に決まり，季節によって発芽する種が変わるならば，どの季節に発芽する種にも等しく発芽の機会があり，多種が共存することだろう．このとき，親世代に数が多い種に発芽の機会が多いとはいえない．親世代の種組成の不均衡は次世代に引き継がれることはなく，多種が共存する．これをくじ引きモデルという．

　これらいずれの場合も，局所的には占めている固着生物は次々に変わっている．多くの場合，生物の多様性は動的に維持されているもので，絶えず栄枯盛

衰を繰り返している．これを平和共存の定常状態として理解しようとしても，多くの場合は多種共存の仕組みを理解できないし，生態系を保全する有効な手立てを見出すことも難しい．コマを静かに立てるのは難しいが，回せばおのずと立っている．たいせつなのは，いかにして倒れないようにコマを回し続けるかである．コマを回す台が狭くなったり，でこぼこができたり，コマ自身の軸がゆがんだりすれば，回し続けることが難しくなる．自然もそれと同じで，人類の負荷により生息地が狭まり，土地がやせ，自然撹乱が減り，外来種が入ってくる．条件が変わりながらも動的な生態系を維持し続けるのは，たいへん難しいことなのである．けれども，静かにコマを立てるよりはやさしいかもしれない．生態系を維持し続けるには，自然に対するより深い理解と，巧みな技術や注意深い観察と責任ある診断が必要である．

多様度の説明のところで述べたように，すべての種は同じ個体数ずついるのではない．数が多い種も少ない種もいる．粗く考えれば，個体数が x 以下の種数 $F(x)$ は対数正規分布に従うと考えられる．つまり，個体数が x である種の数の**度数分布**は図4.2のように，頂上が左にゆがんだ一山形の分布になる．この図では上記の分散 σ^2 を1，個体数の**中央値** $\bar{x}$ を10,000と仮定している．しかし，**最頻値**は数千あたりで，中央値の1万よりは低い．

図4.2とは異なり，個体数の多い順に種に番号（ランク）をつけ，番号順に

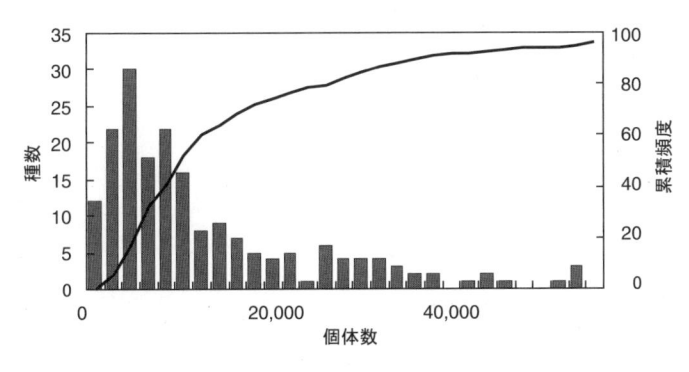

図 4.2 対数正規分布から得られた架空の200種からなる生物群集の個体数と種数の関係の度数分布（ヒストグラム）とその累積分布（折れ線）．各棒は左からそれぞれ個体数が0〜2000, 2000〜4000, …個体である種の数を表す．およそ半分の種が個体数10,000未満であると仮定した．本文参照．

各種の個体数を並べる片対数グラフでは，図 4.3 のようにおおむね直線的に下がる．これを等比級数則という．直線の傾きは公比により急にも緩やかにもなる．これに対して，最もありふれた種が多く，少ない種の個体数はずっと少なくなるような関係も考えられる．図 4.4 にその一例として，「折れ棒モデル」の

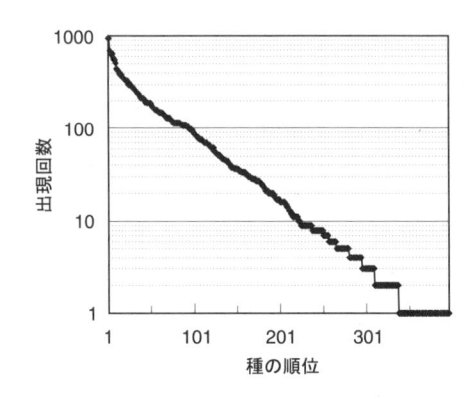

図 4.3　種数個体数関係．九州大学移転予定地（福岡市西区元岡）の植物調査の例（矢原徹一九州大学教授の未発表データより）．移転予定地を尾根と谷に沿って約 1300 地点を調査し，確認された 398 種が出現している調査点数を，出現頻度の多い種から順に並べたもの．確認された植物のうちの約 1/3 の種は 5 地点以下でしか発見されないことから，大規模に土地を造成すれば多くの植物とそれに依存する訪花昆虫などがこの地域からなくなってしまう恐れがある．九州大学では，これらすべての植物種をこの地域に残すことを目指して移転計画を進めている．

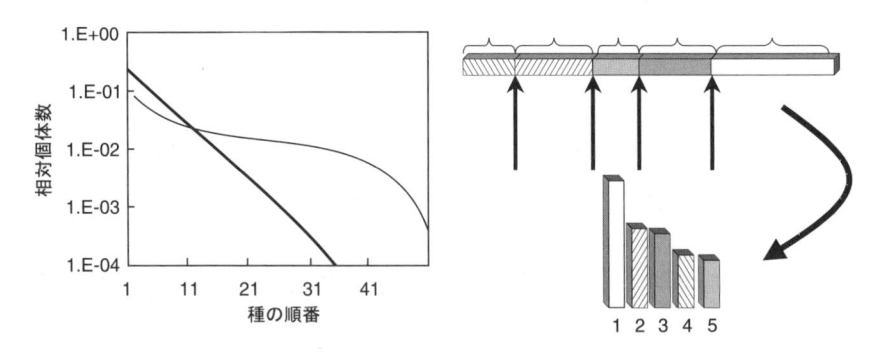

図 4.4　等比級数則（太線）と折れ棒モデル（細い曲線）による種数個体数関係と折れ棒モデルの考え方．どちらも全部で 50 種いると想定し，等比級数の公比は 0.8 とした．右の模式図は折れ棒モデルの考え方を，5 種に分けたときの例で示す．本文参照．

分布を示す．これは片対数グラフで直線でなく，S字形になる．折れ棒モデルとは，図 4.4 の右図に模式的に示したように，決まった長さの棒に無作為の場所で折り，できた折れ棒を長いほうから順に並べた分布で，種個体数関係が表されるというモデルである．これは，ある決まった幅の一次元の資源空間を，いくつかの種で無作為に分けあうことを想定したモデルである．折れ目（図の矢印）の位置は一様乱数で選ぶ．個体数が均一に折れることはないので，多い種と少ない種のばらつきができ，それが図 4.4 のようになる．

> 問 4.3 大きい島が大陸から 2 倍遠くにあるとして，図 4.1(a) の図を書き直してみよう．
> 問 4.4 図 4.1(b) のグラフを見て隔離された島における種数と面積の関係に比べて，生息地が外につながっている場所で調査したとき，調査面積と調査区域内の種数の関係はどう違うかを考えよ．
> 問 4.5 熱帯の種多様性が高いのは季節変化が少ないせいだという説もある．この説はどのようにして検証（反証）できるか？

4.3 群集の多様度，食物網，複雑さ

生物群集の状態を特徴づけるものは種数であり，種間関係の中でも，特に捕食・寄生関係をまとめたものを**食物網**という．食物網は表かグラフで表すことができる．数学でいうグラフとは，頂点 (node) と辺 (edge) または矢印 (arrow) などで表された図形のことで，**食物網グラフ**とは，種を表す頂点と被食者から捕食者に引いた矢印である（図 4.5）．「頂点」はこの図では円で表し，中の数字が種を表している．35 と 41 など，円を重ねている種は互いに同じ被食者と捕食者をもつ．このような種をひとまとめに表すことがある．種 1 と 2 は第 3 章で説明した鱗食魚であり，襲い方が異なり，多くの魚種を共通して利用している．図 4.5 の右側にある種 12，23 などは 1 のみに利用されているため，便宜的にひとまとめに表している．魚類の餌となる藻類，エビ類，動物プランクトンもそれぞれひとまとめにしているが，多くの種が含まれている．また，種番号 8，9，10 はそれぞれ種 4，6，5 の**稚魚段階**であり，8 は他種の稚魚とカニを，8

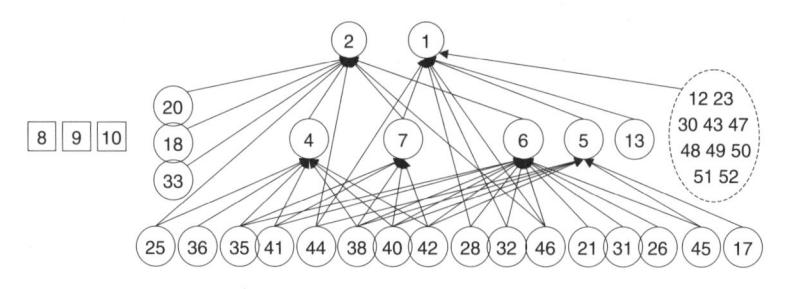

図 4.5 タンガニーカ湖の岩礁性の魚類およびその餌生物に関する食物網グラフ（Hori 1987 を一部改変）．円内の数字は Matsuda & Namba (1992) に示す種番号を表す．本文参照．

と 10 は他種の稚魚を食べる．第 1 章と同様にここでも四角で表した．このように，生活史段階によって利用する餌が異なることがある．

図 4.5 には魚類だけで 52 種が含まれ，魚類以外からの矢印を除いて，魚類どうしの間に 46 本の矢印が引かれている．さまざまな生物群集の食物網グラフを描いてみると，矢印の本数 L は，群集内の「種」数 S のおよそ 2 倍になるといわれてきた．本来，「種」数 S のすべての間に捕食関係があれば，L は $_SC_2 = S(S-1)/2$ となり，およそ S の 2 乗に比例するだろう．しかし，実際には直接捕食関係にある種は，群集内の一部に限られている．L と S がほぼ比例するとすれば，群集の種数によらず，それぞれの種が捕食関係にある種数はほぼ一定（およそ，捕食者 1 種あたり 2 種の被食者を利用する）になる．

ただし，それはいくつかの「種」をまとめて描いたものであり，種をまとめてしまうと食物網グラフの「種」数も矢印の本数も減る．たとえば，図 4.5 の種 38, 40, 42 を 1 つにまとめると，「種」数は 2 つ減り，矢印は 8 本減る．また，季節や局所的な餌量の多寡によって利用する餌が異なることがある．したがって，長期観察，広域観察によって描かれた食物網は，短期の局所的な観察による食物網よりも，種数が同じでもずっと複雑になることがある．後者では，矢印の本数は種数の 2 乗に比例して増える傾向にあるという．

これらは，群集構造の異なる側面を見ている．食物網は決して固定されたものではない．瞬間的・局所的に見れば群集構造はそれほど複雑でなく，長期的広域的に同じ餌を利用する種も，強い競争関係にあるとは限らない．今利用している餌がなくなっても，何も食べられなくなるとも限らない．第 3 章で説明

した基本ニッチと実現ニッチの関係，スイッチング捕食に説明したとおり，餌条件などに応じて利用する餌を変えることがある．

　栄養段階は無限に続くものではなく，ふつうは数段階に限られる．その理由は以下のように考えられている．被食者のエネルギーのすべてを捕食者が利用することはできない．食物連鎖が長くなると，最上位捕食者を支えるのに必要な一次生産量が飛躍的に大きくなる．上位捕食者ほど，行動範囲が広く，より多くの餌を利用する必要がある．

　どんな餌でも利用できるわけではない．第3章で説明したように，顎の大きさなどにより利用できる餌の大きさが限られることがある．したがって，体形が似ている捕食者は利用する餌も互いに似通い，競争がきつくなる．となると，捕食者1，2，3，4がいるとき，1と2が共通の餌をもって競争し，2と3，3と4がそれぞれ競争しているとき，1と4が競争するようなことは生じにくいだろう．

4.4　群集の多様性と安定性

　かつては，生物群集の種数が増えるほど，すなわち多様なほど，群集は安定していると考えられてきた．この主張を評価するには，「安定」を定義する必要がある．そして，以前の生態学者が考えていた意味では，群集は安定していないことがわかってきた．すなわち，安定な群集とは，何年か後に同じ場所で写真をとっても似たような景観をもつという意味ならば，実際の群集は安定とはいえない．あるいは，それぞれの種の個体数が変化しないという意味なら，やはり現実とは異なる．そのような意味の安定性を数学用語では「**局所安定性**」という．ここでいう「局所」とは狭い空間の意味ではなく，個体数が大きく変化したときに元に戻るかどうか（**大域安定性**）に対して，少し変化したときに元に戻る性質のことである．数理モデルの研究により，種数が増すとかえって局所安定性が損なわれやすいことがわかってきた．単に**多様性**（種数 S）だけでなく，食物網の複雑さ（捕食関係の数 L）にもよる．結合度 C は $C = 2L/S(S-1)$ と定義される．図4.5の場合，魚類群集に限り，かつ種8，9，10を除いて考えれば，L が46で S は49であり，結合度 C は0.039である．けれどもより低い栄

養段階まで考えると，連鎖の数 L は飛躍的に上がる．第3章で用いた安定性はほとんど局所安定性と大域安定性の意味であった．

$\beta\sqrt{SC} < 1$ という関係にあるとき，群集の定常点が局所安定になりやすく，$\beta\sqrt{SC} > 1$ のときには，不安定になりやすいことが数学的に示されている．ここで β は，種内競争の強さを1としたときの種間関係の強さである．この結果は，多様性が局所安定性に貢献せず，不安定化を促すことを示唆している．

多様性と安定性の関係が数学的にうまく説明できないことは，長らく生態学者の悩みのタネであった．最近，生態学者の自然観は少し変わった．つまり，多様な群集といえども，それぞれの種の個体数が変動しないとは限らない．だから，定常状態の局所安定性を調べても生態学的にはあまり意味がないと考えられるようになった．より重要な性質は，個体群の存続性であり，変動していても絶滅しにくければよい．これを存続性または恒久性という．この両者は数学的には少し異なる概念だが，両者を含めて**存続可能性**と呼ぶことにする．

4.5 種多様性の維持機構

種多様性は，生態系機能に関係すると考えられる．生態系機能を明確に定義することは難しいが，一次生産量と物質循環が重視される．地球全体の自然の「価値」を年間約33兆ドルと見積もった論文もある．熱帯林は1haあたりの価値が高い．しかし，河口，藻場，湿原などもそれに優るとも劣らぬ価値があるようだ．なぜなら，上記の評価方法では，物質循環，浄化機能の価値を高く評価しているからである．そこにはまだ評価されていないもの，評価手法が未熟なものも数多く含まれているが，市場で取引されない価値の総和については，これはおそらく過小評価であろう．

この価値は，(1) 農林水産資源としての価値，(2) 物質循環，環境浄化など生態系サービスの価値，そして (3) 人間にもたらす快適さや観光資源としての価値などを評価したものである．(1) はほぼ市場で取引されるものである．自給自足経済が成り立つときには農林水産物は自家消費され，価格はつかなかったが，生産者と消費者が分業するようになって以来，市場で価格がついている．(2) は，たとえば干潟と同じ環境浄化機能を汚水処理施設のようなもので代用

するときの費用を推定したものである．少しくらい干潟をつぶしても沿岸環境の汚染が気にならないうちは，これも価格がつかなかったが，たとえ市場で取引されなくても，このような環境条件の劣化は外部負経済とみなされるようになった．(3) も本来価格がつかないものだったが，豊かな自然を残すところには観光客が訪れ，公共事業などでは住民に自然を残すためにどれくらいの経済的不自由に甘んじるかを問う調査が行われることがある．仮想影響評価法(CVM)はそのような評価法の1つである．経済学の原則は，取引されることによって価格が決まり，同じ価格のものを経済的に「等価」とみなす．したがって，売り物にするつもりのないものの価値は正確に評価できない．仮想影響評価法は自分の財布で負担した価格ではなく，税金を自然保護のために1人あたりいくらまわすかという調査だから，かなり性格が異なる．

　種多様性を維持することは，生物多様性保全の基本である．しかし，種の多様性が生態系の「健全さ」または機能の高さを表すとは限らない．多様性を増やすために外来種を導入しても，生態系の機能が高まるとはいえない．これは，種多様度のところで説明したとおりである．

　すべての種の状態を監視し，その保全を図ることは難しい．そのため，生態系機能が維持されるために必要にして十分なわかりやすい指標が必要である．最上位捕食者が存続していればその餌資源が十分にあり，生態系機能が維持されていることを示すと期待できるかもしれない．このような種をキーストン種という．逆に，キーストン種に食べられて個体数が低く抑えられ，過剰な競争に至らず多種の被食者が共存するような場合，キーストン種がいなくなると生態系のつりあいが崩れ，ほかの種もその生態系からいなくなるかもしれない．キーストン種は必ずしも最上位捕食者とは限らず，その生態系機能が維持されることの指標となる種の1つである．

　また，生態系に悪影響を考えられる汚染物質の濃度や生物的酸素要求量(BOD)などの環境条件を環境指標という．それぞれの環境指標について，許容できる値の上限として基準値を定める．これらの環境指標の良し悪しに敏感に反応して，その水域に生息できるかどうかが左右される生物がいる．このような生物を環境指標種などという．また，この基準値を定める際に用いた生物を環境生物ということがある．

4.6 間接効果

　食物網の説明にあったように，それぞれの種が直接捕食関係をもつ種は，群集内の一部である．捕食関係に限らず，競争関係や相利関係も，それほど多くの種と直接関係しているわけではない．けれども，生物群集に属する限り，第三，第四の種を介して，何らかの関係をもっている．第3章で説明したように，このような関係を**間接効果**という．

　間接効果は生態系をあまねく伝わる．直接関係のない生物どうしでも，第三者を介して相互作用があり，無関係ではありえない．たとえば図4.6のような食物網を考える．栄養段階の最下層にある種1と2と3は直接関係がないが，種4と5に食われ，種4と5は最上位捕食者である種6に食われる．このとき，種1が何かの理由で数が増えると，種2や種5は増えるだろうか，それとも減るだろうか．

　食物網は表で表すこともできる．図4.5を表にすると膨大になるので，図4.6を表に表すと，表4.2に示すように，被食者を縦（行）に，捕食者を横に並べ，種 j が種 i を利用するときに，利用される大きさ（機能的反応）を a_{ij}，数量的反応を a_{ji} で表し，$a_{ji} > 0$，$a_{ij} < 0$，種 j と i が競争するときに $a_{ij} < 0$，$a_{ji} < 0$，相利関係のときは $a_{ij} > 0$，$a_{ji} > 0$，それ以外のときに0とし，この a_{ij} の値を表に表す．この値がわからない場合も多いが，そのときは各要素に＋や－の記号を入れればよい．表4.2や図4.6では，下位種が上位種を食べることがないように種を並べることができる．これは無作為のモデル群集を作るときによく用いられる制約の1つだが，実際の群集では必ずしも成り立たない．

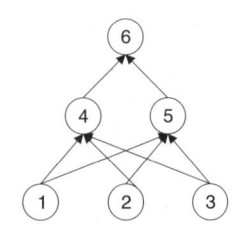

図4.6　6種からなる食物網の模式図．丸の中の数字は種を表し，矢印は被食者から捕食者へ向けて引いてある．

表 4.2 食物網を表で表した例. 左側は食物網 a_{ij} の表, 右端の r は被食者の内的自然増加率と捕食者の死亡率を表す. 本文と補足 4.3 を参照

種番号	1	2	3	4	5	6	r
1	-1	0	0	-0.5	-0.17	0	3.1
2	0	-1	0	-0.31	-0.51	0	2.6
3	0	0	-1	-0.72	-0.84	0	4.45
4	0.49	0.28	0.58	0	0	-0.09	-0.05
5	0.14	0.44	0.75	0	0	-0.52	-0.23
6	0	0	0	0.08	0.46	0	-0.45

　第1章で説明したように，この場合には最下位（植物）から数えた栄養段階が定義でき，図4.6の種4と5は第2段階，種6は第3段階である．表4.2の成分が0になる，たとえば種1と6の組合わせは，直接相互作用をしていないことを表す．

　種1が増えると，その捕食者である種4と5は増える．種4と5が増えれば，その捕食者である種6も増える．つまり，食物連鎖を上る直接効果は，被食者が増えれば捕食者も増え，被食者が減れば捕食者も減るという形で波及する．他方，種6が増えれば，それに食われる種5は減る．種5が減れば，それに食われる種2と3は増える．つまり，食物連鎖を下る効果は，捕食者が増えれば被食者は減り，捕食者が増えれば被食者は減るという形で波及する．これを栄養段階カスケードという．結果として，種1が増えたときの種2や5の増減は，直接効果と，さまざまな間接効果を総合して決まる．

　直接効果は，種 i と j の種間相互作用（捕食・寄生，競争または相利関係）だけで符号が決まる．種1と6は無関係になる．しかし，第三の種を介して互いに関係しているから，種1が変化すれば，その影響は種6を含むすべての種に及ぶはずである．また，種4が種1を捕食していても，第三，第四の種を介した間接効果を含めれば，負の効果を与えているとは限らない．

　間接効果は，表4.2の情報だけから，数学的に求めることができる（補足4.3）．結果として，種1が増えると種3と4が増え，種2, 5, 6が減る．これは種4が1をよく食べるため，種1が増えると種4が増え，種4が食べる種2

が減る．それを食べる種5は減り，結果として種6も減る．種5にのみ食われる種3は栄養段階カスケードによって増える．

直接効果は0すなわち無関係になる種の組合わせがたくさんあるが，間接効果は，直接効果の連鎖がつながっている限り，ほとんど0になることはない．つまり，生物群集は互いに無関係ではなく，食物網によりつながっていて，何らかの間接効果がある．図4.6の例では種6が増えると種4が減るが，種4が減っても種1, 2, 3は減ってしまう．つまり，栄養段階カスケードは生じていない．他方，種6が増えても種5は減らないが，種5が減れば種1, 2, 3は増える．

表4.2にはいくつか0でない数値が含まれているが，それらの値を変えれば，図4.6の食物網グラフの形が変わらなくても，間接効果は符号も絶対値もさまざまに変わる（補足4.3の式(4.7)）．たとえば，捕食者4が1と2どちらを好むかによりさまざまな種間の間接効果と絶対値は変わる．これを間接効果の**非決定性**という．実際に直接効果の大きさを定量的に見積もることは難しく，また実際の群集構造は図4.5のタンガニーカ湖ほど複雑なことは少ないかもしれないが，図4.6の架空の例よりはずっと複雑である．そのため，間接効果の正負を事前に知ることは難しい．しかも，この議論は群集構造が定常状態にあることを前提としていて，非定常のときには予断を許さない．また，直接効果が上記のような線形モデルで表されることもまれである．

種iからjへの間接効果は，食物網のすべての経路を伝わって働く．たとえば図4.6の種1から3までは，$1\to4\to6\to5\to3$という経路(+)，$1\to4\to2\to5\to3$という経路(+)，$1\to4\to3$という経路(−)，$1\to5\to3$という経路(−)，$1\to5\to6\to4\to3$という経路(+)，$1\to5\to2\to4\to3$(+)という合わせて6つの経路がある．被食者から捕食者へは+すなわち被食者が増えると捕食者も増える効果，捕食者から被食者へは−すなわち減る効果があるから，カッコ内に記したような符号の影響が及ぶ．しかし，その大きさは千差万別で，全体としての符号は予測できない．このような経路の数は，複雑な食物網では，群集の種数Sよりはるかに多くなることも珍しくない．そのすべての効果の総和が間接効果である．

多くの生物は，生態系過程を通じて人間にどんな影響を与えているかわから

ぬまま，生息地を奪われ，環境を汚され，外来種に追われて姿を消している．わからないということは，間接効果が存在しないということではない．正か負か，どちらに働くかがわからないということである．だからといって無視するわけには行かないだろう．どう役に立つかよくわからない知人でも，私利私欲のために不義理を重ね，片っ端から縁を切っていたら，いざというときに頼るものが何もいなくなるかもしれない．

　人づきあいの範囲は人それぞれだろうが，自分の役に立つとわかった人だけとつきあう人は少ないだろう．一見無関係の「他人」にも迷惑をかけないというのが社会通念だろう．自分に明らかに害をなす者とまでつきあう場合を別にすれば，これは単に倫理や法というだけではなく，おそらく自分の利益にもつながるだろう．人間と生態系とのつきあい方も似たような理屈が成り立つはずである．前近代の人々は，さまざまな掟や「迷信」によって人と自然の関係を築いてきた．現代においても，それに代わる法や倫理を準備する必要があるだろう．

　ここまでは，個体数（密度）の変化を通じた間接効果だけを議論してきた．これを密度媒介間接効果という．3.10 節で説明したように，採餌時間や被食回避努力などの変化を通じた形質媒介間接効果もある．その場合には表 4.2 のような群集構造の数値が変わる．極端な場合には 0 になり，図 4.6 のような食物網の構造そのものが変わることもある．

　形質変化は，それぞれの個体の適応度を高める方向に働くと考えられる．それは，多くの場合に，個体数変化の度合いを軽減する方向に働く．つまり，形質変化が起こらないときには定常個体数が激変する場合に，形質の適応的変化があると，多くの場合，激変を緩められる．これも一種の負のフィードバックである．

　けれども，適応的な形質変化がいつも「安定」に向かうとは限らない．ときには逆に生態系や個体数を変動させたり，別の状態に変えてしまうこともある．第 5 章で説明するように，適応進化の結果雄と雌の配偶子の大きさが偏ることも，大型個体と小型個体の振る舞いの差が不平等を緩和することがある．

4.7 補足

補足 4.1 偏りと精度

通常,自然のすべてを計ることはできない.たとえばある魚の平均体長を知ろうとする.すべての個体(**母集団**)を測れば,その平均が平均体長になる.通常は何尾かの魚の**標本**をとり,その平均を計る.小さいものや大きいものを選って標本にすることなく,**無作為抽出**しなくてはいけない.標本数が多いほど,標本の平均は母集団の平均に近づく.つまり,精度の高い推定が得られる.無作為抽出である限り,標本数が少なくても,過小評価する可能性と過大評価する可能性を等しくできるはずである.このような推定を**不偏推定**という.不偏推定は誤りに偏りがない推定だが,正しい確率が最大になる「もっともらしい」推定値も考えられる.これを**最尤推定**という.

群集内で観察した種数をもって群集全体にいる種数とすれば,すべてを観察しない限り,常に過小評価になる.観察努力が増えるほど観察した種数は増える.このように,観察努力に左右されるような推定値は不偏推定とはいえず,偏りがある.たとえば,ある化学物質を摂取させる動物実験をして,どの個体にも異常がでない物質の濃度を安全基準とすると,動物の標本数を増やすほど安全基準濃度は低くなるだろう.しかし,標本の 50% に異常が出る濃度は偏りがない.標本の 5% に異常が出る濃度でも偏りがない.

補足 4.2 マッカーサーとウィルソンの平衡理論

図 4.1 では移入率を $(K-S)^2(\sqrt{A})/d^2$,局所絶滅率を S^2/A と仮定した.ただし K は大陸など外来種の供給源での種数,d は島までの距離であり,図 4.1 では K を 100,d を 1,大きな島と小さな島の面積 A をそれぞれ 0.9 と 1.5 と仮定して図を描いた.これらの関数形に特に根拠はないが,それぞれ種数に対して下に凸の減少関数と増加関数を考えられる.

補足 4.3 間接効果の計算方法

種 i の個体数を N_i とし,その時間変化が

$$dN_i/dt = f_i(\mathbf{N}, p) \tag{4.3}$$

と表せるとする．ここで $\mathbf{N} = (N_1, N_2, \ldots, N_S)$ は群集内のすべての種の個体数を表すベクトルである（S は種数）．p は「環境条件」を表し，平均気温でも，降雨量でもよいし，あるいはある捕食者の死亡率だけに影響する条件でもよい．人間が漁獲して死亡率を上げてもよい．この右辺を要素とするベクトル関数 $\mathbf{f}(\mathbf{N}, p) = (f_1(\mathbf{N}, p), f_2(\mathbf{N}, p), f_3(\mathbf{N}, p))$ を考えると，すべての種の時間変化は

$$d\mathbf{N}/dt = \mathbf{f}(\mathbf{N}, p) \tag{4.4}$$

と表すことができる．定常状態 $\mathbf{N}^*$ では，$d\mathbf{N}/dt = \mathbf{0}$ である．簡単のため，

$$f_i = \left(r_i + \sum_{j=1}^{S} a_{ij} N_j\right) N_i \tag{4.5}$$

というロトカ・ヴォルテラ型の捕食関係を仮定する．r_i は種 i の相互作用がないときの内的自然増加率を表す．図 4.6 の種 1, 2, 3 は植物なので $r_i > 0$ であり，種 4, 5, 6 は動物なので $r_i < 0$ である．植物では種内競争を考慮して $a_{ii} < 0$ と仮定した．a_{ij} は種 j の 1 個体が種 i の増加率に与える影響を表し，種 j が i を利用していれば $a_{ij} < 0$，$a_{ji} > 0$ である．表 4.2 の場合，定常点は $\mathbf{N} = (0.76, 0.70, 0.84, 1.17, 1.56, 1.15)$ となる．表 4.2 の a_{ij} を第 i 行 j 列要素にもつ行列を $\mathbf{A}$，r_i を i 行要素にもつ列ベクトルを $\mathbf{r}$ とすると，$\mathbf{N} = -\mathbf{A}^{-1}.\mathbf{r}$ により求められる．この式の「.」は行列算を表し，$\mathbf{A}^{-1}$ は $\mathbf{A}$ の逆行列，つまり積 $\mathbf{A}^{-1}.\mathbf{A}$ が単位行列（対角要素がすべて 1 で，他の成分はすべて 0 の行列）になることを表す．

種 j から i に及ぼす直接効果は，個体あたりの利用率 a_{ij} だけでなく，種 j の個体数にも左右されるから，$a_{ij} N_j$ が種 j から i に及ぼす直接効果を表す．これを第 i 行 j 列要素とする行列

$$\mathbf{N}^T.\mathbf{A} = \begin{pmatrix} -0.76 & 0 & 0 & -0.38 & -0.13 & 0 \\ 0 & -0.70 & 0 & -0.22 & -0.35 & 0 \\ 0 & 0 & -0.83 & -0.60 & -0.70 & 0 \\ 0.57 & 0.32 & 0.67 & 0 & 0 & -0.10 \\ 0.22 & 0.69 & 1.17 & 0 & 0 & -0.81 \\ 0 & 0 & 0 & 0.09 & 0.53 & 0 \end{pmatrix} \tag{4.6}$$

が直接効果を表す．ただし $\mathbf{N}^T$ は $\mathbf{N}$ の行と列を入れ替えた転置行列を意味する．$\mathbf{N}^T.\mathbf{A}$ を，**群集行列**という．

個体数 N_j がすべて正なら，群集行列の各要素の符号は表 4.2 の行列 $\mathbf{A}$ の各要素の符号に一致する．この行列は，もともとの式 (4.3) の $\partial f_i/\partial N_j$ を第 i 行 j 列要素にもつ行列であり，$\partial \mathbf{f}/\partial \mathbf{N}$ と表すことができる．

さて，環境条件 p がわずかに Δp だけ変化したとき，上の力学系も変化する．

$$d\mathbf{N}/dt = \mathbf{f}(\mathbf{N}, p + \Delta p)$$

その結果，定常状態 $\mathbf{N}^*$ もわずかに変化する．すなわち，定常状態 $\mathbf{N}^*$ は p の関数である．その解を求めなくても，定常状態では $\mathbf{f}(\mathbf{N}^*(p), p) = \mathbf{0}$ を満たすという関係はすでにわかっている．これを陰関数表現という．これを微分することを，**陰関数微分**という．新しい定常状態でも $\mathbf{f}(\mathbf{N}^*(p+\Delta p), p+\Delta p) = \mathbf{0}$ の右辺は $\mathbf{0}$ だから，合成関数の微分より

$$\partial \mathbf{f}/\partial p + (\partial \mathbf{f}/\partial \mathbf{N})(\partial \mathbf{N}^*/\partial p) = \mathbf{0}$$

と表すことができる．$(\partial \mathbf{f}/\partial \mathbf{N})$ は先ほどでてきた群集行列 $\mathbf{A}.\mathbf{N}$ である．これより，

$$\partial \mathbf{N}^*/\partial p = -(\mathbf{N}^T.\mathbf{A})^{-1}(\partial \mathbf{f}/\partial p)$$

という重要な関係が導かれる．ある条件 p の変化が各種に与える影響は，群集行列の逆行列に負号をつけた $-(\mathbf{N}^T.\mathbf{A})^{-1}$ により評価できる．表 4.2 の行列 $\mathbf{A}$ と $\mathbf{r}$ の例では，

$$-(\mathbf{N}^T.\mathbf{A})^{-1} = \begin{pmatrix} 0.58 & -0.18 & -0.41 & -0.90 & 0.16 & -0.73 \\ -0.19 & 0.91 & -0.19 & -0.42 & 0.07 & 0.59 \\ 0.51 & -0.22 & 0.51 & -1.10 & 0.19 & 0.49 \\ 0.89 & 0.39 & 0.86 & 1.91 & -0.33 & 2.33 \\ -0.16 & -0.06 & -0.15 & -0.33 & 0.06 & -2.57 \\ -0.75 & 0.40 & 0.46 & -2.18 & 2.30 & 1.01 \end{pmatrix} \quad (4.7)$$

の第 i 行 j 列要素は，環境条件 p の変化などにより種 j の個体数が増えたときに種 i の定常個体数が変化する向きと大きさを表している．たとえば，第 1 行第 5 列の 0.16

は，種 5 が増えたときに種 1 が増える方向に間接効果が働くことを意味する．この行列 $-(\mathbf{N}^T.\mathbf{A})^{-1}$ を感度行列という．間接効果は式 (4.7) に見るとおり，無関係になる種間関係はない．このように，間接効果はほとんど 0 にならず，どの種の変化もすべての種に波及することを示している．

問 4.6　補足 4.2 で，移入率を $(K-S)^2(\sqrt{A})/d^2$，局所絶滅率を S^2/A と仮定したとき，移入率と局所絶滅率が等しくなる種数 S を求めよ．また，図 4.1 (b) の結果を再現せよ．ただし，この図では K を 100，d を 0.1 および 1 と仮定している．

第5章

適応進化

5.1 最適採餌行動

　生物の最も重要な特徴は，子供を作ること，すなわち**自己複製**である．そのとき，親とまったく同じ子を作るのではなく，**変異**を伴う．その変異が積み重なって，生物は世代とともに進化していく．進化は生物の多様性を生み出し，地球上の至るところに生態系が成立した．

　同じ種でも，生物の生き方(表現型)は個体によって異なる．その一部は遺伝的にきまっている．これを遺伝形質という．遺伝形質の差が子孫の残しやすさの差に繋がることがある．5.12節で説明するように，子孫の数は子孫の残しやすさ(適応度)と，たまたま子供を多く残すかどうかという偶然性に左右される．この章ではどのようにして適応度に差が生じ，進化していくかを説明する．

　生物は，今も進化し続けている．生態系を守るとは，今ある形で生態系を残すだけでは足りない．個々の生物が進化する能力を維持しながら，生態系を遺さなくてはいけない．そのためには，生物の進化の仕組みを理解する必要がある．．この章では，具体例をあげながら，進化の仕組みを説明する．はじめに，捕食者の餌探しと被食者の防衛行動の例を説明する．

　ほとんどの場合，餌は一様に存在しているのではない．餌場とは餌がほかよりも多く存在する場所である．その餌にも大きな餌も小さな餌もある．栄養過多の先進国人とは異なり，ほとんどの動物では，餌をたくさん食べるほうが栄養状態がよく，子孫を残しやすいだろう．出会った餌すべてを食べるのが最適

表 5.1　3 種類の餌があるときの最適採餌行動の説明

餌種	カロリー	処理時間	密度	利用率
1	20	3	0.1	1
2	5	2	1	1
3	2	1	0.8	0

とは限らない．見つけた餌場にいつまでもいるほうがよいとも限らない．平均的な摂取量を最大にする餌探しの方法を説く理論がある．

　たとえば，3 種類の餌があり，表 5.1 のように，餌 1 が最も体重 g が重くて食べがいがあるが，食べるのに処理時間 h がかかり，環境中の個体数密度 x が少ないとする．すなわち，第 3 章で説明したタイプ 2 の機能的反応を考える．このとき，餌は「体重/処理時間」の比の大きな順に価値がある．表 5.1 では餌種 1，2，3 の順である．最適解は餌 1 だけ利用するか，1 と 2 だけ利用するか，すべてを利用するかであり，2 だけ利用するような解はない．餌 1 が高密度で，すぐに見つけることができるなら，餌 2 や 3 を利用しない．餌 1 の密度が低いときには，餌 2 を見つけたときに無視せず利用するようになる．表 5.1 では餌種 1 と 2 を利用しているが，餌 1 の密度を 0.2 に上げると，餌 2 は利用しなくなる（補足 5.1）．

　補足 5.1 の式 (5.5) が餌 1 だけを利用するか，餌 1 と 2 の両方を利用するかの条件式だが，これは次のような意味をもつ．すなわち，

　　よりよい餌を探したときの摂食率 > 見つけた餌を食べたときの摂食率

のとき，見つけた餌を見逃して別の餌を探す．不等号が逆向きなら，見つけた餌を食べる．摂食率とは，餌を食べたときのカロリー摂取量と，餌を探して食べるのに要する時間の比である．見つけたときから考えれば，餌を新たに探す時間はいらないから，この式の右辺は食べて得るカロリーと見つけてから食べ終わるのに要する処理時間の比になる．式 (5.5) の左辺は見つけた餌 2 を利用せずに，新たに餌 1 を探したときの平均摂食率を表す．分母には餌 1 を見つけるまでの探索時間も含まれている．つまり，見つけた餌 2 を利用するのと，新たに餌 1 を探し直す状況を比べて，後者のほうが高いなら，餌 2 を利用しない

のが最適解になる．餌1と2を利用して，餌3を無視する条件も同様に求められる．また，餌2を見つけたときに0と1の間の確率で部分的に利用するような解は，式(5.5)の両辺の値が等しくない限り，出てこない．

このような理論を実験で確かめることは，それほど難しいことではない．シジュウカラに大きな餌と小さな餌を与えてみて，大きな餌の密度が高いときはそれだけを利用し，密度が低いときは小さな餌も利用することを確かめられる．ただし，餌2を見逃す密度が理論と厳密に一致するという結果は得られない．また，餌を檻の中に適当にばらまくぐらいではうまく行かない．たとえばベルトコンベア上に載せて適当な頻度で餌を出し，出た餌だけを利用できるようにして実験すれば，うまくいくだろう．

5.2 被食回避行動

被食者は，さまざまなやり方で，食べられないように**防御**している．これも進化の産物と考えられる．天敵からの防御は①物理的防御，②化学的防御，③擬態，④行動的防御などに分けられる．バラの棘，貝の殻などは，天敵に食べられにくくする物理的防御である．化学的防御の代表は体内や棘にもつアルカロイド，タンニン，シアン化合物などの毒だが，食害などを受けたときに揮発性物質を出し，その匂いで天敵の天敵を呼び寄せることもある．天敵に攻撃される前から常に備えておく**構成的防御**に対して，食害や病害を受けた後で守ることを**誘導的防御**という．セクロピアという植物は，アリに住処と餌を与える代わりに，アリに植食性昆虫から守ってもらっているという．このようにしてアリと共生関係にある植物をアリ植物という．

毒キノコなどは逆に目立つ色や模様をもち，捕食者が積極的に避けるようにする．これを**警告（色）**という．化学物質による防御には，アルカロイドのように少量でも毒性が高いものと，タンニンのように大量に食べると毒性をもつものがある．前者を**質的防御**，後者を**量的防御**という．

生物がほかの生物や無生物，背景に似た色彩，形態，姿勢をもつことを**擬態**といい，真似される側を**モデル**という．このうち，背景に近い体色や模様をもつことで発見されにくくなることを**隠蔽（色）**という．シャクガの幼虫は木の

枝そっくりの色と形で捕食者から自身を隠蔽する．自身は毒をもたないのに，毒をもって警告している被食者の真似をすることも，天敵から逃れる方法の1つである．真似する側を擬態種，真似される側をモデルという．真似する側がまったく毒などの防御をもたない場合をベイツ型擬態という．「擬態」本来の「欺く」という意味からは外れるかもしれないが，両方毒をもって忌避効果を高める場合をミュラー型擬態という．擬態をするのは植物や被食者だけではない．ランの花に擬態したハナカマキリは被食者を油断させて捕食の成功率を上げていると考えられる．

最も直接的な防御は逃避である．安全な隠れ家に隠れることもある．群れをなして天敵をはじめに発見した個体が警戒音などを発することもある．小鳥が空を見上げて天敵がいないか確認するには，群れを作って交代で見張ればよい．群れること自身，1個体あたりの被食率を下げる．イワシやシマウマが群れるのは，被食回避行動と考えられる．また，警戒の労力を分担して下げることができる．一斉羽化も被食リスクを下げる．捕食者にとっては，いつも同じだけ利用できる資源に比べて，たまに大量に姿を現す餌は食べきれないので利用しにくい．餌が一斉に現れるなら，それを利用する天敵や病原体も，リズムを合わせるように進化するだろう．このように，複数の相互作用する種が同時に進化することを共進化という．

セミの仲間には，毎年同じ数ずつ羽化するのではなく，13年または17年ごとに同時に羽化する種が知られている．これには天敵から逃れる効果と，交尾相手を確保する効果が考えられる．皆が今年羽化するのに少数個体が来年羽化しても，交尾相手に恵まれない．いったんこのような同期現象が生じると，リズムのずれた個体は不利になる．これらのセミのように長周期で，しかも素数であるというのは，天敵が利用する上で扱いにくいと考えられている．

防御には何らかの費用がかかる．隠れ家に隠れていると，天敵から逃れる代わりに，自分も餌を食べることができないだろう．動物の行動のうち，特に防御が甘くなるのは，配偶行動，排泄，摂食のときだろう．睡眠は隠れ家さえ確保できれば，それほど危険ではないだろう．物理的防御も，化学的防御も，擬態も，すべて労力がかかる．被食リスクをなくすことは難しい．防御の労力と，採餌時間の両方を増やすことは同時には成り立ちにくい．このように，有限な

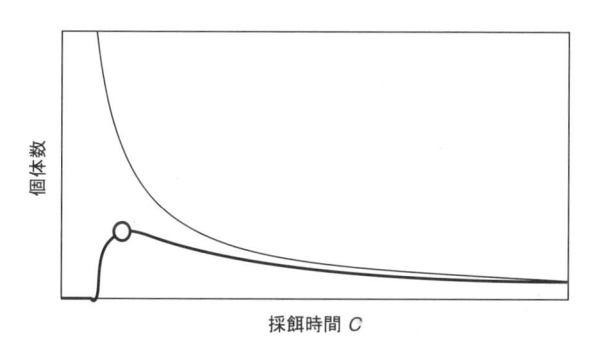

図 5.1 補足 5.2 に示した数理モデルによる，採餌時間と被食者（細線）と捕食者（太線）の個体数の関係．白丸は捕食者個体数が最大になる採餌時間とそのときの個体数．

努力（資源）を配分する関係のことをトレードオフという．ある卵巣重量の親が産卵するとき，卵重と卵数はおおむね反比例関係にある．これもトレードオフの関係である．

　最適な採餌時間は，採餌に労力も危険も伴わないなら，四六時中餌を探しているほうが採餌量が増え，ひいては子孫を増やすことができるだろう．けれども，四六時中休みなく採餌している動物はまれである．生物が自然淘汰により子孫を残しやすい生き方を進化させているはずであるという適応進化説をめぐっては，さまざまな論争が引き起こされた．たとえば 20 世紀半ばころには，「ではなぜライオンは餌を探さず遊んでいるのか」という議論が起こった．

　当時は，「分別ある捕食者」と説明された．もし，四六時中餌を食べると餌が足りなくなり，捕食者個体群を養うことができなくなる．これは漁業の乱獲問題と同じことで，採餌時間を延ばすことは得に見えるが，結局は餌を食いつぶしてしまうというのである．これは，数学的に示すことができる（補足 5.2）．図 5.1 に示すように，採餌時間を増やすほど被食者の数は減る．採餌時間が短すぎると捕食者は存続できないが，長すぎても個体数は減ってしまう．

　第 6 章で説明するように，「分別ある捕食者」の説明は持続可能な漁業の説明とよく似ている．漁業でも漁船の数や操業時間を増やしすぎるより，ほどほどの漁獲努力にとどめたほうが最大の漁獲量を得ることができる．漁獲努力を増やしすぎると魚が減りすぎてしまい，乱獲状態に陥る．だから，「分別ある捕食者」と同じく，ほどほどに獲るのがよい．

けれども，乱獲は古今東西何度も繰り返されている．国や漁協などが管理しないと，乱獲は避けられない．野生動物には分別があるのに，漁業者にはないのだろうか？

この「分別ある捕食者」説は，現在では否定されている．生物は，個体数を最大にするように進化するわけではない．「分別ある捕食者」説のように，種または個体群全体が繁栄する生き方が選ばれるという考え方を，「群淘汰説」という．

生物進化には，①突然変異と②遺伝と③自然淘汰が欠かせない．ある採餌時間をもつ捕食者（野生型）の個体群の中に，より採餌時間の長い突然変異を起こした個体（変異型）が生じたとする．変異型は少数なので被食者の数を左右することはほとんどなく，被食者の数は大多数の捕食者の採餌時間によって決まる．採餌量は採餌時間と被食者量の積で決まる．変異型も野生型も利用する被食者の個体数は同じであり，採餌量は，採餌時間の長い変異型のほうが多くなる．採餌時間が親から子へとある程度遺伝するとすれば，採餌時間の長い変異型は野生型より子孫を残しやすく，世代を経るに連れて，変異型が増えていき，捕食者個体群全体の平均採餌時間は長くなるだろう．その結果，被食者の個体数は減るだろうが，その損失は変異型も野生型も同時に被る．こうして，捕食者個体群全体としては数を減らすような「乱獲」の形質が進化する可能性がある．これは，自分の子孫の数を増やしやすい生き方が進化することを意味するので，「個体淘汰説」という．後述するように，ハチやアリなどの不妊虫を説明する際には，個体の中の各遺伝子の子孫への残しやすさを考える必要がある．そこで，「利己的な遺伝子」といういい方もされる．

上記の筋書きには，①採餌時間の長さの違う突然変異が生じること，②採餌時間は親から子へと遺伝して，採餌時間の長い変異型の子も採餌時間が長い傾向にあること，③採餌時間の長さに応じて子孫の残しやすさ（適応度）に差があることが含まれている．それぞれ，突然変異，遺伝，自然淘汰を表している．

適応度とは，第2章で説明したとおり，その生物の生き方に応じて決まる個体あたり増加率のことである．3.3節で，遺伝子型によって適応度が異なる例を紹介した．適応進化を考える際に重要なことは，適応度の絶対値ではなく，形質間の適応度の差（淘汰差）である．以下の議論では，個体あたり増加率自身

を直接測ることなく，それに関係すると思われる評価値も含めて広義の適応度と呼ぶ．これは「子孫の残しやすさ」を反映したものと考えられる．

「分別ある捕食者」説が間違いだとすれば，元の質問に答え直さないといけない．なぜ，捕食者は四六時中餌を探していないのか？

これは，数量的反応の非線形性と，採餌と被食回避などの労力や費用とのトレードオフのためである考えられている．3.6節で述べたように，数量的反応とは，捕食者の採餌量と捕食者の適応度との関係である．2倍食べても2倍子供を残せるとは限らない．そして，先ほど述べたように，採餌中は自分も天敵に襲われる可能性が高い．また，採餌自体も労力がかかり，エネルギーを消費する．採餌の際の危険や費用は，採餌時間に比例するか，それ以上に増えるだろう．そうだとすれば，長すぎも短すぎもしない，中庸な採餌時間が最適となる．ただし，これは個体数を最大にする分別ある捕食者の採餌時間とは異なる．その意味で，理由は必ずしも同じではないが，「腹八分がよい」「足るを知る」という格言は，動物にも成り立つ．

天敵が増えると，最適な採餌時間は短くなることが理論的に予測され，実験的にも支持されている．餌が増えるとき，採餌時間が長くなるかどうかは，採餌時間と摂食率，採餌時間と被食リスクや採餌費用，摂食率と適応度，およびリスクや費用と適応度の関数形に左右される．

▎問 5.1　ほかに擬態している生物とそのモデルを5例列挙せよ．
▎問 5.2　イカやタコの「墨吐き」も防御だが，上記のどの範疇に入るだろうか？
▎問 5.3　本節で述べなかった被食回避行動の例をあげよ．

5.3　最適な卵の大きさ

卵や種子の大きさは，親の大きさとは必ずしも対応しない．たとえば，マイワシの卵径は約 1 mm だが，クロマグロの卵径は約 0.7 mm で，親の小さなマイワシのほうが大きい．その代わり，産卵数はクロマグロのほうがずっと多くなる．他方，卵や種子の大きさは，種によってだいたい決まっている．クロマグロは8歳では約 60 kg ほどだが，20歳では約 120 kg になる．大きなクロマグ

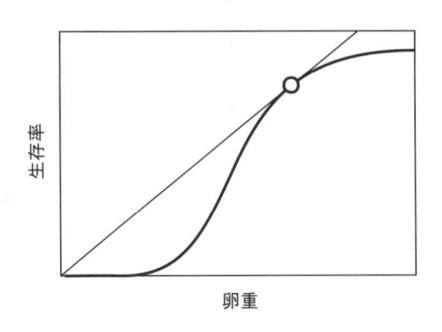

図 5.2 卵重と卵の生存率の関係の概念図．○は生存率曲線に対して原点から引いた接線の接点で，これが母親あたりの生き残る子供の数を最大にする最適な卵の大きさになる．本文ならびに補足 5.3 を参照．

ロも小さなクロマグロも，生む卵の大きさはそれほど変わらない．

これは以下のように考えられている．卵巣重量を K とし，これがすべて卵となって産卵されるなら，卵巣重量 K は卵数 n と卵重 x の積に一致する．つまり，卵数と卵重は反比例関係にある．1 粒の卵が親になるまでの生存率は，卵が重いほど高くなるだろうが，一定の大きさ以下なら成長することができず，大きすぎると大きさに比例するとはいえない．つまり，図 5.2 の実線に示すような曲線になる．1 卵あたりで考えれば，卵は大きいほど生存率が高くなる．しかし，それでは卵の数が少なくなる．卵の数を多くすれば，1 卵あたりの生存率が低くなる．母親にとっての最適な卵の大きさは，図 5.2 に示すように，生存率の曲線に原点から引いた接線の足になる（詳しくは補足 5.3 を参照）．

卵重と卵の生存率の関係 $s(x)$ がわからないと，この理論は確かめようがない．しかし，1 つ反証可能な予測が成り立つ．すなわち，卵重は親の大きさ K によらない．生みっぱなしの生物では，生存率 $s(x)$ は親の大きさまたは一緒に生まれる卵の数によらないだろう．実際，多回繁殖の魚や多年生植物では親の大きさには同種でもかなり違いがあるが，卵や種子の大きさにはそれほど違いはない．

5.4 親子間コンフリクト

子供自身にとっては，兄弟姉妹の数が多いことより，自分自身の生存率を上げたほうが，自分自身の子孫を増やすことが期待できる．生みっぱなしの卵で

なく，孵化後（出産後）も親が子育てをする場合には，図5.2に対応するグラフの横軸は卵重ではなく，親がそれぞれの子に払う労力になる．1人の子を手塩にかけて育てるよりも，ある程度育てたら次の子を作り始めるだろう．このとき，子にとってはさらに親の世話を受けたほうが生存率が上がるだろう．このとき，早く次の子を作ろうとする親となお世話を受けようとする子の間に利害対立が生じる．これを親子間コンフリクト（親子の葛藤）という．

子供にとっても，兄弟姉妹は自分と同じ遺伝子を共有する血縁である．遺伝子を共有する確率（血縁度）は，両親を共有する同父母兄弟姉妹か片親だけを共有する異父母兄弟姉妹かによって異なり，それぞれ1/2と1/4である（図5.3）．いずれにしても，兄弟姉妹が生き残ることは，自分の遺伝子の複製を残すことにある程度貢献する．しかし，自分自身ほどではない．これに対して，親にとってはどの子も同じ血縁度である．程度の差こそあれ，親子には利害の葛藤がある．

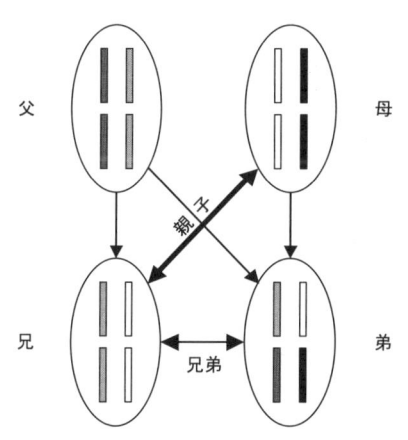

図5.3 親子の血縁度と兄弟姉妹の血縁度．2遺伝子座を用いて説明する．子（弟）は父（母）と同じ遺伝子を半分もっているから親子の血縁度は1/2である．弟は両親を共有する兄と同じ遺伝子をやはり半分ももっているから血縁度は1/2である．

5.5 同型配偶と異型配偶

卵は母親が作るが，卵のもつ核遺伝子は両親が等しく共有する．一部の生物

では，雌雄の配偶子がほぼ同じ大きさで受精卵を作る．この場合は，図5.2の最適卵重を両親で折半するのではなく，より小さな卵ができるかもしれない．なぜなら，後で説明するように，相手が$x^*/2$の配偶子を作るとしたら，自分はより小さな配偶子をたくさん作るほうがうまくいくからだ．父親と母親の適応度は，自分の作る配偶子の大きさだけでなく，相手が作る配偶子の大きさにも左右される．父親と母親は全体の利益を最大にするのではなく，それぞれ自分の利益を増やすよう配偶子の大きさを決めるだろう．このように，複数の主体が各自の利益の最大化を目指しつつ，各自の利益が自身の振る舞いだけでなく，相手の振る舞いにも左右される状況を，ゲームの状況という．互いに相手に自分の手を知らせずに自由に手を決める状況を非協力ゲームという．非協力ゲームの解は，**非協力解**または提唱者ジョン・ナッシュにちなんで**ナッシュ解**といい，補足5.4に示すようにして求められる．

非協力解は図5.4(a)に示すように，今度は原点からではなく，接合子重x^{**}の半分のところから引いた接線の足がx^{**}になるような答えを探さなければいけない．このとき，$x^{**}/2$は自分だけが配偶子の大きさを変えても自分が損をする大きさであり，接合子重x^{**}は図5.2で求めた最適な卵の大きさx^*より小さくなる．

図5.4(b)は，図5.2に示した最適卵重を2つの配偶子が接合した状態で実現したと考えたものである．本当は，このように，父も母も$x^*/2$の大きさの配偶子を作ったほうが，双方ともにより多くの子孫を残すことができる．けれども，一方の配偶子の大きさが$x^*/2$のとき，もう一方の配偶子の単位卵重量あたりの適応度は，横軸の$x^*/2$の点から黒丸に引いた破線の傾きである．最適ならば，図5.2のように生存率の曲線に接するはずであるが，より小さな配偶子をたくさん作り，より多くの相手と接合したほうが，次世代に残す子孫の数が多くなる．したがって，図5.4(a)の状態が非協力解になる．つまり，非協力解は互いに示しあわせて高い利益を得る状態ではなく，互いに抜け駆けできない状態である．単独で卵を作るより，共同で接合子を作るほうが，相手に出し抜かれないように小さな接合子を作る．これは，第6章で説明する共有地の悲劇と呼ばれる状況である．

このように，雌雄の配偶子の大きさ（と形）が等しい配偶様式を**同型配偶**と

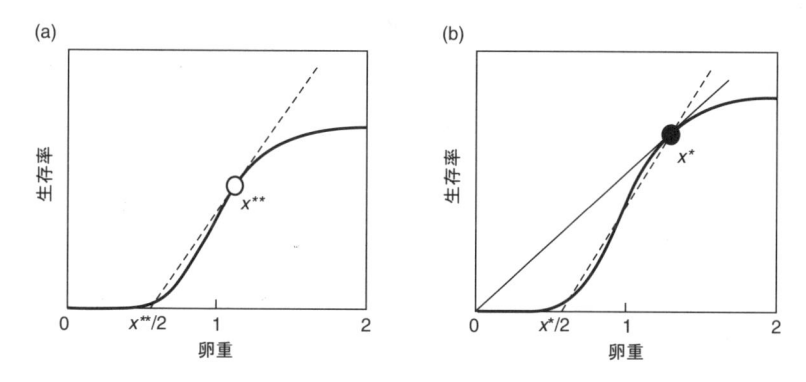

図 5.4 接合子を作るときの進化的に安定な配偶子の大きさ．(a) 非協力ゲームの解は ○ のようになり，このとき一方だけが配偶子の大きさを変えても損をする．(b) 一方が図 5.2 のようにして求めた最適な接合子重（●）の半分の配偶子を作ったとき，他方はより小さな配偶子をたくさん作ったほうがたくさんの子孫を残すことができる．本文および補足 5.4 を参照．

いう．同型配偶でも多くの場合は雄と雌の区別があり，同種の任意の他個体の配偶子と接合できるわけではない．これに対して，雌雄の配偶子の大きさが異なる配偶様式を**異型配偶**という．非協力解は同型配偶だけではない．一方が図 5.4(a) の x^* の大きさの配偶子をもち，他方がほとんど大きさをもたない配偶子をもつ異型配偶も非協力解であり，大小どちらの配偶子をもつ性も，自分だけが大きさを変えると適応度を下げてしまう．このとき，大きな配偶子を作るほうを**雌**，小さな配偶子を作るほうを**雄**という．雄の配偶子は核遺伝子をもって受精に必要な最低限の大きさにまで小さくなることが多い．このように極端に大きさが違う場合，雌性配偶子と雄性配偶子をそれぞれ（未受精）**卵**と**精子**といい，受精した接合子を**受精卵**という．

大きさが同じでも，海産の緑藻類や褐藻類には，明るさやある化学物質の濃度に応じて移動する性質（それぞれ**走光性**と**走化性**という）に差が見られるものがある．後者では一方の配偶子が特定の化学物質（**性フェロモン**）を出して走化性をもつ他方の配偶子を誘引する．異型配偶はほとんどの動植物で同型配偶から進化したと考えられている．図 5.4 のような資源配分のゲームを考えるなら，同型配偶が維持されるには，配偶子の大きさにより受精率に差が生じるような要因が必要である．また，緑藻類には少しだけ大きさの異なる 2 種類の

配偶子をもつ種も知られている（図5.5）．その理由はまだよくわかっていないが，生育場所によるらしい．潮間帯の比較的上部に棲む緑藻は同型配偶で両性ともに眼点をもつ．もう少し低いところに棲む緑藻はわずかに雌雄の配偶子の大きさが異なる．潮間帯下部に棲む緑藻は雌雄で大きさがはっきり異なる配偶子をもち，雌だけが眼点をもち，性フェロモンを分泌し，雄性配偶子はそれを感知して受精する．雄性配偶子は葉緑体などを失い，核遺伝子のみを子供に遺す．ここまでは水たまりのような，浅い場所で受精が生じる．干潮時にも冠水する潮下帯に棲む緑藻は，やはり精子が小さいが，眼点もフェロモンもなく，三次元の海水中を漂いながら受精するという．生態学には，未知の現象，未解明の謎がまだたくさん残されている．このような物理的な生育条件と異型配偶の度合い，走光性や走化性の関係すら，まだわかっていない．

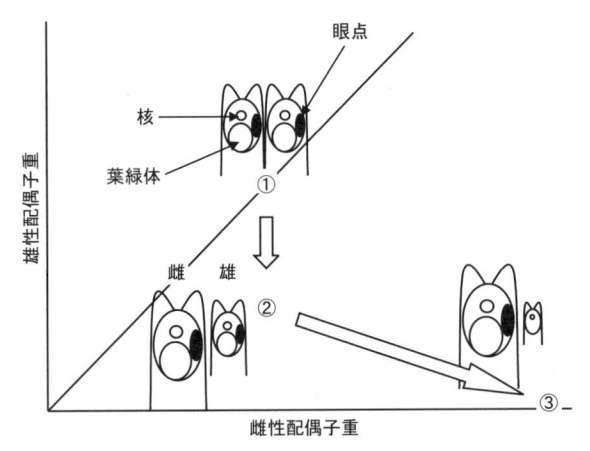

図5.5 緑藻類における雌雄の配偶子の大きさの種間変異（富樫辰巳氏の図を参考に作図）．①同型配偶から②少し大きさの異なる異型配偶を経て③明確な異型配偶が進化したと考えられている．極端な異型配偶では雌性配偶子に眼点がないものもある．

5.6 性差の起源と性淘汰

雄と雌の形態ないし行動における違い，すなわち**性差の生物学的起源**は，配偶子の数と大きさの差に由来すると考えられる．子供はすべて父親と母親を1個体ずつもつから，受精にかかわる精子と卵の数は等しい．したがって，雄と

雌が残す子孫の数をそれぞれ**繁殖成功**という．雌雄の繁殖成功は，平均値としては雌雄の比率の逆数に等しい．つまり，雌が雄の3倍いれば雄の繁殖成功は雌の1/3であり，雌が雄の半分しかいなければ雄の繁殖成功は雌の2倍である．けれども，雄の繁殖成功には，ふつう，雌よりもずっと大きな個体差がある．雌の繁殖成功は，母体の大きさと産卵数によってほぼ決まる．繁殖成功の個体差が数倍に広がることはなく，堅実で保守的である．雄は，精子の数が多いのだから，潜在的に多くの雌に受精させる可能性をもつ．大成功する雄がいれば，失敗する雄もいる．すなわち，より投機的な運命をたどる．そのため，配偶者（異性）を排他的に利用するための配偶縄張りを構え，それをめぐって激しい雄間闘争が生じたり，目立つ婚姻色を発して天敵に食べられる危険を冒して雌を引きつけたりする．すなわち，雄はその形質や行動により配偶相手の得やすさ（**配偶成功**）が異なる．配偶成功を高めるような遺伝形質は子孫を増やしやすいから，自然淘汰が働く．これを**性淘汰**という．性淘汰は，おもに雄の形質に働き，しばしば雄自身の生存率を下げる．そのため，教科書によっては性淘汰と自然淘汰を区別して説明することがあるが，広義の自然淘汰の1つと考えてもよい．

性淘汰には，雌をめぐって雄間で奪い合いが生じ，雄間闘争に有利な形質が選ばれる**同性内淘汰**と，雌がある形質の雄を好む（**配偶者選好**をもつ）ためにその形質をもつ雄が子孫を増やす**異性間淘汰**がある．

繰り返すが，雄の配偶成功の平均値は雌雄の個体数の比率で決まり，平均形質値によらない．つまり，雄のシカがみな長い角をもっていても，短い角をもっていても，配偶成功の平均値は変わらない．ほかの雄より長い角をもった雄の配偶成功が高い．このように，適応度が自分の形質だけによって決まるのではなく，他個体の形質にも左右される状況を，**頻度依存淘汰**という．性淘汰は，典型的な頻度依存淘汰の例である．

問 5.4　美しい孔雀の羽，大きなシカの角，シオマネキの大きなはさみは，性淘汰の例と考えられる．それぞれ同性内淘汰と異性間淘汰のどちらと考えられるか．

5.7 性比の理論

先ほど,配偶成功の平均値は雄と雌の個体数の比の逆数に一致すると述べた.多くの生物にとって,雌雄の個体数の比,すなわち**性比**は,個体群の重要な特徴の1つである.特に重要な性比は,受精したときもしくは出生時の性比であり,その後の死亡率の性差により,繁殖期の性比はこれと異なることがある.親にとってたいせつなのは出生時または子育てを終えたときの性比である.たとえばシカのようにハレムを作る一夫多妻の動物では,息子の死亡率が高く,あぶれた雄はいるものの,雄のほうが数が少ないので,雄成獣の配偶成功の平均値は雌成獣のそれより高い.しかし,その分成熟までの死亡率も雄のほうが高いので,息子を生むほうが多くの孫を残せるとは限らない.結局,出生時の個体数が少ないほうの性が,配偶成功が高くなる.

したがって,個体群中に雄が少ないときには雄を,雌が少ないときには雌をたくさん生む親は,(性淘汰に不利な雄を生むような傾向がなければ)多くの孫を残すことができると期待できる.雄を生みやすい形質や雌を生みやすい形質が遺伝するなら,性比には頻度依存淘汰がかかる.そして,個体群中の一次性比はおよそ1:1に近づくと考えられる(補足5.5).

図5.6に模式的に示したように,性比がそれ以上のときは平均性比は減る方向に変化し,性比がそれ以下のときは増える方向に変化する.したがって,平均性比0.5は平均形質値の世代変化に対して安定である.このような平衡状態

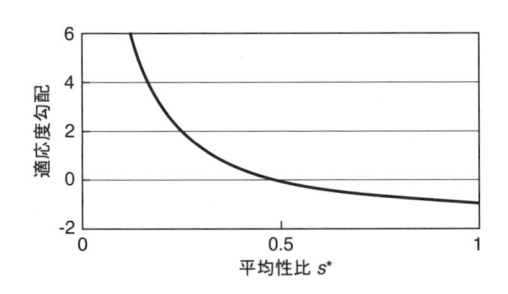

図5.6 平均性比 s^* と適応度勾配(平均形質値より少しだけ大きな形質値をもつ個体の適応度と平均形質値をもつ個体の適応度の差.これが正なら形質値は平均値より大きなほうが有利であり,負なら小さなほうが有利である)の関係.平均性比 s^* が0.5のときに勾配が0となり,進化的に安定となる.

または生き方（戦略）を，進化的に安定な状態（または進化的に安定な戦略）といい，ESS と略記される．

異型配偶の生物では，性比は雌に偏るほど個体数増加率が高いことに注意すべきである．家畜や家禽を育てるときには，雌を多く育てるのがふつうである．すなわち個体群全体が繁栄する生き方が進化するという群淘汰説では雌が多くなるはずだが，実際には，ほとんどの動植物で，受精時または出生時の雌雄の比率はおおよそ 1 : 1 である．これは，個体群全体の増加率を犠牲にしても，自分の子孫を増やす形質が進化するという個体淘汰説が正しいことを示している．

問 5.5　上記で説明していないが，実効性比という概念がある．これについて説明せよ．

問 5.6　子の性比が集団の性比に影響して変わることができるのは，父体または母体が集団の性比を認識した上で，子の性比が決定されることになる．その認識の機構はどうなっているのか？

問 5.7　性比は夫婦によって有意に違い，全体の性比は二項分布から有意にずれている．つまり，息子ができやすい夫婦と，娘ができやすい夫婦がいる．さて，社会全体が男子を望み，たとえば (1) 男子ができれば次の子を作らない，(2) 男子ができるまでか 3 人まで子供を生み続けるという 2 つの規則を全夫婦が取ったとき，集団の性比はどちらが多くなるか？

5.8　雌雄同体と性転換

ただし，親によって子供の将来性に差があるときには，全体としては性比が 1 : 1 でも，自らの表現型により性比を変えることがある．このように，表現型の制約によって生き方を変えることを**条件戦略**という．たとえばニホンジカは一夫多妻制のハレムを作るが，母親にも順位があり，順位の高い母から生まれた息子はハレムの主になる確率が高い．そのため，順位の高い母は息子を多く生み，順位の低い母は娘を多く生むことが知られている．

また，個体群内の個体が均一に混ざり合うことなく，兄弟姉妹が同じ場所にとどまる傾向にあるときには，性比が 1 : 1 からずれる傾向にある．特に，受

精卵（二倍体）が雌，未受精卵（半数体）が雄になるハチ目では，母親が自由に性比を調節できると考えられ，ミツバチのように雌が働きバチ（不妊虫）になる真社会性昆虫では雌を多く生む．寄生バチのように同じ寄主から羽化した個体どうしでつがいを作るときには，兄弟間で雌をめぐって競争することになり，雄を減らして雌を多く生むほうが適応度が高くなる．これを**局所的配偶競争**という．逆に娘が親のそばにとどまり，息子が分散する生物では，姉妹間で住処をめぐって競争することになり，雌を減らして雄を多く生むほうが適応度が高くなる．これを**局所的資源競争**という．

　動物でも植物でも，雌と雄の機能を1つの個体でもつ種と，別の個体が担う種がある．前者を**雌雄同体**（植物では**雌雄同株**），後者を**雌雄異体**（**雌雄異株**）という．種子植物の雌雄同株には，1つの花に雌しべと雄しべをもつ**両性花**と，1つの株に雄花と雌花をつける雌雄異花同株がある．さらに，両性花と雄花または雌花を1つの株につけることもあり，複雑である．これらの性表現の多様性は，動植物を問わずさまざまな系統に見られ，繰り返し進化してきたと考えられている．

　陸生巻貝やサンゴ類など，固着性の動物には雌雄同体が多い．これは，個体数密度が低いとき，雌雄異体なら，せっかく出会った個体が同性だったら交配できない．けれども，雌雄同体なら必ず交配できるためだと考えられている．植物の両性花は費用の節約と考えられている．虫媒花のように動物に花粉を運んでもらう場合，花や蜜などを動物に提供する．両性花であれば，昆虫が訪れたときに雌しべは他の花の花粉を受け取り，同時に雄しべは花粉を他の花に運んでもらうことができる．

　また，両性花でも，雌しべと雄しべが熟す時期が異なることがある．先に雌しべが熟すことを**雌性先熟**，先に雄しべが熟すことを**雄性先熟**という．これは，自家受粉を避けるための仕組みと考えられている．個体として，最初に雄花をつけ，後に雌花をつける（またはその逆の）個体もある．これを**性転換**という．動物でも，同時に雌雄両方の機能をもつ同時雌雄同体のほかに，雌から雄または雄から雌へ性転換する生物がいる．これは，個体の大きさとともに雌雄どちらの配偶成功が大きいかが変わるためと考えられている（図5.7）．魚類ではクマノミ類（スズメダイ科），コチ科，クロダイ類などが雄性先熟，ベラ

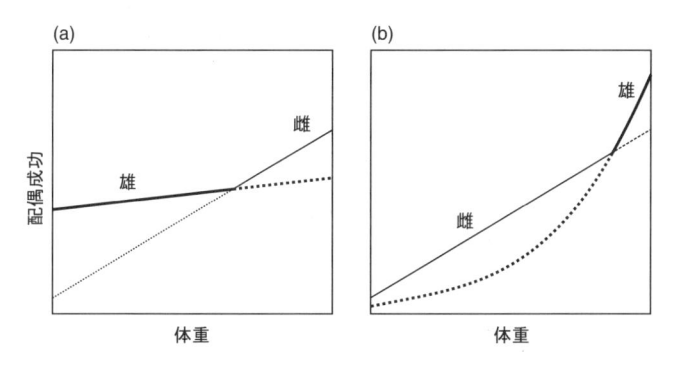

図 5.7 雌性先熟と雄性先熟の性転換を説明する模式図．体長とともに配偶成功が上がるが，雌の配偶成功（細い実線と点線）がほぼ体重に比例するのに対し，雄の配偶成功（太い実線と点線）は，(a) 大きさにあまり左右されないか，(b) 雄が配偶縄張りをもつ場合などには体が大きくなると急に増える．前者では小型のときは雄，大型になると雌であるほうが配偶成功が高くなり，実線に沿って雄から雌への性転換が起こる．後者では逆に雌から雄への性転換が起こる．いずれにしても，雄の配偶成功は集団中の性比およびほかの雄の体長組成に左右される頻度依存淘汰がかかっている．

科，ブダイ科，ハタ科など縄張りをもつ魚類が雌性先熟である．後者の場合，周囲で最も大型の個体が雄になる．ただし，いったん雌から雄に性転換した後，より大きな個体が現れると再び雌に戻ることがあり，機能的には双方向に性転換が可能である．

問 5.8 多くの動物では雌より雄が美しい．その進化的理由を述べよ．

問 5.9 日本人の出生時性比は 21：20 と少し男が多い．その進化的理由を考えよ．

問 5.10 多くのカタツムリは雌雄同体である．その進化的理由を考えよ．

問 5.11 図 5.7 の説明を読むと，すべての生物が性転換してもよさそうに思える．しかし，性転換しない生物のほうが多いだろう．雌雄で体重別の配偶成功が異なるのに性転換しない生物がいるのはなぜだろうか？

問 5.12 性転換する生物で，体長以外に配偶成功に影響する要素は存在しないのか？

5.9 移動と分散

　イワナはサケ科の魚で，一生を河川で過ごす．ところが，イワナの中には孵化した後に海に下って成長し，成熟すると川に戻って産卵する個体も知られている．前者を河川型，後者の生活史を遡河回遊という．海に下るイワナをアメマスという．つまり，イワナは1つの種内に2つの生活史をもつ二型がある．他方，ウナギは海で孵化し，川に上って成長し，再び海に下って産卵する．このような生活史を降河回遊という．ただし，ウナギにも生活史の二型があり，川に上らず一生海で育つ個体がいるといわれる．その場合でも，産卵場所は深海で，育つ場所は河口や浅い沿岸域と考えられ，移動している．

　このように，一生同じ場所で過ごすのではなく，生活史の諸段階で移動し，毎世代繰り返すことを回遊または渡りという．英語はともに移動や移住を意味する migration で，おもに回遊は魚類，渡りは鳥類の移動を指す．特に，海と川の間の（魚類などの）回遊を通し回遊という．移動は棲みやすい生息場所が生活史の段階ごとに異なるために生じると考えられる．北半球の高緯度域に棲むサケマス類にとって，河川よりも海域のほうが一次生産力が高く，海に下った個体のほうがずっと大きくなる．低緯度域では逆に河川の一次生産力が高く，ウナギのように降河回遊が多いという．

　渡り鳥や通し回遊魚では，移動した後に比較的正確に生まれた場所へ戻る性質がある．これを帰巣性，遡河性回遊魚の場合は特に母川回帰という（帰巣性は移動だけでなく，アリが巣に戻るように，動物が遠く離れた棲み場所や繁殖場所に正確に戻ってくる能力を意味する）．生まれた場所または育った場所に正確に戻る生理的仕組みは諸説あり，まだよくわかっていないが，渡り鳥の場合は地磁気を利用していると考えられている．

　渡り鳥は生活史段階でなく，毎年，繁殖期と越冬期で緯度を変える季節移動である．哺乳類でも，雨季と乾季，あるいは夏と冬に季節移動する草食獣がいる．魚類でも，マイワシは春から夏にかけて暖水域で産卵し，秋から冬にかけて寒流域で成長する季節回遊を行う．ただし，すべてのマイワシが季節回遊するわけではなく，暖流域の内湾や沿岸域で周年過ごす個体もいる．おそらく，暖流域でも沿岸域は一次生産が高く，餌である動物プランクトンが豊富にある

のだろう．ただし，面積が狭く，個体数が増えると餌不足になり，沖合いに出て季節回遊を行うようになると考えられる．ただし，毎年同じ産卵場に戻るとは限らない．日本海で放流したマイワシが翌年太平洋側で再捕されたという報告もある．

通し回遊や季節移動が目的地がある程度定まっていて，1年後に同じ場所に戻ってくることが期待される移動であるのに対し，どこでもよいから新天地に分散することもある．生態学においては，移動と分散は，これら両者を明確に区別する概念として使われている．

せっかく子供をたくさん残すことができても，親と同じ場所にとどまっていると，兄弟姉妹間で資源をめぐる競争が生じ，子供の死亡率が上がる．それならば，子供の一部は他の場所に分散したほうが，多くの子孫を残すことができる．また，分散は近親交配を避ける効果がある．親が成功した場所は，新天地より成功する確率が高いだろうから，一部の子供は地元に残し，残りの子供は分散する．子供をあまり残せない親は，それでも地元のほうが新天地より成功する確率が高ければ，子を分散させないだろう．これらの状況は3.4節の空間構造のある個体群動態で説明した．植物の種子や胞子のほとんどは，受動的に分散し，その中のごく一部だけが新天地で定着することができる．

現実には，移動と分散の中間的な状況もかなりある．エゾシカは夏（繁殖季）と冬（越冬季）で季節移動するが，繁殖季にいる場所は毎年あまり変わらないのに対し，越冬場所は年々変わり，定まっていないという．またマイワシ北西太平洋個体群（日本近海の太平洋側の個体群）が最高水準に達した1990年ごろには，黒潮の南側にまで産卵場が拡大した．そこで生まれた仔魚ははるか沖合いに運ばれ，戻ってこれなかったかもしれない．カタクチイワシやサンマは，高水準期にははるか沖合いまで「分散」している．カタクチイワシは米国西海岸の「個体群」と遺伝的に有意な差がなく，頻繁に分散していることが示唆されている．他方，カリフォルニアマイワシは日本のマイワシと遺伝的に異なり，別種または別の亜種とみなされている．

■問5.13 アメマスは海に下ったときなぜイワナより大きくなるのか？

5.10 一回繁殖と多回繁殖

通し回遊を行う魚類の中には，サクラマスやサツキマスのように生涯に一度だけ繁殖し，繁殖後に死ぬものがいる．これを**一回繁殖**という．ところが，これら2種にはイワナと同じく種内変異があり，残留型がいる．それぞれヤマメとアマゴといい，これらは毎年繁殖する．これを**多回繁殖**という．このように，サクラマスやサツキマスの生活史の二型は成長場所の違いだけでなく，繁殖回数も異なる（図5.8）．これは遺伝的多型ではなく，仔魚期の体長によって海に下るか川にとどまるかが決まる条件戦略である．

図5.8 サクラマス（右の大型個体，雌）とヤマメ（左上の2個体，雄）は同じ種である（写真：森田健太郎氏）．前者は降河回遊・一回繁殖であり，後者は残留して多回繁殖する．

第2章で説明したように，多回繁殖する生物にも，成熟後はほとんど体長の成長をとめる**限定成長**と，成熟後も成長し続ける**無限成長**をするものがいる（体重は，たとえ体長の伸びが止まった後でも季節変化する）．ほとんど多くの無脊椎動物と魚類は無限成長する．ただし，カラフトマスやスルメイカやマダコのように一回繁殖の種も知られている．カラフトマスにはサクラマスのような多回繁殖の種内変異がなく，同じ川に上る偶数年生まれと奇数年生まれは遺伝的にも隔離が進んだ別の個体群とみなされる．けれども，その近縁種あるい

は先ほど述べたように同種でも多回繁殖をとるものがいて，生活史は系統分類学的に固定したものではない．ほとんどの多年生植物も無限生長するが，タケのようにふだんは**栄養繁殖**し，数十年ある1世代に一度，**一斉開花**して結実するものもある．1年生や2年生の植物は，一回繁殖である．

多回繁殖は，**両掛け戦略**の1つと考えられている．一回繁殖では，生んだ年の環境が悪ければ，子供が全滅してしまう．ところが，1歳と2歳のときに半分ずつ子供を作ると，環境のばらつきが減り，子孫を多く残しやすくなる（図5.9の単一区域一回一斉繁殖と二回繁殖を比べてみよ）．このように，両掛け戦略は複数の環境に分けて子供を残すことにより，生存率や繁殖率の変動を緩和し，平均して多くの子供を残しやすくする戦略である．変動を緩和するとなぜ平均値が上がるかといえば，個体数の長期的な増加率は適応度の幾何平均で決まるのに対し，両掛け戦略では増加率が適応度の代数平均に近づくからである（幾何平均と代数平均については補足5.7参照）．ただし，もともと個体数が増加傾向にあるときには，世代時間を延ばす分だけ増加率が鈍る．また，親が2歳まで生き残る生存率が1より低ければ，生涯に残す子供の数が減る分だけ増加率が減る．多回繁殖は，環境が変動しないときにはそれだけ費用のかかる戦略である．

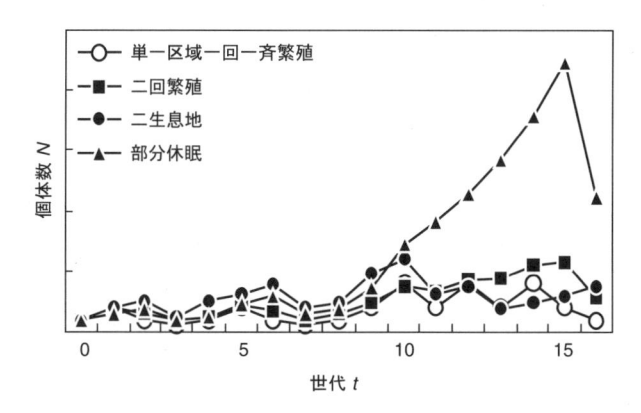

図5.9 環境が変動するときの個体数変動モデルの一例．単一区域一回一斉繁殖は毎年個体数が2倍か半分になることを繰り返し，二回繁殖は1歳と2歳で半分ずつ子供を作り，二生息地とは子供を2つの生息地に分け，部分休眠とは種子の半分を休眠させて翌年発芽させた場合の結果．いずれの両掛け戦略も個体数が増えやすくなる．本文ならびに補足5.8を参照．

また，環境が独立に変動する2つの生育地に分けて子供を作ってもよい．さらに，種子をその年に半分だけ発芽させて，残りを翌年発芽させてもよい．これを部分休眠という．つまり，一回繁殖の1年生植物でも，種子を休眠させることによって，両掛け戦略は可能である．洪水の後にできた氾濫原や山火事の後の草原に生える徘徊性の植物は，土壌中に大量の種子を長い間休眠させていて，機会がめぐってきたときに発芽する．このような土壌中に休眠した大量の種子を埋土種子集団という．

> 問5.14　補足5.8の数理モデルで乱数を引き直すと，いつも両掛けが数を増やすとは限らない．また，親の生存率を1より小さくすると二回繁殖が不利になる試行例が増える．それぞれの場合で，部分休眠の場合のほうが個体数が多くなる頻度はどれくらいか確かめよ．
>
> 問5.15　両掛け戦略であげられた植物における種子の休眠の例だが，環境のよい年だけ種子を発芽させればさらに適応が高いと思われるが，そういう例はあるだろうか？

5.11　縄張り争いと儀式化

　第2章で述べたように，資源が有限であるとき，消費者の間で競争が生じる．第3章で説明した理想自由分布とは異なり，直接相手を排除する場合もある．縄張りを守るためには闘争することがある．けれども，それほど攻撃的にならずに，ちょっとしたにらみあいや威嚇で済む闘争もある．これはなぜだろうか．
　縄張りを守るには費用や危険が伴う．防衛している間は餌を食べることができないかもしれない．相手が必死で攻撃してくれば，防衛は生命の危険すら伴うかもしれない．防衛する価値と失う費用を比べれば，必死で縄張りを守るのが得とは限らない．「友好的」に振る舞うほうが得な場合もある．そのことを示すのには，5.6節で紹介したゲーム理論が役に立つ．
　ゲームの理論を提唱した1人は，現在の電子計算機の基本設計を考えたジョン・フォン・ノイマンである．ある人の利益は，その人の振る舞いだけでなく，つきあう相手の振る舞いにも左右される．彼らはそれぞれの自分の利益を追い

求める．その結果，協力して双方得になる場合もあれば，抜け駆けして相手を大損させることもある．社会全体の利益の最大化ではなく，それぞれの利益を追い求める理論が，ゲーム理論である．

　この理論は1950年代に経済学の理論として誕生したが，1970年代に生態学に応用された．生物の振る舞いは，人間の経済行動とは異なり，遺伝子がつかさどる形質（表現型）に基づいていて，経済学とは異なる独自の発展を遂げた．

　生物間のゲームは，同種個体どうしで行うものと，異種の個体どうしで行うものが考えられる．後者の場合，それぞれの振る舞いが変わっていくということは，複数の種が互いに生存や繁殖に影響を及ぼしあいながら共進化することを意味する．捕食者と被食者，寄生者と宿主の共進化においては，一方の種の適応的な進化が他方の種の対抗的な進化を引き起こす．餌生物は隠蔽色や毒素で被食を逃れようとし，捕食者は高度な視力や解毒能力を進化させる．これを「軍拡競走」という．生態学では「競争」は competition の訳語であり，race とは区別して，こう書き表すことがある．

　自然淘汰説によれば，生物はより多くの子孫を残す適応的な形質が進化する．協力関係とは，自分の繁殖上の利益だけではなく，つきあう相手の利益も計る間柄であり，適応進化の考えと矛盾するように見える．以前は，種全体の繁栄に有効（群淘汰）だとする説があったが，現在はあくまでも，他者より自分の子孫を増やすのに効果的な形質が進化する（個体淘汰）と考えられている．

　個体淘汰は，共生関係をも説明する．生物どうしの関係は，ほとんどの場合，決定的に対立しているわけではない．縄張り争いでは，勝者が敗者を殺すことなく，一定の規則に則って比較的平和的に勝負が決まる場合が多い．実際に闘わず，にらみあいだけで終わる場合もある．肉食のライオンは共同で狩りをし，獲物を分配するという．クジラでは，傷ついた相手を溺れぬように助ける行動が同種内のみならず，異種間でもよく見られるという．ドグエラヒヒはあぶれ雄が結託して他の雄の支配する群れを乗っ取ることがあるという．小鳥の群れは，交替で首を挙げて天敵を監視しながら餌をとる．鳥には他人の子育てを手伝う種も多い．ある個体の行動がその個体自身の適応度を下げて受け手のそれを上げるとき，それを利他行動という．働きバチなど血縁淘汰と呼ばれるものでは，送り手が自分の直系の子孫の数の期待値を減らすが受け手が血縁個体で

あるために，血縁者の子孫も含めれば有利になる．アリ類，シロアリ類や一部のハチ類などは，働きアリのように両親以外に子育てをする個体が妹や弟を育てるなど巣（コロニー）内で世代が重複し，それらが自らは子供を生まない不妊虫となり兵隊アリや餌を集めるものなど分業を行っている．このように共同育仔，世代重複，個体間分業が確立したものを真社会性という．シロアリ類は二倍体だがハチ類やアリ類は未受精卵が雄になる半倍数性であり，姉妹が父親の遺伝子を必ず共有するために姉妹間の血縁度が 3/4 と，母子間より高くなる．そのため，子供よりも妹を育てる不妊虫をもつ真社会性が進化しやすかったのだと考えられている．このように，真社会性は自分の子孫の残しやすさを損なう「利他行動」だが，自分の血縁を増やし，相互協力行動は個体適応度を下げる行為とはいえない．情けは他人のためならずというが，相互協力は結局は自分の利益になる「功利主義」に適う行動である．

　生物の進化は，目前の相手と適応度（子孫の数の期待値）を直接比べるのではない．集団全体の平均値より得か損かが重要だと考えられている．他人の儲けた分だけ必ず自分が損するゲームを，ゼロ和ゲームという．ゼロ和ゲームなら，協力関係は説明できない．しかし，つきあいは両者の振る舞いによって，双方とも得したり，損することがありうる．表 5.2 は，すべてそのような非ゼロ和ゲームの例である．表 5.2(a) は，縄張り争いを説明するタカハトゲームの利得表である．各個体のとれる手段は，どちらかが傷つくまで争う（タカ派）か，相手がタカ派なら無理せず撤退する（ハト派）かどちらかとする．ハト派どうしなら勝率は半々とする．勝ったときの利益が V，争って傷つくコストを C とする．タカ派どうしなら勝者は V の利益を得るが敗者は C の損失を被り，勝率五分五分なら利得の期待値は $(V-C)/2$ である．タカ派とハト派が遭遇すると，ハト派はタカ派に闘わずして V の利益を譲る代わり，どちらも傷つくこともない（ハト派の利得 0）．

　C が 0 でないために非ゼロ和ゲームとなり，双方の得点の合計は，双方の出方によって一定でなくなる．$C < V$ ならば，相手がハト派なら自分はタカ派のほうが得で $(V > V/2)$，相手がタカ派でもやはりタカ派のほうが有利である $((V-C)/2 > 0)$．これは，表 5.2(b) にある「囚人のジレンマ」と呼ばれるゲームの状態である（ただし表 5.2 の説明にある $2R > T+S$ は不等号でなく，等

表 5.2　3 種類の非ゼロ和ゲームの利得表（各欄は自分の利得を表す）

(a) タカハトゲーム ($V < C$)

自分＼相手	タカ派 H	ハト派 D
タカ派 H	$(V-C)/2$	V
ハト派 D	0	$V/2$

(b) 囚人のジレンマ ($T > R > P > S$, $2R > T+S$)

自分＼相手	裏切り D	協力 C
裏切り D	$P(1)$	$T(5)$
協力 C	$S(0)$	$R(3)$

号になる）．

　$V < C$ ならば，相手がタカ派なら自分がタカ派となって怪我をする危険を冒すより，ハト派となって縄張りを譲ったほうがましである．ゲーム理論では，これを弱虫 (chicken) ゲームという．このとき，タカ派とハト派が V/C 対 $(1-V/C)$ の比率でいる状態で均衡する．均衡比よりタカ派が少ないときはタカ派が，多いときはハト派が有利になる．戦略の違う突然変異が生じても適応度が低く，変異体の子孫が増えない．このような均衡状態を，進化的に安定な状態 (ESS) という．ESS とは，突然変異が生じてもその子孫が増えることがなく，生物の振る舞いが世代を通じて変わらないことを意味する．

　両者の利益の合計が最大になるのは，双方ハト派のときである．しかし，ESS は $V > C$ ならすべてタカ派，$V < C$ でもタカ派が残る．すなわち全体の利益を高める群淘汰と ESS を実現する個体淘汰は違う予測をする．また，タカ派とハト派が対すればその場限りではタカ派が得である．タカ派どうしだと大損するために共存状態で均衡している．生物は闘うことなく縄張りを譲ることがある．タカハトゲームは，つきあう相手と損得を比べるべきではないという，非ゼロ和ゲームの好例である．

　V が C より大きい場合には，表 5.2(b) に示した状態になる．相手がタカ派（裏切り）のとき，自分はハト派（協力）よりタカ派のほうが得になる．相手がハト派でも，自分がタカ派のほうが得である．このゲームを「囚人のジレンマ」と呼ぶ．共犯者が逮捕されたとき，ともに黙秘（共犯者に協力）すると証拠不

十分で微罪になり，自白（裏切り＝警察に対しては協力というべきだが）すると司法取り引きによって無罪になり，自分は黙秘して相手が自白すると殺人罪になるような場合である．

　この場合には，1回きりのゲームなら，前段落で述べたように，相手の出方によらず裏切りが有利になる．しかし，相手に協力する行動が，ある条件の下で有利になることがある．その条件とは，同じ相手と何度もつきあいを繰り返すことである．餌を分けあう状況は多くの哺乳類に見られる．その際，餌をとった個体が他の個体に餌を分けることはその場かぎりでは損だが，長いつきあいの中で互いに助けあうことができれば，両者とも得になる．同じ相手と何度もゲームを繰り返すことを，反復ゲームという．

　自分の手を変えれば相手の以後の方針も変わる．前回裏切ったら次回仕返しされてこちらも損をすることがある．このように，1回限りのつきあいでは損をするが，つきあいを繰り返すことにより淘汰の上で有利になり，双方とも得になる行動を互恵主義という．後述のしっぺ返しと同じようでも，初回裏切って2回目以降に前回の相手の手を真似するのは，協力関係を実現しづらい．

　反復囚人のジレンマゲームにおいて，ESSの条件を満たす戦略は，2つに大別される．1つは全面裏切りである．集団全員が全面裏切りなら，少しでも協力する戦略は必ず損をする．もう1つは互恵主義である．その典型的な戦略は，「しっぺ返し」と呼ばれ，初回は協力し，2回目以降は前回相手が協力した後は協力し，裏切られた後は裏切り返すというものである．互恵主義が進化的に安定になるには，こちらが先に裏切ることはなく（上品さ），相手が裏切ればある一定の確率で仕返しをする．相手だけに際限なく裏切らせてはいけない（報復権）．これら2つの性質をもつことが，ESSの必要条件である．

　ただし，相互協力行動の集団に全面協力などの戦略が出現しても，両者互いに協力しあうだけだから区別がつかない．実際には，互恵主義と全面協力の差は，上品でない第三の戦略が出現したときに露呈する．報復を等価報復に徹したのがしっぺ返し戦略である．行き違いがなければ，報復は等価以上に厳しくしても，ある程度それ以下にとどめてもよい．寛容にすぎると，裏切り者が得をする．厳しすぎると，行き違いでいったん裏切りが発生したとき，よりを戻すことができなくなる．つきあいが長続きするほど，報復は限定的でもよい．

これらの戦略のうちどの戦略が最も優秀かが問題だが，その答えは相手の戦略にも左右される．つまり，相手が全面裏切りなら，1回でも協力するしっぺ返しは損である．相手が互恵的な戦略なら，裏切りは相手の協力を引き出せない．1つ，ユニークな論法がある．戦略を計算機プログラムの形で公募し，集まったプログラムどうしでゲームの選手権を開き，最も好成績を収めた戦略を探した．論理的には，どの戦略が最高得点を得るかは，集まった戦略に左右される．端的には，互恵主義と無条件協力と裏切り志向の戦略の頻度による．けれども，結果としてはしっぺ返しが二度の選手権でともに最高得点を得て，これがしっぺ返しの有効性を示す有力な根拠となった．

　このような解の求め方は，環境問題などで行う意見提出手続き（パブリックコメント）のようなものである．応募されたプログラムどうしで選手権を行ってどんな戦略が有効か調べた結果，互恵的な戦略は軒並み好成績だったが，上品でない戦略は皆成績が悪かった．さらに上品さと報復権に加え，報復を限定する寛容さを備えた戦略が，協力関係を築きやすく好成績であった．

　非血縁個体間のつきあいにおいて，無用な争いを避け，非ゼロ和ゲームで高い利得をあげるには，いくつかの秘訣がある．まず，自分の利得を相手のそれと比較しないことだ．実は，しっぺ返しはつきあう相手より高得点になることはありえない．相手に花をもたせて自分の得点も増やしている．しっぺ返しを凹ませる戦略は，自分自身の得点が少ない．次に，相手がむやみに自分を苦しめることを心配せずに，相手も相手自身の利益を高めようとしていることを理解すべきである．第三に，報復する余地を残すため，つきあいの終わりをはっきりさせるべきではない．第四に，誰かに裏切られた場合，報復する相手を間違えてはならない．第五に，自分が全面協力ではなく，互恵主義者であることを相手に表明すべきである．ゼロ和ゲームと違って，相手に自分の戦略を教えることは必ずしも損ではない．むしろ，互恵主義とわかれば相手も裏切らなくなるだろう．そして最後に，報復は控えめに行うべきである．相手が再び協力してきたら，長く根にもたず協力し直すべきである．さもなければ，些細な誤解やでき心から裏切りが生じたとき，報復が報復を呼び，貴重な協力関係がだいなしになる．

　こうしたことは，処世術として，ある程度誰もが考えていることと思う．進

化ゲーム理論は，このことを説明する数学的道具であり，行動学の現象に応用されて発展してきたのである．

5.12 有性生殖

異型配偶の説明では，雄と雌が接合することを前提とした上で，配偶子の大きさになぜ差ができるかを議論した．では，有性生殖はどのようにして進化し，どのように維持されているのか．これは進化生態学における最大の，しかも未解決の難問の1つである．答えが単純でないのは，動植物問わず多くの分類群において無性生殖も存在するからである．

有性生殖とは，減数分裂によって作られた半数体の配偶子が接合する繁殖様式である．有性生殖では両親のいずれとも異なる遺伝組成をもつ子供を作ることができる．けれども，子供の数は無性生殖より少ない．ほとんどの種で異型配偶が進化するため，雄の精子はほとんど受精に結びつかず，接合子（受精卵）はほとんど雌の生む卵子の体積と変わらない．

仮に，1雌あたり10個体の子を残す能力があるとする．有性生殖ならその半数は雄であり，5個体の雌が25個体の雌の孫を作る．ところが，無性生殖なら10個体の子すべてが子を残すことができ，孫は100個体になる．1世代あたり，無性生殖の個体数増加率は有性生殖の2倍である．これを，**有性生殖の2倍のコスト**（または減数分裂の2倍のコスト）という．

それでは，この世代あたり2倍のコストを上回る有性生殖の淘汰上の利益は何か．以下の4つの仮説を順を追って説明する．

① 組換えが起こることによって適応進化を加速させる効果

3つの遺伝子座A，B，Cを考える．それぞれ2つの対立遺伝子Aとa，Bとb，Cとcがあって，大文字の対立遺伝子の方が適応度が高いとする．はじめabcという遺伝子型からなる個体ばかりからなる集団を考える．無性生殖によって最も適応的なABCという遺伝子型ができるまでの道のりを考えてみよう．突然変異によってAbc，aBc，abCができたとき，これらは互いに競争し，たとえばAbcからさらに突然変異によってAbCができ，さらに突然変異

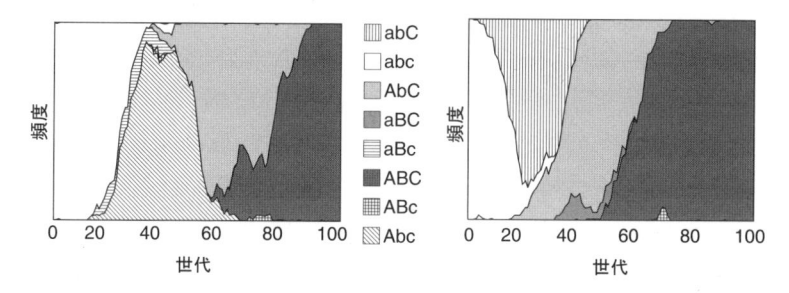

図5.10 無性生殖(左)と有性生殖(右)で,3つの遺伝子座にある対立遺伝子 abc が適応的な対立遺伝子 ABC に置き換わっていく数理モデルの計算機実験の一例.無性生殖では Abc, aBc, abC のうちどれか1つが優勢になってほかの2つは駆逐され,残った Abc から改めて突然変異によって AbC が出現して優勢になり,そののち ABC に置き換わっている.有性生殖では Abc と abC ができたあと,その組換えにより無性生殖より早く AbC と aBC ができ,さらに組換えにより ABC が出現する.

によって ABC ができなければいけない.有性生殖では,Abc, aBc, abC ができた時点で組換えが起こり,Abc と aBc が交配すれば,それ以上の突然変異が生じなくても ABc ができる.このように,複数の突然変異が集団中のどこに生じても,有性生殖ならば組換えによってそれを兼ね備える個体が生じる可能性がある.その結果,有性生殖のほうが適応進化を早めることができる.環境変化により集団が絶滅の危機に瀕したとき,有性生殖のほうが早くその危機を脱する遺伝子型を作り出すことができるだろう(図5.10).

② 有害遺伝子の蓄積を防ぐ効果

有害な遺伝子は適応度が低いので,集団中に広まらないと考えられるが,個体数が有限で適応度がそれほど低くない(**弱有害遺伝子**)ならばそうとも限らない.各対立遺伝子の遺伝子頻度は,それぞれの対立遺伝子の適応度への寄与により変化する.ただし,**遺伝的浮動**という偶然性によっても増減する.遺伝的浮動は個体数が無限大なら無視できるが,個体数が少ないときには無視できない.また,環境が変動して各対立遺伝子の適応度自身が変化することも考えられる.

対立遺伝子の遺伝子頻度の変化は,補足5.9に説明した数理モデルによって表される.遺伝的浮動を考慮すると,図5.11のようになる.突然変異率が十分

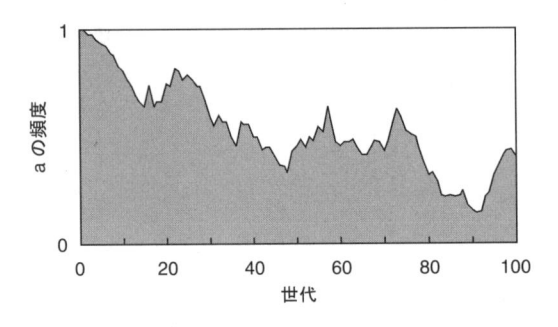

図 5.11 2 対立遺伝子 A と a の遺伝子頻度の世代変化の計算機実験の一例. a と A の適応度はそれぞれ $1-s$ と 1 とし, 変異率は 0.01, 半数体集団の個体数を 100 と仮定した. s は有利な対立遺伝子と不利な対立遺伝子の相対適応度の差を表し, 淘汰値という. はじめ a だけだった集団が 80 世代で A に置き換わっている (補足 5.9 参照).

低く, 個体数が少ないと, 適応度が高い対立遺伝子に置き換わるとは限らない. 個体数と淘汰値の積が 1 未満, つまり $Ns < 1$ のとき, 遺伝的浮動の影響でどちらの対立遺伝子が残るかは偶然に左右される. 淘汰値が個体数の逆数より少ないとき, 実質的に対立遺伝子は淘汰のうえで中立と考えられる. 酵素のアミノ酸配列や DNA 配列が系統間で微妙に異なるのは, 淘汰の上でほぼ中立であるためと考えられている. これを分子進化の中立説という.

このように, 適応度がわずかに低い弱有害遺伝子がいったん固定すると, 集団の適応度が下がる. 有害な変異が生じる突然変異率に比べて, 有利な変異は生じにくいと考えられるので, 弱有害遺伝子への置換はほぼ不可逆的な適応度の低下とみなしえる. 無性生殖する生物ではこのような低下が繰り返し生じ, 個体群の適応度がどんどん低下するかもしれない. けれども, 有性生殖する生物では, 弱有害遺伝子が組換えにより同じ個体に乗ると, 適応度が大きく下がって子孫を残せない. そのため, 無性生殖する生物に比べて弱有害遺伝子が蓄積しづらくなるという.

③ おびただしく多様な環境に適応する効果

生物が生きていく環境は, 生物以上に多様かもしれない. ある 1 つの環境に適した表現型だけを子孫に伝えていては, 別の環境では成功することができない. 常に多様な表現型の子を残しておけば, 誰かが生き残ることができるだろ

う．したがって，有性生殖は環境変動に対する適応であると考えられる．

④　赤の女王仮説

　けれども，有性生殖は未知の環境に適応する可能性とともに，既存の環境に適した表現型を崩してしまう損失もある．無作為な環境変動に対処するだけでは，十分に有利とはいえない．本当に環境は無作為に変動するのだろうか？ そうではなくて，明らかに既存の表現型に不利で，新しいものに有利な変動がある．それは伝染病への適応である．宿主は病原体から自己を守る何らかの免疫能力をもっている．しかし，既存の病原体への防御は，必ずしも新たな病原体に対しては機能しない．病原体自身，常に宿主の防御の網をくぐり抜けるように進化し続ける必要がある．このように，常に新しいものが有利になる状況では，有性生殖はさらに有利になる．

　赤の女王とは，ルイス・キャロル著『鏡の国のアリス』の登場人物で，「走り続けなければ同じ場所にい続けることはできない」と語る．病原体と宿主の軍拡競走は，定常状態ではなく，互いに進化し続けることにより共存していると考えられる．

　それでも，有性生殖の淘汰上の利益が十分説明できたとはいえない．世代あたり2倍のコストというのはあまりにも大きい．よほどのことがないと短期的には不利であり，常に無性生殖をする系統がさまざまな生物で生まれ続けている．

　ダーウィンの自然淘汰説は子孫の増やし方に優れた遺伝形質が進化することを説く．あたかも生物の個性を奪い，種内変異を奪うように思われるかも知れない．けれども実際の生物には豊かな個性がある．これを冗長性という．その時と場所で最適な生き方から見れば，それと違う生き方は余分かも知れないが，生物の環境は時空間を超えて多様であり，一見不利な個体の子孫が未来をつかむかも知れない．保全生物学では，遺伝的多様性が失われること自身が絶滅の要因とみなされている．

　有性生殖の意義がよくわからないのと同じように，生物多様性の意義もよくわかっていない．よくわかっていないからといって，なくてもよいとはいえない．それは，進化の上で短命な無性生殖種と同様の運命をたどるかもしれない．

そして，理由のよくわからないものに対処するという，今までの科学の枠を超えた思考法が，現在の環境科学には求められている．第6章では，そのことを説明しよう．

> 問 5.16　図 5.11 の計算機実験の個体数を 50，初期遺伝子頻度を 0.5，変異率を 0 とし，個体数，淘汰値をいろいろ変えて，Ns が 1 より大きいときと小さいときで，どちらの対立遺伝子が残りやすいか確かめてみよ．

5.13　補足

補足 5.1　最適採餌理論 (optimal foraging theory)

餌種 i の体重（価値）を g_i，処理時間を h_i，個体数密度を x_i，見つけたときに利用する確率を p_i とする．利用する餌を見つけるまでの平均探索時間 T_s は

$$T_s = \frac{1}{\sum_{i=1}^{3} a p_i x_i} \tag{5.1}$$

と表される．ただし a は単位時間 1 個体あたりの発見率である（簡単のため，餌種によらず共通とする）．そのときに得る餌の量の平均値は

$$G = \sum_{i=1}^{3} \frac{p_i x_i}{\sum p_j x_j} g_i \tag{5.2}$$

ただし $p_i x_i / \sum p_j x_j$ は，みつけた餌が餌 i である確率を表す．また，見つけてから食べるのに要する平均処理時間は

$$T_h = \sum_{i=1}^{3} \frac{p_i x_i}{\sum p_j x_j} h_i \tag{5.3}$$

である．平均摂食率は

$$\frac{G}{T_s + T_h} = \frac{\sum_{i=1}^{3} \frac{p_i x_i}{\sum p_j x_j} g_i}{\frac{1}{\sum a p_j x_j} + \sum_{i=1}^{3} \frac{p_i x_i}{\sum p_j x_j} h_i} = \frac{\sum_{i=1}^{3} a p_i x_i g_i}{1 + \sum_{i=1}^{3} a p_i x_i h_i} \tag{5.4}$$

と表すことができる．餌 1 だけを利用するのが最適となる条件は，g_i/h_i が大きい順に餌番号がついているとして，

$$\frac{a x_1 g_1}{1 + a x_1 h_1} > \frac{g_2}{h_2} \tag{5.5}$$

のときである．なぜならこのとき，分母子をそれぞれ足した比

$$\frac{a x_1 g_1}{1 + a x_1 h_1} > \frac{a x_1 g_1 + a x_2 g_2}{1 + a x_1 h_1 + a x_2 h_2} > \frac{g_2}{h_2} \tag{5.6}$$

が成り立ち（加比の理），餌種 2 まで利用すると平均摂食率が落ちるからである．

補足 5.2　分別ある捕食者説と採餌と被食回避のトレードオフ

被食者と捕食者の個体数をそれぞれ x と y，捕食者の採餌時間を C とし，以下のような個体群動態モデルを考える．

$$dx/dt = r(1 - x/K) - Cxy \tag{5.7}$$
$$dy/dt = (-d + Cx)y$$

ただし r, K, d はそれぞれ被食者の内的自然増加率，環境収容力，捕食者の死亡率である．この力学系の定常点は $(x, y) = (d/C, (CK - d)r/CdK)$ である．これは，図 5.1 のように，採餌時間 C が d/K のときに，捕食者の個体数が最大になる．採餌時間 C が d/K より短いときは捕食者は存続できない．

採餌中の被食リスクや費用を考慮し，最適採餌時間を考えるには，上記の死亡率 d を採餌時間 C の増加関数と仮定し，その上でそれを下に凸の非線形増加関数と仮定するか，摂食率と適応度の関係を式 (5.7) のような比例関係ではなく，上に凸の非線形関係を仮定する．すなわち，

$$dx/dt = r(1-x/K) - Cxy \tag{5.8}$$
$$dy/dt = (-d - \delta C^2 + Cx)y \quad \text{または} \quad dy/dt = (-d - \delta C + \sqrt{C}x)y$$

などとする.

> **問 5.17** これらの場合の最適採餌時間,および消費者が最適採餌時間をとる場合の平衡個体数,その安定性について,各自で考えてみよ.

補足 5.3 最適な卵(種子)の大きさの数理モデル

卵巣重量(または種子全体の重さ)を K,卵 1 つの重さを x,卵が成熟するまでの生存率を $s(x)$ とする.母親 1 個体あたりが次世代に残す子供の数の期待値 F は

$$F(x) = (K/x)s(x) \tag{5.9}$$

これを最大にする卵重 x^{**} を求めるため,式 (5.9) の $F(x)$ を微分して

$$F'(x) = -(K/x^2)s(x) + (K/x)s'(x) = 0 \tag{5.10}$$

を満たす点が,適応度 $F(x)$ の極大値である.これは

$$s(x^*)/x^* = s'(x^*) \tag{5.11}$$

を満たす.すなわち,図 5.2 に示すように,原点から引いた接線の足が最適な卵(種子)の大きさになる.

補足 5.4 同型配偶の非協力解

配偶子総重量を K,雌性配偶子 1 つの重さを x,雄性配偶子 1 つの重さを y,接合子の大きさを $x+y$,接合子が成熟するまでの生存率を $s(x+y)$ とする.母親および父親 1 個体あたりが次世代に残す子供の数の期待値をそれぞれ F と G とすると,それらは

$$F(x,y) = (K/x)s(x+y) \tag{5.12}$$
$$G(x,y) = (K/y)s(x+y)$$

と表される．非協力解 (x^{**}, y^{**}) は，以下の条件を満たす解である．

$$F(x^{**}, y^{**}) \geqq F(x^{**}, y) \tag{5.13}$$
$$G(x^{**}, y^{**}) \geqq G(x, y^{**})$$

すなわち，自分だけが振る舞いを変えても互いに自分が得をしない状況である．

これは，以下のような連立方程式を満たす．

$$\partial F/\partial x = -(K/x^2)s(x+y) + (K/x)s'(x+y) = 0 \tag{5.14}$$
$$\partial G/\partial y = -(K/y^2)s(x+y) + (K/y)s'(x+y) = 0$$

$x^{**} = y^{**}$ という対称解は，以下の条件を満たす．

$$s(2x^{**})/x^{**} = s'(x+y) \tag{5.15}$$

補足 5.5　性比の理論

平均性比（子供のうちの雄個体の割合）が s^* の個体群を考える．そこに性比が $\hat{s}$ の親がいるとき，この親の適応度 F は，以下のように表される．

$$F(\hat{s}, s^*) = \frac{1}{2}\left[K(1-\hat{s})r + K\hat{s}r\frac{1-s^*}{s^*}\right] \tag{5.16}$$

ただし K はこの親が生む子の総数である．$K(1-\hat{s})$ と $K s$ は，それぞれ娘と息子の数であり，r は雌の繁殖成功，$(1-s^*)/s^*$ は雄の配偶成功である．先ほど述べたとおり，雄の配偶成功は（性淘汰形質の差による配偶成功の個体差がないとすれば）個体群中の雌の数と雄の数の比である．これが 1 より大きければ，雄は平均して 1 個体より多くの配偶相手に恵まれ，1 より小さければ，なかなか配偶相手に恵まれないことを意味する．配偶相手は r だけの子孫（孫）を残すと期待される．

このように，適応度 F は，自分の性比 s と個体群の平均性比 s^* に左右される．

このとき，平均性比 s^* と少し異なる性比 $\hat{s} = s^* + \varepsilon$ をもつ親の適応度は

$$F(s^* + \varepsilon, s^*) = F(s^*, s^*) + \varepsilon(\partial F/\partial \hat{s})_{\hat{s}=s^*} \tag{5.17}$$

ただし $(\partial F/\partial \hat{s})_{\hat{s}=s^*}$ は適応度 F を $\hat{s}$ で微分した後，$\hat{s}$ に平均性比 s^* で代入した値を

表す．$(\partial F/\partial \hat{s})_{\hat{s}=s^*}$ が正なら平均性比より少し雄を多く生む親が有利であり，負なら雌を多く生む親が有利である．この微分（適応度勾配という）を計算すると，

$$\left.\frac{\partial F}{\partial \hat{s}}\right|_{\hat{s}=s^*} = \frac{Kr}{2}\left[-1+\frac{1-s^*}{s^*}\right] \tag{5.18}$$

である．量的遺伝学の数理モデルによると，平均形質値 s^* の時間変化は

$$\Delta s^* = \sigma^2 h^2 \left.\frac{\partial F}{\partial \hat{s}}\right|_{\hat{s}=s^*} \tag{5.19}$$

と表される．ただし σ^2, h^2 はそれぞれ形質値の個体群内分散（**表現型分散**）と（狭義の）**遺伝率**であり（補足 5.6 を参照），ともに正の値をもつ．したがって，性比 s^* は $(\partial F/\partial \hat{s})_{\hat{s}=s^*} = 0$ となる $s^* = 0.5$ のときに平衡に達する．

補足 5.6　量的遺伝学の数理モデル

遺伝形質には，1つまたは少数の遺伝子座の対立遺伝子によって決まる形質と，身長など連続的な変異を示す**量的形質**がある．前者は厳密にメンデルの遺伝の法則に従うが，後者は多くの遺伝子座（ポリジーン）によってきまる．さらに，表現型は遺伝子型によって決まる部分と，後天的な環境要因によって決まる部分がある．

形質値が x になる頻度を $f(x)$ とすると，形質値の集団平均 x^* は

$$x^* = \int xf(x)dx \tag{5.20}$$

と表される．形質値 x の適応度（生存率）を $w(x)$ とすると，自然淘汰を受けた後の表現型頻度は $f(x)w(x)$ となり，形質値の集団平均 x_w^* は，

$$x_w^* = \frac{\int xf(x)w(x)dx}{w^*} \tag{5.21}$$

となる．ただし分母 w^* は適応度の集団平均で

$$w^* = \int f(x)w(x)dx \tag{5.22}$$

である．テイラー展開により一次近似をとると，

$$x_w^* = \frac{1}{w^*} \int x f(x) \left[w^* + \frac{\partial w}{\partial x}(x - x^*) \right] dx \qquad (5.23)$$

$$x_w^* = x^* + \frac{1}{w^*} \frac{\partial w}{\partial x} \int (x - x^*) x f(x) dx$$

$$= x^* + \frac{1}{w^*} \frac{\partial w}{\partial x} \int (x^2 - x^{*2}) f(x) dx \qquad (5.24)$$

$$x_w^* = x^* + \frac{\sigma^2}{w^*} \frac{\partial w}{\partial x} \qquad (5.25)$$

と表される. ただし

$$\sigma^2 = \int f(x)(x - x^*)^2 dx \qquad (5.26)$$

は集団内の表現型分散である.

　表現型は遺伝子型と環境因子によって決まるため, 親個体の表現型が形質値 x でも, その子の形質値は x とは限らない. 平均値との差 $x - x^*$ のうち, (狭義の) 遺伝率 h^2 の分だけが遺伝するならば, 次世代の平均形質値 $x^* + \Delta x^*$ は, 式 (5.23) の $(x - x^*)$ を $h^2(x - x^*)$ で置き換えればよい. すなわち,

$$x^* + \Delta x^* = x^* + \frac{\sigma^2 h^2}{w^*} \frac{\partial w}{\partial x} \qquad (5.27)$$

と表される. 頻度依存淘汰のときには, 適応度はその個体自身の形質値 x と平均形質値 x^* の関数だが, 上記とまったく同じ計算により $(\partial w/\partial x)_{x=x^*}$ となる. これより, 重要な量的遺伝学の数学モデル

$$\Delta x^* = \frac{\sigma^2 h^2}{w^*} \left. \frac{\partial w}{\partial x} \right|_{x=x^*} \quad \text{または} \quad \Delta x^* = \sigma^2 h^2 \left. \frac{\partial \log w}{\partial x} \right|_{x=x^*} \qquad (5.28)$$

が導かれる. 補足 5.5 の性比の理論は, この式を用いたものである.

補足 5.7　代数平均, 幾何平均, 調和平均

　各世代ごとのある表現型の適応度を $F_1, F_2, F_3, \ldots, F_T$ などとするとき, その代数平均 (相加平均) は

$$\frac{F_1 + F_2 + F_3 + \cdots + F_T}{T} = \frac{1}{T} \sum_{i=1}^{T} F_i$$

である．ここでΣは和をとる数学記号である．これは適応度に限らず，どんな量に対しても成り立ち，要するに普通の平均のことである．

これに対して，**幾何平均（相乗平均）**は

$$\sqrt[T]{F_1 \times F_2 \times F_3 \times \cdots \times F_T} = \left(\prod_{i=1}^{T} F_i\right)^{1/T}$$

である．ここでΠは積をとる数学記号であり，使い方はΣと同様である．

さらに調和平均は

$$\frac{T}{\frac{1}{F_1} + \frac{1}{F_2} + \frac{1}{F_3} + \cdots + \frac{1}{F_T}}$$

と表される．これは逆数の代数平均の逆数である．

幾何平均と調和平均はF_iがすべて負でない量のときに定義される．このとき，代数平均は，常に幾何平均より大きいか等しく，幾何平均は常に調和平均より等しいか大きい．これらが等しいのはすべてのF_iが互いに等しい場合である．

補足 5.8　両掛け戦略

t世代目の個体数をN_tとし，種子数は毎年一定でRとし，ここでは仮に$R=2$とする．種子から親になるまでの生存率をS_{t+1}とおく．次世代に残す子供の数は1個体あたりがRS_tとなる．S_tは確率的に変動して$S_t = 1$と$S_t = 0.25$が五分五分の確率とする．この個体群の動態は

$$N_t = RS_{t-1}N_{t-1} = RS_{t-1}RS_{t-2}N_{t-2} = \left(\prod_{i=0}^{t-1} RS_i\right) N_0 \tag{5.29}$$

と表される．N_0は最初，つまり0世代目の個体数である．S_tの幾何平均を$\check{S}$とおくと，カッコ内は$(R\check{S})^t$におおむね等しい．上記の例では$(R\check{S}) = 1$だから，この個体群はおおむね増えも減りもしないことになる．

ところが，親が1歳のときに半分だけ生み，残りを翌年生むとすれば，増減は以下のように異なる式で表される．

$$N_t = \frac{RS_t(N_{t-1} + sN_{t-2})}{2} \qquad (5.30)$$

ただし s は親の生存率で，これは一定と仮定した．このような多回繁殖あるいは世代重複のときの個体数の長期的な増減は，式 (5.29) のように簡単に表すことはできない．しかし，親の生存率が高ければ，一回繁殖に比べて個体数増加率はおおむね高くなる．

また，2 つの区域があり，環境が独立に変化すると仮定し，R 個体の種子を半分ずつ 2 区域に分散させるとする．t 世代目に第一，第二の区域の生存率をそれぞれ $S_{t,1}$，$S_{t,2}$ とし，やはり 1 と 0.25 を独立に半分ずつの確率でとるとすると，個体群動態は

$$N_t = \frac{R(S_{t,1} + S_{t,2})}{2} N_{t-1} = \left[\prod_{i=0}^{t-1} \frac{R(S_{i,1} + S_{i,2})}{2}\right] N_0 \qquad (5.31)$$

となる．$R(S_{t,1} + S_{t,2})/2$ は 2, 1.25, 0.5 をそれぞれ 25%, 50%, 25% の確率でとる．それらの幾何平均は 1.118 であり，1 世代ごとに約 11.8%ずつ個体数が増えていく．

さらに，生育地が 1 つしかなくても，種子を半分翌年まで休眠させると，式 (5.31) の代わりに

$$N_t = \frac{R(S_t N_{t-1} + S_{t-1} N_{t-2})}{2} \qquad (5.32)$$

という漸化式が成り立つ．これらの動態の一例を図 5.9 に示す．

補足 5.9　対立遺伝子の頻度変化の数理モデル（集団遺伝学入門）

2 つの対立遺伝子 a と A を考える．簡単のため，個体の適応度はほかの遺伝子座によらず，このどちらの対立遺伝子をもつかによると仮定する．それぞれの相対適応度を $1-s$ と 1 とし，ある世代での対立遺伝子 a と A の頻度を $1-p$ と p とする．さらに簡単のため，半数体の生物を考える．次の世代の対立遺伝子 A の頻度 p' は，以下のようになる．

$$p' = \frac{p}{(1-p)(1-s) + p} \qquad (5.33)$$

この分母 $(1-p)(1-s)+p$ は，集団中の平均適応度を表す．$s>0$ のとき，対立遺伝子 A のほうが適応度が高く，平均適応度は p が小さいほど（a の頻度が高いので）低くなる．a から A への世代あたりの突然変異率を μ，逆に A から a への突然変異率を ν とする．有害な遺伝子ができる変異のほうが起こりやすいとすれば，$\nu > \mu$ である．このとき，次の世代の対立遺伝子 A の頻度 p' は，以下のようになる．

$$p' = \frac{p}{(1-p)(1-s)+p} + \mu - (\mu+\nu)p \tag{5.34}$$

$p'=p$ となる平衡頻度は二次方程式の解である．特に $\nu=\mu$ のとき，

$$p = \frac{s+\mu(3s-2)+\sqrt{s^2+2\mu s^2+\mu^2(2-s)^2}}{2s(1+2\mu)} \tag{5.35}$$

である．

　二倍体生物の場合，遺伝子型は aa, Aa, AA の 3 通りできる．ある遺伝子座に対して，同じ対立遺伝子の対をもつものを**ホモ接合体**，Aa のように異なる対立遺伝子の対をもつものを**ヘテロ接合体**という．ヘテロ接合体の表現型は AA または aa のどちらかの表現型とまったく同じになるか，その中間的なものになることが多い．後者の場合を**部分優性**という．前者の場合，ヘテロと同じ表現型をもつホモの対立遺伝子を（完全）**優性**，そうでないほうを**劣性**という．優性のほうが適応度が高いという意味ではないが，ヘテロ接合体の表現型が 2 つのホモの中間でなく，そのどちらよりも高い適応度をもつときには**超優性**という．完全優性の場合の Aa と AA のように，表現型が同じでも遺伝的組合わせが異なることがある．この遺伝的組合わせのことを**遺伝子型**という．

　任意交配などの仮定の下では，aa, Aa, AA の 3 種類の遺伝子型の頻度は対立遺伝子 A の頻度 p により，$(1-p)^2$, $2p(1-p)$, p^2 と表される．これを 2 人の発見者にちなんで**ハーディ・ワインベルグ則**という．A が部分優性のとき，各遺伝子型の適応度は $1-s$, $1-hs$, 1 となり $(0 \leq h \leq 1)$，次世代の遺伝子頻度は

$$p' = \frac{p(1-p)(1-hs)+p^2}{(1-p)^2(1-s)+2p(1-p)(1-hs)+p^2} + \mu - (\mu+\nu)p \tag{5.36}$$

となる．突然変異がない ($\nu = \mu = 0$) とき，$p' = p$ の平衡頻度は $p = 0$ か 1 である．超優性 ($h < 0$) の場合，$p = (1-h)/(1-2h)$ で 2 つの対立遺伝子が共存し，多型が維持される．これを平衡多型という．$0 \leq h \leq 1$ のときでも，突然変異があれば多型が維持される．またやはり突然変異がなく，$h = 0$ すなわち A が完全優性で，s が環境条件により世代ごとに値が変わるとき，対立遺伝子 a と A が存続する条件は，それぞれ $1-s$ の調和平均（補足 5.7 を参照）が 1 以上，$1-s$ の代数平均が 1 以下であり，この両者を同時に満たすとき，2 つの対立遺伝子は変動環境の下で共存する．

第6章

人間と生態系

6.1 人類の環境への負荷

　本書の最後に，人間と生態系との関係を説く．人類が地球環境に与える影響はすでに無視できないものになり，人類の生活と福利にとって欠かせない自然環境が蝕まれつつあることが明らかになってきた．そのため，持続可能な社会をどのように作るべきかが問われる時代になった．

　持続可能性とは，後世の人々の要求を満たす能力を損なわないようにすることである．後世の人々が現代人と同じ生活をし続けることができないならば，それは持続可能とはいえない．

　いくつか典型的な例をあげる．1つは資源の危機である．現代の先進国文明は，石油などの化石燃料なしでは成り立たない．けれども，化石燃料は1億年以上の年月を経て蓄積された有限な資源である．ローマ・クラブが1972年に公表した報告書『成長の限界』によれば，エネルギーに限らず，多くの資源の需要は等比級数的に伸びるのに対して，資源の量には絶対的限界があり，人類の成長には限界が迫っている．エネルギー資源の確認埋蔵量は石油，天然ガス，石炭，ウラン235でそれぞれ1500億，1260億，6950億，451億toe（石油換算トン）と推定され，それぞれあと44年，63年，231年，73年で枯渇すると見積もられている（1998年の資源エネルギー庁資料より）．新たな油田が発見され，今まで採算のとれなかった海底油田などが技術革新により採掘可能になることも考慮した究極埋蔵量はこれより多いが，新油田の発見は近年頭打ちに

なっているという．また，国連環境計画(UNEP)の地球環境展望では，2050年ごろに世界の水資源不足が顕在化すると予測している．

第二は地球温暖化やオゾンホールなどの地球環境問題である．人間の産業活動が地球全体の二酸化炭素濃度，気温，人間が住んでいない南極上空のオゾンの量まで劇的に変えているという認識が広まった．第1章のキーリング曲線で示したとおりである．この結果，地球環境問題に膨大な研究予算が投じられ，また地球環境保全のための国際的な活動が進み，後で述べる予防原則という今までにない合意形成の考え方が生まれた．

第三は生物多様性の危機である．現在の老人たち，成人たちが子供のときにあった身の回りの自然が，現在の子供たちの周りから急速に失われている．万葉集に読まれた歳時記が想像できないほどに自然が失われたのは，ごく最近のことだという．このような生物多様性喪失の危機は，絶滅危惧種の目録（レッドリスト）もしくはそれを紹介した書籍（レッドデータブック）により具体的に訴えることができる．すでに絶滅した生物も数多いが，絶滅危惧種とは今世紀中に絶滅する恐れのある生物であり，その中にはキキョウなど，現在はまだありふれた生物も含まれている．絶滅危惧種を守るための国際条約である生物多様性条約が発効し，絶滅危惧種保護を通してある程度自然を守る必要性が認識された．

第四は人間が生み出した**環境化学物質**が人間自身の健康と，生態系の健全さを損なっていることである．**水俣病**などのいわゆる公害問題は先進国では改善されつつあるが，**内分泌撹乱物質**に代表される環境化学物質の汚染が，人類と野生生物の生存と繁殖に悪影響を与えていることが明らかになってきた．水俣病は有機水銀に汚染された魚を食べたことが原因だった．水俣病が確認されてからその原因がわかるまでに数年の時間を要し，その間に惨禍を止めることはできなかった．ダイオキシンなどは強い発がん性をもち，有機塩素化合物などはホルモン作用を撹乱して繁殖力を損ない，特にすべての巻貝類に雄化現象（インポセックス）をもたらし，壊滅的な打撃を与えた．石油精製の副産物だったプラスチックなどの有機化学物質は，人類に多大の恩恵をもたらしたが，同時に健康と繁殖を損なう慢性的な影響をもたらした．

人の健康を定義するのは，実は，そう簡単ではない．それぞれの症状は皆違

うが，病気はそれを類型化したものである．病気でない状態が健康である．これは善悪の問題ではない．個体に死が訪れるのは自然であり，人が必ず不健康を避けねばならないということではない．生態系の健全さを定義するのはさらに難しい．1993年に成立した環境基本法にも，「現在及び将来の世代の人間が健全で恵み豊かな環境の恵沢を享受する」ことを目的に掲げているが，「健全」の定義はどこにも書かれていない．これらのことからは，人間にさまざまな恵みを与えてくれる生態系の状態が「健全」とみなしていることが伺われる．これは単に，生態系の個々の生物が健康であることではない．生産力が高い状態が「健全」とも限らない．砂漠を緑化して人間が利用する場合でも，これを「健全な生態系」の回復あるいは創出とはいわない．

環境基本法と同じ表現は2003年施行の自然再生基本方針にも見られる．そこでは，原生的自然の「保全」，失われた自然の「再生」（復元），すでに人間に持続的な恵みをもたらす機能が損なわれているときには自然の何らかの生態的機能を「創出」することを含めて，「生態系の健全性の回復」と表現している．「開発行為等に伴い損なわれる環境と同種のものをその近くに創出する代償措置としてではなく，過去に行われた事業や人間活動等によって損なわれた生態系その他の自然環境を取り戻すことを目的として行われる」とあるように，これら保全，復元，創出は，この順に優先されると考えられる．

自然の恵みとは人間にとっての価値であり，保全，復元，創出は人間が自然に対して行う行為である．その意味で，生態系の保全とは，本質的に価値を含んだ概念である．また，回復とは種，個体群または生態系が健康で機能する状態へ戻ることであり，復元とはそれらが人為的撹乱や劣化を受ける前の状態へ戻ることの意味で使われることが多い．すなわち，ここにも人間の価値観が含まれている．

人類が与えている環境への負荷は，後世の人々が私たちと同じような自然の恵みを享受できないほどに大きくなっている．言い換えれば，私たちは地球環境に対して持続不可能な負荷を与えている．現世代が得ている自然の恵みを後世の人々に残すべきであるという観点から環境問題が真剣に議論されるようになった．ただし，このような世代間不平等を解消するよりも，先進国が得ている恵みを途上国の人々にも確保すること，すなわち世代内不平等を解消するこ

とを優先すべきかもしれない．現実には先進国と途上国の環境負荷には大きな格差がある．

エネルギー消費量でも食生活でも，先進国人の環境負荷は途上国よりはるかに高い．表6.1は，カナダのワケナゲル教授らが開発した各国民の環境への負荷を総合的に評価する指標（生態学的足跡＝エコロジカル・フットプリント）を世界全体と，いくつかの国について示したものである（世界自然保護基金『生きている地球リポート2002』*より抜粋）．生態学的足跡は衣食住習慣を考慮し，その生活を維持するのに1人あたり平均どの程度の農作物，牧草地，森林伐採，漁場，エネルギー（油田面積などに換算），住居建設を必要としているかをそれぞれの換算面積（グローバルヘクタール＝gha）で表したものである．

表6.1のとおり，米国人1人あたりの平均環境負荷は，アフガニスタン人の10人分に相当することがわかる．日本人はほぼ欧州人と同等で，米国人の半分くらいである．日本人の農作物，牧草地，住居建設の負荷は，欧米諸国よりずっと少ない（漁場の負荷は多い）．日本人は小さな家に住み，カロリー摂取量も低い．それでいて，日本人は世界1,2の長寿国である．魚はダイオキシンや水銀汚染が問題になっているが，不飽和脂肪酸が豊富な健康食品で，心疾患は

表6.1 1999年の世界各国各地域の生態学的足跡(EFP)と生物学的収容力（世界自然保護基金『生きている地球リポート2002』*より作成）

	世界	アフガニスタン	イラク	イスラエル	中国	日本	米国	ドイツ
人口（百万人）	5979	21.2	22.3	5.9	1272	126.8	280.4	82
生態学的足跡(gha/人)	2.28	0.95	1.38	4.44	1.54	4.77	9.7	4.71
農作物	0.53	0.41	0.32	0.79	0.35	0.47	1.48	0.68
牧草地	0.12	0.25	0.01	0.11	0.09	0.06	0.32	0.09
森林	0.27	0.15	0.00	0.24	0.22	0.28	1.28	0.37
漁場	0.14	0.00	0.02	0.50	0.10	0.76	0.31	0.19
エネルギー	1.12	0.07	0.99	2.58	0.69	3.04	5.94	3.08
住居建設	0.10	0.06	0.03	0.22	0.09	0.16	0.37	0.29
1996年のEFP (gha/人)	2.39	0.97	1.43	5.02	1.62	4.68	9.62	4.76

* http://www.wwf.or.jp/activity/lpr2002/

米国人よりずっと少ない．全体としての負荷を減らす最も有効な方法を考えるためには，環境への負荷も，健康への悪影響も，広い視野で考える必要がある．

負荷や悪影響は，確実に生じるとも絶対起こらないともいえない．それらが起こる危険性を減らすことがたいせつである．危険性を定量的に評価するためには，望ましくない事態とは何かをあらかじめ明記しておくことである．この「望ましくない事態」のことを，エンドポイント（最終評価点）という．たとえば，健康に対するよくない事態の1つは「死」である．死亡率を上げること，寿命を縮めることが最終評価点としてよく使われる．生物多様性にかかわる最終評価点は生物の絶滅である．

> 問 6.1　生態学的足跡のウェブサイト[*]では食生活，通勤手段，住居などのアンケートに答えれば個人（家庭）の負荷がわかるようになっている．英語のサイトだが，自分と同じ生活を全人類がやれば地球 2.5 個分の負荷になるなどと答えが出るので，各自試みよ．

6.2　人間のもたらした大量絶滅[**]

先ほど述べたとおり，生物の大量絶滅は，自然破壊のわかりやすい指標である．絶滅に至るには，人為，環境悪化，人口学的確率性（偶然性）の3つが作用する．人為とは，生息地破壊，乱獲，汚染，外来種導入などによって個体数または個体数増加率を減らすことである．生物の絶滅は多くの場合，人為的減少だけでなく，自然現象との複合作用である．

人為的改変や乱獲などによって減り続けている生物では，絶滅までの平均待ち時間は，現在の個体数 (N_0) と1年あたりの減少率 $1-R$ による．翌年には個体数は RN_0，2年後には $R^2 N_0$ と等比数列的に減っていく．この個体数の減り具合は，図6.1の実線のように，片対数グラフ上の直線で表すことができる．t 年後の個体数 N_t は $R^t N_0$ であり，1個体になるのは $R^t N_0 = 1$ を解いて，

---

[*] http://www.bestfootforward.com/footprintlife.htm
[**] 本節の内容は，種生物学会編，矢原徹一・川窪伸光責任編集『保全と復元の生物学—野生生物を救う科学的思考』(2002, 文一総合出版) ならびに中西準子・蒲生昌志・岸本充生・宮本健一編『環境リスクマネジメントハンドブック』(2002, 朝倉書店) に掲載した内容を加筆修正したものである．

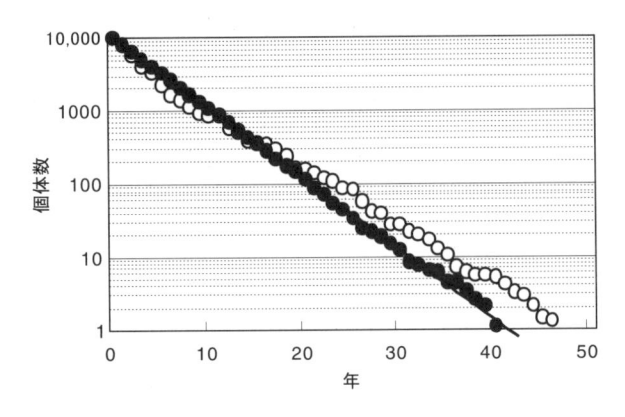

図 6.1　初期個体数 $N_0 = 10,000$，年減少率 $1 - R = 20\%$の場合（直線），それに人口学的確率性を考慮した場合（黒丸）および減少率が 35%から 3%まで環境確率性により年変動する場合（白丸）の個体数の減少の例．本文および補足 6.1 参照．

$t = -\log N_0 / \log R$ 年後である．

　実際には，毎年同じ減少率で減るとは限らない．急に減ることもあれば，あまり減らないか，ときには増える年もあるだろう．このような減少率の揺らぎは，以下の 2 つの理由で生じる．1 つは**環境確率性**と呼ばれる．環境の良し悪しによって，その世代の全個体の条件が一律に変わる傾向がある．もう 1 つは**人口学的確率性**と呼ばれ，同じ世代に生きていても，運不運によりたくさん子を残す個体も残さない個体もいる．前者は次世代の個体数が現在の個体数に比例して揺らぎ，後者は個体数の平方根に比例して揺らぐ．個体数が多いときには，環境確率性が目立ち，人口学的確率性はほとんど無視できる（図 6.1 の白丸）．しかし，数十個体を下回ると，人口学的確率性は無視できなくなる．

　絶滅に至るときは，必ず最後は人口学的確率性によって数が減る．けれども，偶然性だけが絶滅をもたらすわけではない．絶滅に至る過程には，決定論的過程と確率的過程がある．前者は図 6.1 のように連続的に減り続ける場合であり，おおむね，乱獲などによって減り続ける場合にあたる．一定の捕獲圧をかけ続けるのでなく，毎年同じ数ずつ獲り続ければ，減少率も増え続ける．後者は生息地が減るなどの理由で，定常個体数が減ってしまう場合である．このように縮小した個体群がいつ最期のときを迎えるかは，人口学的確率性による偶然に左右される．たとえば図 6.2 のように，減った後の定常個体数が 20 個体しかな

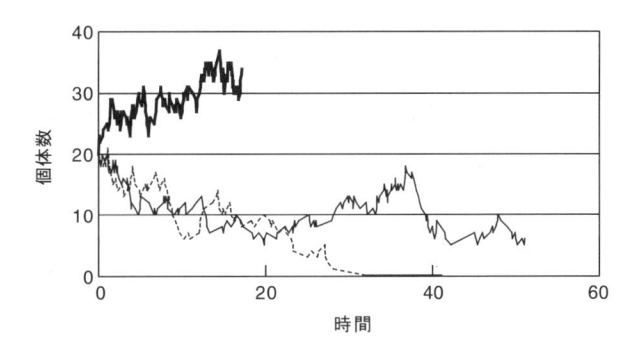

図 6.2 人口学的確率性による絶滅の数値計算例．3つの独立した試行を太線，細線，点線で表した．個体数が小さいとき，平均すれば 20 個体に維持されるはずの個体群が，点線のように不運にも絶滅することがある（補足 6.2 参照）．

いと，それ以下に減る決定論的過程が働かなくても，人口学的確率性だけでも**絶滅リスク**が無視できない．さらに，個体数が減りすぎれば，保全策をとるなどして回復するはずの個体群でも，運が悪ければ環境確率性や人口学的確率性によって絶滅することがある．このように，個体数の年変動，あるいは個体数と生活史特性がわかっている生物では，今後も過去と同じような個体数変動が続くと仮定すれば，絶滅確率が理論的に計算できる．

生物は必ずしも1つの均一な個体群として存在しているわけではない．**地域個体群**に分かれ，さらにその中で互いに移動する**局所個体群**（局所集団）に分かれている．極度に分断され，どの地域個体群も個体数が少ないときには，その存続は危うい．逆に，唯一の局所個体群しか残されていない種も，その個体群がつぶれてしまえば種全体の絶滅につながる．

局所個体群が孤立してしまうと，種全体が絶滅するのと同じ理屈で絶滅の恐れがある．局所個体群の個体数が少なければ，その絶滅の恐れは高い．けれども，ほかの局所個体群からの移入があれば，絶滅の恐れはずっと低くなる．1つ1つの局所個体群は絶滅しても，どこかで生き延びていれば復活する．このような構造を**メタ個体群**（メタ集団）という．

メタ個体群の絶滅の恐れは，個体数とその空間分布および齢構成，個体数減少率の平均と分散，環境収容力，局所個体群間の移動率，さらに生存率，成熟年齢，繁殖率，社会性などの生活史特性，それらすべての推定誤差（不確実性）の

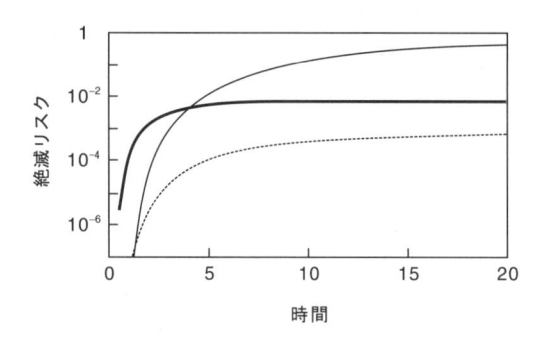

図 6.3 メタ個体群の絶滅リスク．現存および潜在的な生息地が 20, 現存する生息地が 10 あるとき（点線），現存する生息地を 5 に減らしたとき（太線），現存しない潜在生息地をすべて潰したとき（細線）の絶滅リスク（本文ならびに補足 6.3 参照）．

程度により定量的に解析できる．その解析方法を個体群存続可能性解析(PVA)と呼び，必要な情報を入れて計算するソフトウェアも市販されている．特に，現在の生息地を守るだけでなく，潜在的な生息地の保全も絶滅リスクを大きく左右する．図 6.3 に示したように，現存および潜在的な生息地がある程度多いときには絶滅リスクはたいへん低いが，現存する生息地を潰したり，今は自生していないが過去および将来生息しうる潜在的な生息地を潰すと，絶滅リスクは無視できないほど高くなる．特に，潜在生息地を潰すと，現存する生息地を保護しても，中長期的な絶滅リスクは無視できないほど高くなることがある．したがって，現在生息していない場所も守ることが重要である（補足 6.3 参照）．

　第 1 章で述べたように，生命の誕生以来，地球は何度かの大量絶滅を経験した．現代は，地球の歴史の上で，6 番目の大量絶滅の時代ともいわれている．いま，人類が引き起こしている大量絶滅は，おもに産業革命以降のわずか数百年，特にここ 100 年間に起こっていることであり，年あたり平均して何種が絶滅したかを比べてみると，過去の大量絶滅の勢いをはるかに上回るといわれる．一部の生物の絶滅は自然現象である．しかし，現在の大量絶滅の原因は，そのほとんどが人間のせいである．現在の絶滅を引き起こすおもな要因は，①生き物の生息地が潰されること，②乱獲，③環境汚染，それに④外来種の侵入である．

　このうち最も直接かつ深刻な影響を与えているのは，生き物の生息地を潰すことである．農地やダム，住宅を作り，森林を切り倒すことで，野生生物の生

息地が失われる．乱獲は人間が利用する生物の個体数を減らし，その存続を直接脅かす．しかし，生息地破壊は，人間が知らないうちに名もない多くの野生生物を一挙に絶滅に導くことさえある．一見個体数が多く，まだ余裕があるように見える生物でも，まとまった生息地を消失させると絶滅する恐れがある．乱獲も，生物によっては絶滅するまで高い捕獲圧，採集圧がかかり続けることがある．

環境汚染の場合は，それに気づいた後もすぐに環境化学物質の濃度を下げることはできない．汚染により巻貝の成長が悪くなったり，海獣類が大量に死ぬ事件が起こった．これらは化学物質の内分泌撹乱作用によると見られる．環境化学物質が生物に与える影響は研究が始まったばかりであり，どの程度の影響があるのかはまだよくわかっていない．

海を越えて行き来する人間の活動は，外来種を世界中にまき散らした．ブラックバスのようにわざと入れたものもあるし，船底についてきたフジツボのように結果的にまき散らされたものもある．それらの一部は，異国の地で大発生し，もともといた生物を押し退けている．生態系の構造を変えることにより，直接競合する生物だけでなく，ほかの生物にも思わぬ影響を与えることがある．国をまたいだ外来種だけでなく，国内の別のところにいた生物が入り込んで生態系のつりあいを乱すことがある．さらに，人間がサルに餌を与えたり，森林を切り開いてシカの生息に適した草地に変えたりして，一部の野生動物が数を増やした結果，農作物が食い荒らされて産業上大きな被害が起こることもある．シカの大発生は，野生植物にも食害による大きな影響が及び，絶滅しかけている植物もある．

図 6.4 に示したように，面的開発や土地造成などによる生育地の消失が減少要因の 63% を占め，園芸採取などの乱獲が 24%，汚染が 5% である．この集計には外来種との競合および動物食害はほとんどないが，その後，外来種とニホンジカによる食害の影響が深刻になりつつある．また，これは調査員に対するアンケート調査の回答に基づくものであり，土地造成などに比べて汚染などの原因が特定しにくいことを考慮すべきである．

どんな生物でも，絶滅の恐れは 0 ではない．人類自身も含めて，いつかは必ず絶滅するだろう．しかし，すぐに対策を立てないと手遅れなものから，まだ

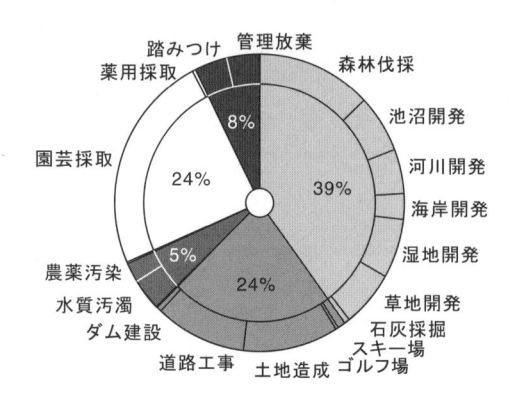

図 6.4 1990 年代に行われた日本の維管束植物の絶滅危惧種評価の際に調査したデータに集約された減少要因の頻度分布．調査対象種約 2000 種・亜種が国土地理院の 1/25,000 地図（約 10 km 四方）のそれぞれの地域で減少した場合のその原因を約 400 人の調査員へアンケート調査して回答を求めたもの．

余裕があるものまで，さまざまである．このような絶滅の恐れの高さ，緊急性をできるだけ科学的に評価するために，IUCN（国際自然保護連合）では，絶滅危惧生物を野生絶滅に陥る恐れの高いものから順に絶滅危惧 IA 類（CR，深刻な危機），IB 類（EN，危機），II 類（VU，危急）の 3 つに分けている．これらには後に述べる「数値基準 A～E のどれか 1 つによって定義される」という数値基準がある．この基準に従い，IUCN は世界全体を対象とした絶滅危惧生物の目録（レッドリスト）を作っている．日本の種については，環境省がこの作業を進めている．また，都道府県などでも地方自治体や環境団体などによって目録作りが進められている．

1996 年までに陸上および海産の絶滅危惧生物の目録作りが進められ，継続的に改訂されている．ほとんどの野生生物は，地球規模で見ると急速に減り続けている．多くの絶滅種は，新種の記載さえされることなく，知らないうちに絶滅しているだろう．多くの水産資源のように乱獲によって減る場合を除いて，個々の絶滅危惧生物に関する情報はあまりにも少ない．したがって，以下の 5 つの基準は後で述べる予防原則に従って，疑わしいものは絶滅の恐れがあるとみなしている．

成熟個体が 50 未満なら，特にこれ以上人為的に減る要因がなくても，環境確率性と人口学的確率性により絶滅する恐れがきわめて高い CR とみなす（基

準D).環境変動の幅にもよるが,3世代以内に絶滅する恐れが50%以上に達することがある.250個体ならEN,1000個体ならVUに相当する絶滅リスクがある.個体数がもう少し多くても,人為によって減り続けているか,小規模な分集団に分かれて大きな分集団が1つもないか,全体の95%以上が1カ所の生息域に集中しているか,消長が激しいとき(C2)には,絶滅危惧種と判定する(基準C).さらに,個体数の多寡にかかわらず,10年またはその生物で見て3世代の間に80%以上減っていれば,つまり1/5以下になったらCRとみなす(基準A).

また,分布域,生息域(生育域)が狭かったり,1カ所に集中していたり,逆に過度に分断されて各地域個体群の個体数がどれも小さい場合にも,絶滅の恐れが高い.たとえば生息域が$10\,\mathrm{km}^2$以下ならCRとみなす(基準B).さらに,個体群存続可能性解析などにより,絶滅リスクそのものを評価し,10年後またはその生物で見て3世代後(そのどちらか長いほう)までに絶滅するリスクが50%以上ならCR,20年後または5世代後までの絶滅リスクが20%以上ならEN,100年後までの絶滅リスクが10%以上ならVUと判定する(基準E).

絶滅危惧生物の目録では,できるだけ客観的な判断をするために,どの基準に該当したかという判定の根拠と出典を明示することになっている.しかし,生息地などの具体的な情報をすべて公開するとは限らない.乱獲により減っている生物の場合,どこにあるかを公表することは乱獲の呼び水になってしまう恐れがあるからである.

> 問6.2　図6.3で,全生息地数Kと初期生息地数$x(0)$をそれぞれ$(K, x(0)) = (15, 10)$とするとき,潜在生息地を2つ潰すのと,自生地1つを潰すのでは,どちらが10年後の絶滅リスクが高くなるか.ただし図6.3と同じく$r = 0.05$, $D = 0.3$とする.

6.3　個体群管理とその限界

第2章で説明したように,生物は自己増殖する.しかし無限に増えるわけではない.農林水産学では,生態学における定義とは異なり,人間が利用する対

象生物を生物資源という．漁業を例に説明する．漁獲量を増やせば生き残る親が減り，将来魚が獲れなくなる．これは加入乱獲と呼ばれ，稲作でいえば種モミを食べてしまう状況にあたる．最大限持続可能に利用するとは，たとえば何歳まで働いて貯金を増やし，いつから利子生活者になるかを決める問題に似ている．銀行の利子は預金額によらず一定で無限に増えるが，生物資源は無限に増えるわけではない．数が少ないときには餌や住処が豊富で元気よく増えるが，数が増えると過密の悪影響が出て，増加率が鈍る．漁獲しなくても個体数は有限であり，環境収容力に達する．環境収容力にある資源は，利子がつかない．その資源を利用すれば，生物資源は自然に増えるようになる．その増加量は図6.5(a) の太線のようになるだろう．単位資源量あたりの増加率はおおむね資源が少ないほどよい．利子が貯金と利率の積で決まるように，持続可能な収穫量は資源量と増加率の積で決まる．これが最大になるときの収穫量を最大持続収穫量（水産学では伝統的に最大持続生産量と訳される）という．おおむね環境収容力の半分程度の水準で漁獲するのがよいといわれる．

　つまり，生物資源は放置しても獲り過ぎても，持続的な収穫量は少なくなる．それは漁業自身にとって損である．だから，漁業が資源を乱獲することはないと楽観する意見が水産学者にあった．他方，実際に乱獲する例は数えきれず，むしろ最大持続収穫量を達成する例のほうがまれであった．その理由は2つある．1つは経済的割引である．経済学では，将来の利益を割り引いて評価する．この割引率は，おおむね，利子率と物価上昇率の差で評価される．たとえば年5%とすると，10年後の1億円の価値は，現在の約6000万円と等しい．100年後の1億円の現在価値はわずか600万円にすぎない．毎年25トンの魚を未来永劫獲り続けるより，今年だけ1000トン獲るほうが経済学的には価値が高い（問 6.3，問 6.4）．

　乱獲をもたらすもう1つの要因は，共有地の悲劇と呼ばれる．補足6.5に示すように，これは第5章で説明した「同型配偶の非協力解」と同じことである．このように，生物資源の持続的な有効利用を図るためには，むしろ自由参入を制限するほうがうまくいくことがある．そこで国連海洋法条約やそれに対応する国内法である「海洋生物の保存及び管理に関する法律」では，沿岸200海里または大陸棚（そのどちらか広いほう．ただし隣国と接する海域では両国の海岸線からの

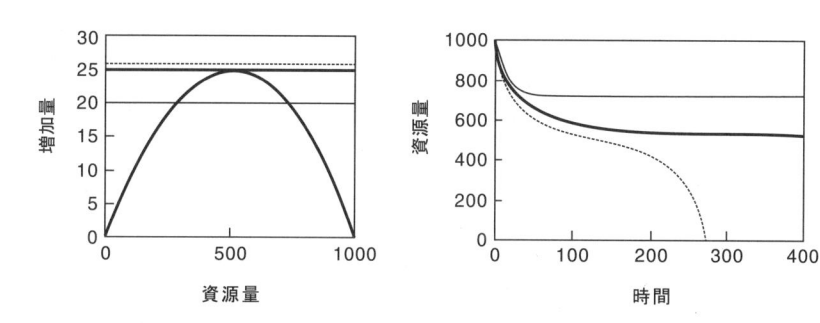

図 6.5　最大持続収穫量 (MSY) の概念図．(a) 資源量と資源の増加量の関係は，図の太線のように一山形の曲線を描き，資源が多すぎても資源量はそれ以上増えない．(a) の直線のように 3 つの水準の収穫量を設定すると，増加量より収穫量が多いときは資源が減り，少ないときは増え，等しいときは資源量が平衡状態にある．図の細線のように収穫量が少ないと資源と収穫は持続的に維持されうるが，点線のように収穫量が多いと資源は減り続けてやがて枯渇する．持続的収穫を最大にするのは，太線の最大値である．(b) (a) の増加量関係（再生産関係）をもち，収穫量が 3 つの水準にあるときの資源量の時間変化の例．

中間線）を排他的経済水域(EEZ)とし，その中の水産資源を沿岸国が排他的に利用する権利を認めている．ここで 1 海里とは約 1.8 km である．また，大陸棚とは陸の周辺を取り巻く海底の平坦な部分のことで，深度や幅はさまざまである．大陸棚は，全海底面積の 7.5% を占める．波浪・潮汐・対流により海水が鉛直方向によく混ざりやすく（鉛直混合という），河川からも栄養塩が補給されやすい．そのため，海洋の一次生産の約 2 割が大陸棚で生み出される．排他的経済水域を設ける代わり，公海上の海底鉱物資源などについては人類共通の財産とし，将来の乱獲に歯止めをかけている．また，沿岸国が排他的に利用する場合も，許容漁獲量(TAC, 漁獲可能量ともいう) を定めて，適切に管理することを義務づけている．

　最大持続収穫量の考え方は，生物資源学の古典であり，国連海洋法条約にも記されている．しかし，生態系の状態は不確実であり，放置または人為的影響を一定に保っても変動する非定常系であり，ある生物資源の状態はほかの生物の状態に左右される複雑系である．図 6.5 のような関係は，これら 3 つの特徴をどれ 1 つとして考慮していない．

　ここで述べた不確実性には，生態系の仕組みがわからない（無知），資源量など生態系の状態がわからない（推定誤差），気候変動や人口学的確率性などにより力学系の動態が確率的にしか記述できない（過程誤差），それに実施した

管理の効果が不確かであることが含まれる．これらの不確実性に対処するために，**順応的管理**という手法が提唱されている．順応的管理とは，継続監視を続け，状態変化に応じて方策を変えていく管理のことで，その変え方を図 6.6(a) のように決めておく．このとき，(b) に示した計算機実験の例では，資源量はしばしば 500 以下になるが，禁漁措置をとることはなかったことを示している．

図 6.6 のような管理規則は，日本の許容漁獲量制度でもよく推奨される．この図では推定資源量 B が B_{limit} 以上なら漁獲係数（あるいは漁獲努力量）F_{target} を一定に保ち，B_{limit} 以下に減ったときに漁獲係数を直線的に下げ始め，$B_{F=0}$ 以下に減ったときに禁漁にする．F_{target} の値は資源が B_{limit} 以下にならないように予防的に低めにとることになっているが，当初は $B_{F=0}$ が 0 であり，どんなに減っても漁業ができるようになっていた．この場合，B_{limit} 以下に減った状態を「乱獲」と定義していた．つまり，管理の失敗は資源が B_{limit} 以下に減ることであり，失敗しない限り漁獲係数を制御しないことになる．けれども，**禁漁措置をとる基準** $B_{F=0}$ を定めたことで管理の評価基準が改められ，$B_{F=0}$ 以下になったときが失敗で，それ以上では推定資源量に応じて漁獲係数を順応的に調節することになった．

図 6.6(b) のような計算機実験を繰り返せば，一定期間内に失敗するリスクを計算できる．上記の計算例ではそのリスクは十分低いが，B_{limit} と $B_{F=0}$ の幅

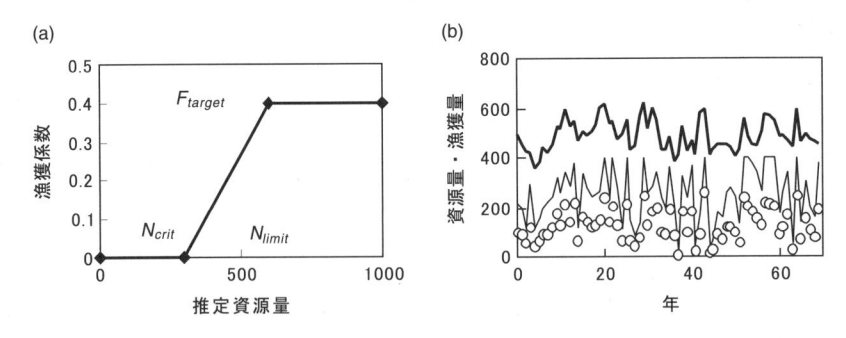

図 6.6 許容漁獲量 (TAC) を毎年見直す順応的管理（TAC 制御規則）の例（詳細は補足 6.7）．(a) 資源量と漁獲努力量の関係の一例．資源が 500 以下になると獲るのを控え，100 以下になると禁漁措置をとる．(b) それに基づく資源量（太線），漁獲努力量（細線：1000 倍したもの），漁獲量（白丸）の推移の計算機実験の一例．資源量推定誤差を 30%，資源増加率の年変動を 100%，努力量増減の実施達成度を 10%と推定した．

を狭めたら（たとえば $B_{F=0}$ を 300 トンとすれば），そのリスクは無視できなくなるだろう．

　失敗しなければ方策を変えないというのは順応的管理ではない．失敗する前に方策を変えることで，失敗する確率を大幅に減らすことができる．ただし，事前に失敗するリスクを評価するためには，その変え方をあらかじめ決めておかねばならない．また，数値目標を軽々しく変えるべきではない．評価基準を変えれば失敗をいい逃れることができるからである．

　上記の数理モデルに用いた仮定は，多くの場合，確かめられていない．したがって，計算したリスクは必ずしも正確な値ではない．それは，管理計画を実施し，**継続監視**を続けることで確かめ，補正することができる．順応的管理は管理自身を想定した諸仮定の検証実験とみなす．わからないことをしないというのではなく，管理を実行して将来解明することを目指す．順応的管理は，「なすことによって学ぶ」を標榜する．

　科学的に実証されていない前提を用いた管理は，計画作成，合意形成，実施いずれにも科学を超えた難しい側面がある．それをうまく実施する方法自身が科学の対象であり，これを**管理方式**という．これについては後で述べる．

問 6.3　割引率を年 5%，魚価を 1 トン百万円として，毎年 25 トンの漁獲を続けるときの現在価値を無限等比級数の公式から求めよ．簡単のため，物価は一定で魚価も漁獲量にかかわらず一定とする．

問 6.4　ミナミミンククジラは約 76 万頭いると推定されているが，国際捕鯨委員会科学委員会が合意した持続可能な捕獲頭数は年 2000 頭である．問 6.3 と同様の仮定の下で，毎年 2000 頭ずつ獲ったときの現在価値と，今年 76 万頭すべてを獲ったときの現在価値をそれぞれ求めよ．

問 6.5　「分別ある捕食者」説と持続可能な漁業の共通点を述べ，乱獲が起こる理由を論ぜよ．

6.4　自然保護の根拠[*]

1993年に成立した日本の**環境基本法**[**]の第一条には，「この法律は，環境の保全について，基本理念を定め，並びに国，地方公共団体，事業者及び国民の責務を明らかにするとともに，環境の保全に関する施策の基本となる事項を定めることにより，環境の保全に関する施策を総合的かつ計画的に推進し，もって現在及び将来の国民の健康で文化的な生活の確保に寄与するとともに人類の福祉に貢献することを目的とする」と，私たちが享けてきた自然の恵みを私たちの子孫に残すためという目的をうたっている．

古来，文明がその地域の自然環境を損ない，文明そのものの衰退を招いた例は多々ある．有名な例はモアイ像で知られるイースター島である．ただし，過去の環境破壊は局所的なものにとどまり，世代を越えてゆっくり進んだのに対し，現在の環境破壊は地球規模で，かつ数年数十年単位で取り返しのつかない事態に陥る．私たちは，先人の過ちを克服し，持続的に自然環境を利用する叡智をもたねばならない．持続可能な自然環境を保全することが，1992年地球環境会議（地球サミット）以降の一連の国際合意の最大の趣旨と解される．

世界有数の自然保護団体の1つである世界自然保護基金 (WWF) は，「生物の多様性を守り」，「再生可能な自然資源の持続可能な利用が確実に行われるようにし」，「環境汚染を減らし，資源とエネルギーの浪費を防ぐ」ことを3つの使命に掲げている．これらすべては**持続可能性**に資するものである．

1992年に結ばれた**生物多様性条約**にも，前文で，「生物の多様性が有する内在的な価値並びに生物の多様性及びその構成要素が有する生態学上，遺伝上，社会上，経済上，科学上，教育上，文化上，レクリエーション上及び芸術上の価値を意識し」，「生物の多様性の保全が人類の共通の関心事であることを確認し」，「諸国が，自国の生物多様性の保全及び自国の生物資源の持続可能な利用について責任を有することを再確認」することを明記している．すなわち，生物多様性の保全とは，人間の生活と離れた目的ではなく，現在および後世の

---

[*]　本節の内容の一部は，松田裕之 (2001) 生物多様性保全の生態学的根拠について，福岡高等裁判所平成13年（行コ）第3号事件（奄美自然の権利訴訟）控訴審意見書として提出した文書を加筆修正したものである．

[**]　http://www.eic.or.jp/eanet/assess/

人間が自然の恵みを持続的に利用できることを目指したものであることがうかがわれる．

　私たちは，水や空気や食糧がなくては生きていけない．豊かな自然に囲まれていなければ，文化的な生活を送ることができない．社会的，精神的生活も，多くを自然の恵みに依拠している．ある生態系の消失が直ちに人命を奪うことは少ないが，総体としての自然は，人間の生存にとって欠かせないものである（不可欠性）．

　自然は，すべて唯一無二のものである．生物はどの個体も原則としてすべて違う．ある場所の生態系はほかの場所とはなにかが違う．これは，それぞれの生物の進化と生態系が受け継いできた歴史の違いを反映している．すなわち，自然は固有のかけがえのないものである（固有性）．

　自然の恵みは，多くの者が共有する．山の幸，川の水，海の幸は特定の個人の所有物ではなく，**共有物**である．しかし，ある地域の自然の恵みを享受できる人数は限られている．

　各地域の生態系は相互に関係しあっている．これをシステム論では孤立系，閉鎖系に対して**開放系**と呼ぶ．上流の森林を伐採すれば下流の動植物相が変わり，隣の池を埋めればそこからトンボは飛んでこなくなる．日本などに越冬のため飛来するナベヅルは，越冬地を守るだけでは個体群を維持できず，シベリアなどの繁殖地を保全しなければならない．したがって，ある地域の自然を守るためには，近隣の自然および生物学的に結びついたほかの地方ないし国の自然を守る必要がある．逆に，ある地域の自然を改変すると，近隣およびほかの地域の自然に影響が及ぶ．そして，このような波及効果は，事前に科学的実証的に予測できるとは限らない．すなわち，私たちは自然の成り立ちをよく知らない．

　ある自然を損なうことによって地域住民が経済的な不利益を受ける場合，事業者がそれを補償することによって合意を得ることがある．しかし，本来自然の価値は，人命と同じく，お金だけで計ることはできない．生命保険金は人命そのものの代償ではなく，その人が生きていたら家族らを支えたであろう収入の代償と考えられる．自然の経済的価値も，あくまで自然が損なわれることによって被る経済的な損失だけを評価したものと考えられる．

地権者はその土地を活用して利益を得る自由があるが，地権者の私的利益がその土地の自然の価値を損なうかもしれない．その地権者にとっては経済的利益が勝っていても，社会全体として損失と考えられる場合もある．その損失は，しばしば市場経済では評価されない．すなわち，個人や企業などの経済行為が，他人の効用や生産条件に市場を経由しない負の影響を及ぼすことがある．これを「**外部負経済**」(または外部不経済)という．これは市場経済では考慮されない損失なので，自由な経済活動では避けることが難しい．そこで，**環境税**のような形で税金をかけるなどして，負経済の影響を利益を得る人などに負担させることが考えられる．**汚染者支払原則**(PPP)もその１つであり，有害物質を環境中に排出する企業や**回収**を必要とする生産物を作る企業などに，その対策費を支払わせる原則である．この対策費は製品の価格に転嫁されることがあるから，実際の負担者は必ずしも支払い者と同じではない．

　人類が存在する限り生態系に負荷をかけることは避けられない．持続可能な自然の恵みを維持するためには，生態系自身の維持機構を生態学的に解明する必要がある．生物多様性を維持する機構の１つは，遷移と自然撹乱のつりあいである．

　個体が歳を取るように，生態系も日々変わっていく．摩周湖のように澄んだ湖もやがて湿原になり，乾いた森林になることだろう．「遷移」が進むと，遷移の途中にしか生きられない生物もいる．しかし，山火事や土砂崩れや洪水，シカやイノシシの食害などの自然撹乱により，遷移は振り出しに戻る．こうして，遷移と撹乱のつりあいによって，生態系の多様性はさまざまな遷移段階の場所がモザイク状に維持される．すべてを同じ状態にしてしまっては，生態系の機能を高く保つことはできない．これは双六に似ている．双六には「振り出しに戻る」などの撹乱がある．そのためさまざまな場所に駒が散らばり，長く楽しむことができる．

　最近，ダムを見直し，まっすぐな川よりも蛇行したほうが環境に優しいといわれるようになった．しかし，蛇行したまま岸を固めてはまだ足りない．生態系にとっては，適度に洪水が起こるほうがよい．生態系の多様性は，自然状態では，すべての場所の撹乱と遷移を止めることで維持されているわけではない．遷移と撹乱のつりあいがたいせつなのである．環境基本法第三条にも，環

境の保全は,「生態系が微妙な均衡を保つことによって成り立って」いるために,「人類の存続の基盤である環境が将来にわたって維持されるように適切に行われなければならない」と記されている.

　本来,有史以前の悠久の地球史を経てきた生態系は,人為なくして存続できるはずである.したがって,放置しても自然は自らの復元力により,回復・復元することがある.復元力とは,撹乱を受けても自立的に元の状態や機能を回復する性質のことである.しかし,河川改修によって水量や土砂の流れが変わり,周囲が造成されて移動が制限され,種の地域絶滅や外来種の移入などによって,放置しても生態系の機能が回復しないことがある.図6.7に示したように,遷移と撹乱の規模と頻度により多様性がどのように維持されるかが左右される.人間の存在により自然状態からたとえば撹乱頻度が減った場合,遷移速度を下げるか,ある程度撹乱頻度を人為的に上げるような措置が必要になる.いずれにしても,本来の自然状態の多様性の維持機構にできるだけ近い形で,必要最低限の人為を加えることが推奨される.これを受動的復元の原則という.

　多様性を維持する上では,残った面積も重要である.本来広い面積でモザイク状に維持されていた多様性は,人間の存在によって面積が減ると,ある群落型がどこにもなくなってしまう恐れが高くなる.植物は埋土種子として残っても,それに特化した昆虫などの動物は絶滅する恐れがある.自然状態でも,種は地質学的時間尺度では絶滅するものであり,局所絶滅のリスクはそれより高い.面積が狭まれば,そのリスクが高くなるだろう.

　野生生物は,自然状態でもやがて死ぬ運命にある.生態系は,自然状態でも日々変化する非定常系である.自然保護とは,有限の生命を尊び,無常の生態系を維持するという「矛盾」を抱えている.生態系の営みを科学的に理解しなければ,ある保全措置が適切かどうか評価できない.人為を完全に排除することができない以上,人と自然が共存する姿にはある程度の任意性がある.生態系管理においては,はっきりと管理の目的を明らかにし,客観的定量的な目標を立てる必要性が強調されている.掲げる目的は,科学だけで決まるわけではなく,社会の合意によって決められる.

　さらに,人為による生態系の変化は部分的には確率事象であり,生態系が維持されない危険性(リスク)をゼロにすることはできない.したがって,その

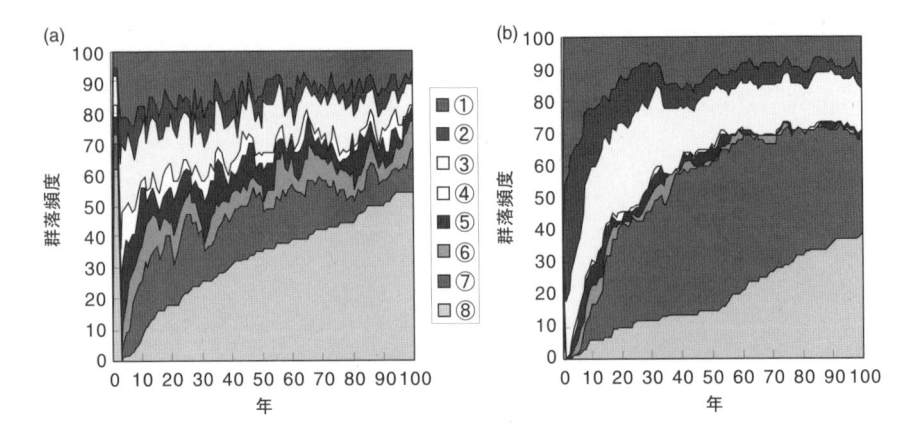

図 6.7　遷移と撹乱による群落型の変遷の計算機実験の例．実際の遷移過程とは異なるが，群落型は福井県敦賀市中池見湿地の大阪ガスによる環境影響評価書を参考に，①コナギ・オモダカ，②アゼナとケイヌビエ，③ミゾソバ，④ヒメクグ・サンカクイ，⑤チゴザサ・アゼスゲ，ミゾトラノオ，アシカキ，チゴザサ，⑥ヒメガマ，⑦ヨシ，マコモ，⑧ヤナギの各群落型を考え，①→②，①→③，②→④，②→⑤，③→⑥，③→⑦，④→⑤，⑤→⑥，⑤→⑦，⑤→⑧，⑥→⑦，⑥→⑧，⑦→⑧という形の遷移があり，上記評価書にはないが，自然撹乱により②から⑦の群落型から①などへ戻ることを考慮した遷移確率モデルによる（補足 6.6 参照）．(a) は自然撹乱頻度を高めた場合，(b) は草刈などをして遷移速度を下げた場合の計算機実験の一例．

　リスクを定量的に評価し，許容できる範囲にリスクを低く抑えるような政策を講じる必要がある．リスクとは，好ましくない事態（最終評価点）が起こる確率と，その深刻さ（ハザード）のことである．人命が簡単に生き絶えないのと同様，生物圏もおそらくは人類以上に丈夫である．けれども，人間がこれまで享けてきた豊かな自然の恵みが得られなくなることは多々ある．

　現在の生態学では，生物多様性をどう守るべきか，個々の生物を保全することの具体的な意義について，必ずしも科学的に明示することができない．個々の生物が絶滅した影響や，個々の生態系に対する人為的影響の内容は，必ずしも具体的に予測できるとは限らない．1992 年に採択されたリオデジャネイロ宣言の第 15 原則[*]では，「環境を保護するため，予防的取組みは，各国により，その能力に応じて広く適用されなければならない．深刻な，あるいは不可逆的な

---

[*] http://www.unep.org/

被害の恐れのある場合には，完全な科学的確実性の欠如が，環境悪化を防止するための費用対効果の大きな対策を延期する理由として使われてはならない」という予防原則が国際的に合意された．この文の後半は予防的取組みと呼ばれる．これが地球温暖化を阻止するための気候変動枠組み条約と地球の生物種の保全をうたった生物多様性保全条約の1つの根拠となった．種の絶滅は，明らかに不可逆事象である．森林を裸地化することは，形を変えて再生するまでに数百年を要する深刻な影響であると考えられる．

6.5　管理・保全計画の作り方

　生物多様性の保全は，しばしば種を単位に考えられる．けれども，種が同じなら個体数だけ増やせばよいというものではない．その土地に生息し，適応し，進化してきた，その土地固有の系統を用いることが奨励される（風土性の原則）．外部からもち込んだ系統では，もともといた生物と同じ種であっても，その土地の環境に適応して自生し続けるとは限らないかもしれない．また，個体群内の遺伝的変異を保つためには，その地域の系統を用いても，組織培養や少数の親から育てた種苗を用いることは好ましくない．これらは遺伝的に均質で，土地固有の遺伝子のごく一部しか残すことができない．そのため，環境変化などに応じた将来の進化の可能性を奪ってしまう．個体群が景観（単なる景色の意味ではなく，生態学では地形や植生配置および近隣の多様な生態系を含む概念として用いられる）の動的な変化に適応して進化し続ける能力を保証し，長い間存続できる個体数にまで回復させる必要がある．そのためには，地域個体群内の遺伝的変異を十分に保つ必要がある（変異性の原則）．

　その地域の自然を残すためには，絶滅危惧種だけを残すのでは足りない．図4.3の九州大学移転計画の例で示したように，各地域に生育する種は絶滅危惧種でないものも含めて個体数が少ない．自然または人為的な撹乱により多くの種がその地域からなくなる恐れがある．土地改変を伴わない自然撹乱では種は徐々にいなくなり，外から再移入されておよそのつりあいを保つことができる．地域の自然をどの程度残すかは，人間の土地利用などとの兼ね合いもあり，一概には決められない．絶滅危惧種の保全は地域の事情を超えて必要なことであ

るが，地域の自然を残すためには，その地域に伝統的に生息しているすべての種をできる限り保全すべきである（**多様性の原則**）．

　生態系の保全ないしは復元，管理を行う場合，放置できない問題点が何かを明らかにすべきである．その上で，この問題に関心をもつ利害関係者を定める．たとえば，シカ保護管理計画では地元および全国の狩猟者，シカに農作物を食べられる農家，森の樹皮をはがれる林業従事者のほか，自然保護団体や観光業者，場合によってはシカ肉の有効利用を図る鹿肉業界関係者などが利害関係者である．あとで述べるように，生物多様性同様，人間の価値観にも多様性がある．自然は限られた人々の所有物ではないのだから，多様な価値観をもつ人々の間で合意を図る必要がある．関心をもつ有識者・野生生物管理の専門家および市民には，すべての問題に何らかの機会を通じて意見を述べる権利を与えるべきである．

　問題をどのように解決するか，科学的に唯一の解はない．これは人と自然の関係であり，可能な関係の形態は多様である．先に説明したさまざまな自然保護の根拠を踏まえて，管理計画の目的を定めるべきである．2002年に定められた北海道のエゾシカ保護管理計画では，「当該鳥獣の生息状況，農林業被害や生態系の攪乱の程度等を勘案しながら，当該鳥獣の絶滅を回避し，将来にわたって安定的な生息水準を確保することを目的とする」という鳥獣保護法の特定鳥獣保護管理計画制度の文言を踏まえつつ，「道民共有の自然資源であるエゾシカと人間の共生を目指」すと記されている．これが唯一の目的の立て方ではない．以前ならば生態系保全とは書かなかったかもしれないし，シカを資産とみなすかどうかについては，科学的に是非は決められない．けれども，以前はシカの肉や皮や角などを資源として利用してきた．捕獲するなら有効かつ持続可能な利用を図ることが望ましいと考えただろう．

　科学的に唯一の解がないとすれば，目的を決めるのは社会的合意に従うべきである．したがって，目的は管理計画を策定する委員会の答申を受けて意見提出を求めて広く利害関係者と市民の意見を問い，議会などで民主的に決める必要がある．いったん決めた目的は，いわば憲法であり，軽々しく変えるべきではない．変える際には意見提出から合意形成の手続きをやり直す必要がある．このように，**合意形成**の際には，利害関係者が主体的にかかわることが重要で

あり，合意内容の責任を共有することが大切である．これをパブリック・インヴォルヴメント（住民参画）という．また，将来予期されるさまざまな問題に対して総合的に対処できるよう，抽象的でもよいから，広い視野にたって定めるべきである．上記のエゾシカ計画では，さしあたって生態系保全を図る管理目標や評価基準を定めず，おもにシカの個体数を適正水準に誘導・維持することを図っている．けれども，その結果生態系に好ましくない影響を及ぼすこともある．たとえば，狩猟者が捕獲に鉛弾を用いて仕留めた死体を放置したため，それを食べた絶滅危惧種のオオワシなどが**鉛中毒**にかかるという事態が発生した．北海道はこの問題が顕在化してから2年後にシカ猟での鉛弾の使用を禁止した．迅速に対処する上で，管理目的に生態系保全を掲げていたことは有効だっただろう．

　目的は抽象的で，将来管理の成否が明確にわかるとは限らない．計画の科学性と客観性を確保するために，その目的を実施する上で，当面実行可能な方策を定め，期限を区切った**数値目標**（あるいは客観的に成否が評価できる目標）を定めるべきである．達成できない目標を掲げることは非現実的であり，将来事業主体の責任が問われる．実現可能な数値目標を定めるには数理モデルと定量的な現状分析が欠かせない．第2章で説明したミナミマグロでは，国際管理機関であるミナミマグロ保存委員会(CCSBT)によって2020年までに1980年代の資源水準に回復させるという数値目標が掲げられた．今世紀に入って資源の減少に歯止めがかかったが，回復見通しについては楽観論と悲観論が対立した．いずれにしても，この数値目標が達成困難であるという見解で一致し，2003年に，目標を見直すことで加盟国が合意した．

　この場合には，資源の減少に歯止めをかけた点で管理はある程度成功したということができる．けれども，自ら定めた数値目標が達成できなかったというのは失敗である．数値目標の見直しにも合意形成のやり直しが必要であり，合意できない場合は，過去の合意が有効であり，さらに漁獲量を制限するなどの措置を迫られていたことだろう．

　この数値目標は，具体的な管理方策（たとえば狩猟期間，可猟区面積，1日あたりの捕獲頭数など）と連動する評価基準である．数理モデルによる将来予想は**不確実**なので，不確実性を考慮した目標を定めるべきである．将来予想を

立てるときには，しばしば未実証の仮定を用いる．たとえば，シカの自然増加率や現在の個体数は不確実である．狩猟期間を延長したときの捕獲頭数の増加も不確実である．

このような不確実性に備えるために，継続監視を行う．何をどのように調べるかも管理計画に重要である．将来，管理の成否を客観的に評価するために，数値目標が達成できるかどうかが明らかになるような調査をすべきである．

計画立案に用いる数理モデルが未実証の前提に基づき，さらに不確実性を考慮する以上，計画に基づく将来予想にも不確実性がある．不確実性がある以上，ほとんどの場合，計画が失敗する確率はゼロではない．先に述べた通り，不確実性に基づく失敗確率を数量的に表したものがリスクである．このリスクをできるだけ科学的に評価し，対策を立てることが予防原則により求められている．

本来，科学者は学界内部で仮説を提唱するが，社会に対しては実証されたことだけを提言するのが科学者の良識とされてきた．科学における実証とは，①数学の定理のように論理学的に正しいことを示すか，②万有引力の法則のように因果関係を示した上で実験や現象予測を検証するか，③統計的に帰無仮説を否定することであった．②の場合にはほかの対立仮説によって同じ現象が説明できないかを確認する必要がある．③の場合は特に注意を要する．たとえば，「真社会性昆虫のアリ類の性比は雌が多い」という仮説を考える．これを否定する仮説は「雄が多い」もしくは「雌雄ほぼ同数」である．この後者を帰無仮説という．ただし，人間の性比でも完全に同数ではなく，たまたま雄が多い場合や雌が多い場合がある．帰無仮説をより正確に表現すると「雌雄が同じ確率で独立に生まれてくる」ということである．たまたま調べたアリ類の性比が（架空の例だが）雌に働きアリも加えて雌20個体，雄5個体だったとする．雌雄1/2ずつの確率で独立に子供ができると仮定して25個体生まれたとき，たまたま20個体以上雌になる確率は，二項分布から0.2%である（補足6.8）．これは，帰無仮説「雌雄は1/2の確率で独立に生まれる」が正しかったとしても，0.2%の確率で25個体中雄が5個体かそれ以下しか生まれない確率があることを意味する．したがって，上記の観測結果から帰無仮説を否定することは，0.2%の確率で誤った結論を下すことを意味する．この過誤を「**第一種の過誤**」という．臨床医学においては，第一種の過誤とは「病気でない（帰無仮説）を誤って否

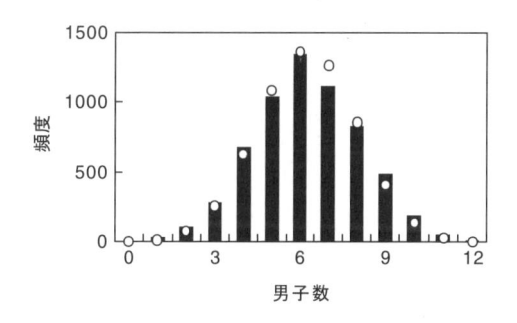

図6.8 19世紀のイギリスのある病院における12人兄弟姉妹6115事例における男子数の頻度分布（1969年Freeman社刊行のSokal & Rolf『Biometry』より）．白丸は性比の最尤推定値0.52を仮定した二項分布による期待頻度．本文および補足6.8参照．

定する」ことであり，健康な人を病気とみなす誤りのことである．

　帰無仮説を明示すれば，第一種の過誤を正確に評価することができる．ただし，帰無仮説の否定が何を意味するかは解釈の問題である．上記の場合，「雌雄は1/2の確率で生まれるが，雄を多く生む母と雌を多く生む母が半々ずついる」という対立仮説は否定していない．したがって，上記のデータから，厳密には，雄を多く生むことが支持されたとはいえない．図6.8は12人兄弟姉妹の家族ごとの頻度分布である．わずかに男子の比率が高いことと，男女の生まれる確率は独立ではなく，男女いずれかに偏った家族が統計的に有意に多いことがわかる（補足6.8）．帰無仮説のうち独立性が否定されたのだから，男女の偏りについては別の検定が必要である．

　従来の科学は，第一種の過誤を5%以下に下げることを「検証」の目安としてきた．これを**統計的有意**という．同じデータから，第一種の過誤を下げようとすれば，帰無仮説を否定するのにより慎重になる．上記のように独立性を仮定したり，正規分布でないものを正規分布と仮定すると，第一種の過誤を誤って評価することになる．

　第一種の過誤とは逆に，本来否定すべき帰無仮説を棄却しないことを**第二種の過誤**という．臨床医学では病気の人を見逃してしまうことである．環境問題では，対策不要の「負荷」を認めることが第一種の過誤であり，対策を立てるべき負荷を放置することが第二種の過誤である．第二種の過誤がリスクであり，第一種の過誤はそのリスクの確からしさを表すといえる．

第一種の過誤の大きさは，帰無仮説が単純であれば厳密に評価できる．環境問題における予防原則とは，第二種の過誤を避けることを優先するという原則である．そのリスクの大きさは，どのような対立仮説をおくかに左右される．たとえば，「ある新たな化学物質が毒性をもっている」という作業仮説を考える．帰無仮説が否定できないことは帰無仮説が正しいことを意味しない．表6.2に示すのは真の生起確率が0.6の場合の，さまざまな生起確率の仮説が否定される確率を示す．0.5という帰無仮説も否定できないことがある．それはデータ総数に左右される．データ総数が50の場合，生起確率0.5という帰無仮説は否定されない．これは毒性がないという帰無仮説が統計的に否定できないだけであって，毒性があるという仮説も否定されたわけではない．特に，真の確率が0.5のとき，わずかに0.5より高い仮説はほとんど否定しがたい（表6.3）．

　リスクを測るときは，受け入れがたい「よくない事象」を最終評価点として定め，その生起確率を求める．それは最尤推定値（表6.2の場合には生起確率0.6）とは限らない．また，第一種の過誤は原則として5%以下とするという科学者の合意があるが，予防原則では，通常の科学では否定される場合でも対策をたてることがある．さらに，第二種の過誤をどの程度避けるべきかということに，現時点で合意はない．5%どころか，もっとずっと低い第二種の過誤も避

表6.2　第一種の過誤とデータ数の関係．真の確率が0.6で総数の6割の発生回数があるデータがあるとき，1行目に示した生起確率が否定されない確率（第一種の過誤）．データ総数が多いほど，0.6未満や0.6より高い生起確率の仮説を否定しやすくなる

総数	度数	0.50	0.52	0.54	0.56	0.58	0.60	0.62	0.64	0.66	0.68	0.70	0.72	0.74
40	24	13%	20%	27%	37%	47%	56%	46%	35%	26%	18%	12%	7%	4%
50	30	10%	16%	24%	34%	45%	55%	44%	33%	23%	14%	8%	4%	2%
60	36	8%	13%	21%	31%	43%	55%	42%	30%	20%	12%	6%	3%	1%
70	42	6%	11%	19%	29%	42%	55%	41%	28%	17%	10%	5%	2%	1%
80	48	5%	9%	17%	27%	40%	54%	40%	26%	16%	8%	4%	1%	0%
90	54	4%	8%	15%	26%	39%	54%	39%	25%	14%	7%	3%	1%	0%
100	60	3%	7%	13%	24%	38%	54%	38%	23%	12%	6%	2%	1%	0%
110	66	2%	6%	12%	23%	37%	54%	37%	22%	11%	5%	2%	0%	0%
120	72	2%	5%	11%	22%	36%	53%	36%	21%	10%	4%	1%	0%	0%

表 6.3 第二種の過誤とデータ数の関係．真の確率が 0.5 のとき，1 行目に示した生起確率を受け入れてしまうような高い発生頻度が生じる確率（第二種の過誤）．0.5 よりわずかに多いという仮説はなかなか否定されない

総数	度数	0.50	0.52	0.54	0.56	0.58	0.60	0.62	0.64	0.66	0.68	0.70	0.72	0.74
20	10	59%	52%	44%	37%	31%	24%	19%	14%	10%	7%	5%	3%	2%
30	15	57%	48%	40%	31%	24%	18%	12%	8%	5%	3%	2%	1%	0%
40	20	56%	46%	36%	27%	19%	13%	8%	5%	3%	1%	1%	0%	0%
50	25	56%	44%	33%	24%	16%	10%	6%	3%	1%	1%	0%	0%	0%
60	30	55%	43%	31%	21%	13%	7%	4%	2%	1%	0%	0%	0%	0%
70	35	55%	41%	29%	19%	11%	6%	3%	1%	0%	0%	0%	0%	0%
80	40	54%	40%	27%	17%	9%	4%	2%	1%	0%	0%	0%	0%	0%
90	45	54%	39%	26%	15%	8%	3%	1%	0%	0%	0%	0%	0%	0%
100	50	54%	38%	24%	13%	6%	3%	1%	0%	0%	0%	0%	0%	0%

けるべきであるという政策が合意されることがある．確かに，死亡率が 5% もあればたいへんである．

　第二種と第一種の過誤の両方を評価し，明記すれば，リスクもその確からしさも周知することができるだろう．いずれにしても，リスクをゼロにするのではなく，リスクをできるだけ低い水準に抑えることをリスク管理という．

　リスク管理を行うときには，どのような事態を避けようとしているか，すなわち最終評価点を明らかにすべきである．また，どのような前提を用いてリスク評価したかを明記すべきである．評価手法に異論がある場合は，さまざまな見解を併記することができる．その上で，さまざまな政策によって予想されるさまざまなリスクを評価し，社会的合意によって政策を決める必要がある．これをリスクコミュニケーションという．

6.6　生物多様性保全の指針[*]

　地球環境はつねに変動し続けている．第 1 章で述べたように，つねに太陽活

---

[*] 本節の内容の一部は，松田裕之 (2004) 生態系保全のための十の戒め，理科教室．47(2): 8-15 の内容を加筆修正したものである．

動の変動，大陸の離合集散，大隕石衝突などの「撹乱」にさらされ，その中で地球上の生命が40億年近くも生き延びてきた．その意味で，地球の生態系は丈夫である．人類の産業活動によって地球上の生命が全滅するわけではない．恐竜が絶滅した時代だけでなく，さまざまな規模で，地球上の生命が大量に絶滅した時期は過去にもあった．

　誤解しないでいただきたいが，全滅しなければかまわないというのではない．私たちが環境を守れというのは，人類や民族の存続のためではない．私たち1人1人と，その子孫たちの幸せのためである．その意味では，地球環境への負荷，少なくとも生物多様性の喪失は，すでに許容限度を超えたものになっている．

　自然は恵み豊かなものだが，同時に厳しいものである．野生生物は常に死と隣り合わせに生きている．自然をたいせつにすることと，危険を避けることは，必ずしも両立しない．ダムを作らないと何十年に一度は洪水に遭うかもしれないが，ダムを作ればサケが遡上できなくなる．クマはときどき人を襲う．そのクマが函館市のすぐ近くまで住んでいる．けれども，クマに襲われて死ぬ人の数より，クルマに轢かれて死ぬ人のほうがずっと多い．それでも多くの人々は，自動車に乗りながら，クマが出ると駆除を望む．自動車は運転手自身が死ぬリスクだけでなく，無関係な歩行者を死に至らしめるリスクも高い．

　現代先進国の平均寿命は，前近代よりずっと長い．平均寿命の伸びは現代先進国人の健康リスクが昔よりずっと低いことを意味している．それでも，食品添加物などでは，10万人に1人が死ぬような新たな死因は規制対象になる．その反面，生物の絶滅リスクは現代のほうが前近代よりずっと高い．絶滅危惧種に対して社会で合意される保全措置は，それを守れば絶滅しないということではなく，社会的に実行できる最低限の措置にすぎない．地球温暖化対策としての温室効果ガス排出規制もそうである．人間活動による温室効果ガスの排出と地球温暖化の関係はまだ科学的に実証されたわけではないが，因果関係があるとすれば，京都議定書の提案どおりに制限しても大気中のCO_2濃度の上昇が止まるわけではない．将来はもっと強い対策をとらなければならないだろう．

　ドバトに餌を与えることが動物愛護だと考えている人がいる．さらに，ニホンザルやヒグマに餌を与える人までいるらしい．けれどもサルやクマは本来人

を避け，一定の距離を置くことで人間と共存してきた．サルやクマがヒトを恐れなくなることで，畑を荒らし，人を襲うなどの被害がでてきている．日光市はサルの餌やりを禁止する条例を作った．米国イエローストーン国立公園には，「ゴミがクマを殺す」「餌づけされたクマは死んだクマ (A fed bear is a dead bear)」という標語がある．人を避けずに襲ってくるクマは殺さざるをえないという意味である．

　外来種の種子を地面に捨てれば，それが生えるかも知れない．そのほうが生命を尊んでいると思うかも知れないが，生態系を撹乱するので，上記の風土性の原則からは避けるべきである．自然に運ばれる距離を超えて人の手でもち込んだ生物は，捨ててはいけない．ペットなども同じである．そもそも飼っているものを「野に放つ」のは，外来種でなくても無責任である．

　絶滅危惧種でなくても，野生生物を食用にすべきではないという意見もある．私の個人見解だが，動物愛護の観点からは，家畜と野生動物の生命に貴賤をつけるべきではないと思う．近年，米国の生態学関係の大学院生では，家畜の肉も魚も食べない菜食主義者が増えているようである．他方，米国民の間で寿司や魚食が流行し始めている．文化や価値観も時代とともに変わり，かつ多様性がある．

　地域生態系は互いに関係している．しかし，1つが壊れるとすべてに波及するような関係ではもろすぎる．これは人間社会の組織論にも通じる．インターネットではデータを分散したほうが事故の被害が少ない．電器製品の部品はモジュール化しておけば，故障した部分だけ取り替えれば済む．昔の家電製品の内部はもつれたスパゲッティのように配線が入り組んでいた．それよりも，部品や小組織をまとめたモジュールを作り，モジュールごとの役割をはっきりさせ，相互の連絡は限られた手段で行うほうが管理しやすい．生物の臓器もそのようになっている．

　生態系は，意図してそうなったわけではないが，大陸や島，川の流域ごとにある程度独立した生態系を作っていることで，1つ1つは絶滅の恐れがあるが，環境の激変にどこかで耐えられるようになっている．適度に移動するのがよい．ところが，現代ではアユの種苗放流に混ざってさまざまな魚介類が，本来移動しないはずの場所に移動し，新天地に根づいている場合がある．生態系でも，

「グローバル化」は風土性や地域固有の歴史を奪っている．生態系の劇的な変化を避け，回復力を保つために，大陸・国家・地域単位の生物相を維持すべきである．農林水産業対象生物は以前から多くの外来種・外来品種がもち込まれ，最近ではペットなども大量の外来種が輸入されている．

また，生態系の保全や管理に地域外の税金を大量に使い続けることが難しいとすれば，地域の生活や産業が成り立つ中で，環境を守る方策を講じる必要がある．地域が自立していることは，生態系と地域社会の健全さの指標の１つである．地域社会が自立していれば，貧しくとも自分の意思で自然を守ることができる．けれども，いったん公共事業づけになった地方経済は，なかなか改めることが難しい．こうした観点から，少なくとも長期的には，地域産業の自立を図り，自然の恵みを利用しながら必要な管理政策の費用をまかなうことが望ましい．

繰り返すが，生態系の状態は不確実にしかわからず，放置しても変化する非定常系である．それにもかかわらず取り返しのつかない変化に至らないのは，生態系自身に負のフィードバック機構があるからだと考えられる．生物体自身にも定常状態から大きくずれない恒常性がある．けれども，生態系のフィードバック機能（安定性）は生物体の恒常性とは異なり，全体の機能を維持するような自然淘汰が働いた結果ではないと何度も強調している．このように客観的に生態系の仕組みを理解する中で，生態系と人間のかかわり方，人間の自然観を見つめ直すことができるだろう．自然は厳しくも恵み豊かなものである．

絶滅の恐れがあるのは希少生物やその土地固有の生態系だけではない．伝統的な文化や産業，地方の言語も生物以上に絶滅の恐れがある．ミンククジラなどはそれほど心配すべき状態ではないが，アメリカ合衆国の歴史より長い歴史をもつ伝統捕鯨は絶滅の危機にある．鬼頭秀一『自然保護を問いなおす』（筑摩書房）によると，自然保護とは，私たちの生活が自然の恵み，それを食糧などとして供給する生産者などの手を経て初めて成り立つ社会のつながりを大切にし，取り戻すための行為の一環なのである．

自然と人間の関係も，どのようにすればうまくいくかがすべてわかっているわけではない．生物だけでなく，自然と人間の関係も進化し，持続可能にうまくやる方法が残ってきたと期待される．持続可能性の観点から，伝統的な技術

や制度の有効性を科学的実証的に吟味し，理解すべきである．さらに，よりよい技術や制度が考えられる場合にも，その有効性と安全性が短期的な効率や副作用を無視した費用対効果に基づくものではなく，生態系の持続可能性を保証するかどうかを注意深く監視しつつ，順応的に導入すべきである．

　環境は1人で守るものではない．多くの者の協力がなくては成り立たない．そして，1人で守るより難しい問題がある．先に述べたように，それは共有地の悲劇と呼ばれる．環境は誰のものでもなく，いわば共有物である．魚を獲れば獲った人のものになる．獲りすぎれば人類全体の未来を損なう．現在の利益は獲った人のものになり，いわば，正直者が損をする仕組みになっている．したがって，利害関係者が多いほど環境を守ることは難しい．どんな場合に信頼関係が成り立つかについては，第5章で説明したゲーム理論が役に立つ．

　持続可能性とは，現世代が得ている自然の恵みを後世の人々に残すことである．それと同時に，先進国が得ている恵みを途上国の人々にも与えるべきである．後世との平等よりも，まず途上国の現実を見るべきである．先進国の基準だけで途上国の環境や自然保護を議論すべきではない．総合的には，途上国の人のほうが環境負荷は低いのであり，彼らも，より快適な生活を望む権利があるだろう．

　自分が望むことを相手にも施せというのは，第5章で説明した互恵主義の論理である．ただし，自分と同じ価値観をもつとは限らない．ゲーム理論は，互いのとりうる手と，価値基準が明示されていれば（すなわち，表5.2のような利得表が互いにわかっていれば），異なる価値観の相手とのゲームも解析できる．そして，非協力解や互恵主義の解を見出すことができる．重要なのは，互恵主義とともに，互いの違いを認識しあい，尊重しあうことである．自分も環境負荷をかけているのに，相手の負荷を批判する．もちろん，互いに負荷を減らしたほうがよいが，重要なことは人と自然の関係，人と人との関係が人間の存在と幸福にとって欠かせないことを知り，持続可能な社会を作り上げることである．生態学は発展途上の科学であり，特に，第6章で説いた内容は今後急速に発展することだろう．だいじなことは，各自が自分の頭で考え，広い視野をもって自然と社会のことを考えることである．

　本章で説明したように，環境問題は，ある意味で人知を超えた問題である．

また，価値観の相違がしばしば深刻な対立を生む．行政対市民，先進国対途上国のような対立がしばしば生じる．だからこそ，科学者の役割は大きい．現在どこまで明らかになっていて，何がわかっていないか，どうすれば間違いが少ない政策を選ぶことができるかを，真摯に考えてみるべきである．環境問題は複雑であり，多元的である．結論を決めてから理屈をこねてはいけない．部分的には相手の論理のほうが筋が通っていることは多々ある．明らかに間違っていること，真偽不明のこと，正しいことを1つ1つ吟味しなくてはいけない．自分だけで判断できないことは，専門家の意見を聞いた上で判断しなくてはいけない．そのために，他分野の人や市民にわかりやすくかつ正確に説明する能力が求められる．

その上で，真贋を1つ1つわきまえる科学的見識が市民にも求められている．これを科学的読み解き能力（科学的リテラシー）という．科学を信じないことも，科学を過信することも，正しい結果をもたらさないだろう．順応的管理・予防原則・リスク評価・パブリックインヴォルヴメントの考え方は，現代科学の限界をわきまえた新たな科学的思考を目指したものである．それはまだ発展途上であり，これら4つの用語を同時に扱う教科書は，本書を除けば，インターネットで検索する限り，世界的にも見当たらない．それは，1つ1つの現実の自然保護と環境の問題を解決する中で，今世紀中に確立すべき新たな科学である．読者も，それをともに担うことができる．

■問 6.6　漁業を環境の指標とすると，対策が後手に回るのではないか？

6.7　補足

補足 6.1　減り続ける個体群の絶滅過程

図 6.1 のように減り続ける個体群の個体数変化は，減少率が一定のとき，以下のように表される．

$$N_{t+1} = RN_t \quad \text{または} \quad \log N_{t+1} = \log R + \log N_t \tag{6.1}$$

ただし N_t は年 t の個体数，R は増加率（$1-R$ が減少率）を表す．減少している場

合には $R<1$ すなわち $\log R<0$ である．これは図 6.1 の実線のように，片対数グラフでは直線になる．

環境が変動するときは，R が時間 t とともに変化する．これを R_t と表し，

$$R_t = \exp[\check{r} + \sigma_e Z_t] \tag{6.2}$$

$$N_{t+1} = R_t N_t \quad \text{または} \quad \log N_{t+1} = \log R_t + \log N_t = \check{r} + \sigma_e Z_t + \log N_t$$

とする．ただし $\check{r}$ は R の対数であり，$e^{\check{r}}$ は増加率の幾何平均である．σ_e は環境変動による増加率の対数の変動幅を表し，Z_t は -1 から 1 の間の一様乱数を表す（σ を標準偏差とする正規乱数を用いてもよい）．図 6.1 の白丸は，このような環境確率性を考慮した個体数変化の一例である．

これらは人口確率性を無視したが，個体数が減ってくると，運よく子供をたくさん残したり，運悪く死んでしまうような偶然性が無視できなくなる．本文中で述べたように，このような人口確率性の大きさは，個体数の平方根に比例するから，

$$N_{t+1} = RN_t + \sigma_d z_t \sqrt{N_t} \tag{6.3}$$

などと表される．ここで σ_d は人口学的確率性による変動幅でおおむね世代時間の平方根に比例し，z_t は -1 から 1 の一様乱数とする（正規乱数のほうが正しい）．

補足 6.2　出生死亡過程

今度は式 (6.1) で R が正の場合を考える．時刻 t の個体数を N_t とおく．1 個体あたりの死亡率を D，1 個体が 1 単位時間あたりに子供を生む確率を B とする．ある時刻から微小時間 dt 後までの間に N_t 個体のうちのどれかが子供を生む確率は $BN_t dt$，どれかが死ぬ確率は $DN_t dt$，どちらかが起こる確率は $N_t(B+D)dt$ である．微小時間なので，両方同時に起こる確率は無視した．Δt 単位時間後まで個体数が N_t のままである確率 P は

$$P = e^{-(B+D)N_t \Delta t} \tag{6.4}$$

と表される．これは $dP/dt = -(B+D)N_t P$ という微分方程式の解である．この式を t について解くと $t = -\log P/(BN_t + DN_t)$ となる．t 時間後まで出生も死亡も起こらない確率は図 6.9 のように表される．逆に計算機実験で次の出生か死亡が起こ

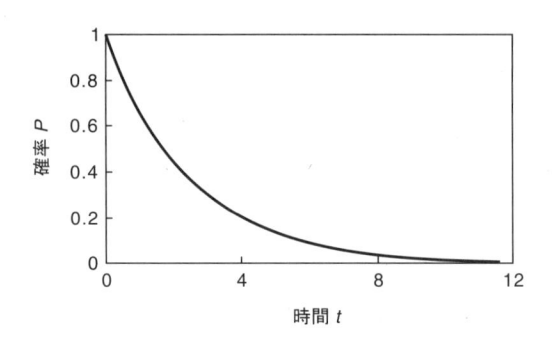

図 6.9　t 時間後まで出生も死亡も起こらない確率.

までの時間は，0 から 1 の一様乱数を引き，それが確率 P と一致する時間である．したがって，z を 0 から 1 の一様乱数とすると，個体群に出生か死亡が起こるまでの時間 t は，$t = -\log z/(BN_t + DN_t)$ と表される．そのとき，$B/(B+D)$ の確率で出生が，残りの確率で死亡が起こる．このような確率過程を，出生死亡過程という．いったん個体数が 0 になると，もはや個体群が復活することはない．

出生または死亡の過程に密度効果を考慮することもできる．たとえば

$$B(N_t) = B_0 \left[1 - \frac{(B_0 - D)N_t}{KB_0} \right] N_t \tag{6.5}$$

とすれば，$N_t = K$ のとき，出生率と死亡率がつりあう．

補足 6.3　メタ個体群動態

局所個体群がいる生息地の数の動態を考える．潜在的な生息地を含めた全生息地数を K_p，ある生息地から新たな生息地に進出する頻度を r_p，ある生息地の局所個体群が消滅する頻度を D_p とする．局所個体群内の個体数の動態は考えず，局所個体群の数だけで議論する．

いま，局所個体群数を x とすると，あいている潜在的自生地は $K_p - x$ だから $r_p x(K_p - x)$ の確率で新たな自生地が確立する．また，$D_p x$ の確率で 1 つの自生地が消滅する．そのどちらかが起こるまでの平均待ち時間は，補足 6.2 と同じく $1/[r_p x(K_p - x) + D_p x]$ である．時刻 t に自生地数が x である確率を $P_x(t)$ とおくと，

$$P_x(t+1) = P_{x-1}(t)r_p(x-1)[K_p - (x-1)] + P_{x+1}(t)D_p(x+1)$$
$$+ P_x(t)[1 - r_p x(K_p - x) - D_p x]$$

ただし t 年目の絶滅リスク $P_0(t)$ は以下の漸化式に従う．

$$P_0(t+1) = P_1(t)D_p + P_0(t)$$

この連立漸化式で，$r = 0.05$，$D = 0.3$，全生息地数 K と初期の現存生息地数 $x(0)$ を $(K, x(0)) = (20, 10), (10, 10), (20, 5)$ とすると，それぞれ図 6.3 の点線，太線，細線が得られる．

補足 6.4　最大持続収穫量

ある生物資源の資源量 N が以下のように変化するとする．

$$\frac{dN}{dt} = r\left(1 - \frac{N}{K}\right)N - C \tag{6.6}$$

これは第 2 章で説明したロジスティック方程式に単位時間あたりの漁獲量 C を考慮したものである．平衡資源量 N^* は以下の式で与えられる．

$$N^* = \frac{Kr \pm \sqrt{Kr^2 - 4CKr}}{2r} \tag{6.7}$$

複号の + と − は，図 6.5(a) の太い曲線と細線が交わる 2 つの点を表し，+（大きいほう）は安定で，−（小さいほう）は不安定である．小さい平衡資源量より減ってしまうと，増加量より漁獲量のほうが大きく，資源は減り続ける．

式 (6.6) で与えられた平衡資源量が存在するためには，平方根の中が負ではいけない．そのため，

$$C \leqq Kr/4 \tag{6.8}$$

を満たさねばいけない．この等号が持続可能な漁獲量の最大値を表し，このときの C が最大持続収穫量である．

式 (6.6) では漁獲量 C を与えたが，漁獲努力量 E を一定に与える場合を考える．

$$\frac{dN}{dt} = \left[r\left(1 - \frac{N}{K}\right) - E \right] N \tag{6.9}$$

このとき，漁獲量 C は $C = EN$ と漁獲努力量（たとえば漁船の数や操業日数）と資源量の積で与えられると仮定する．平衡資源量は $N^* = K(1 - E/r)$ であり，$C = EN^* = EK(1 - E/r)$ となる．これは漁獲努力量 E の二次式であり，中庸の $E = r/2$ のとき最大持続収穫量 $Kr/4$ になる．今度は，努力量がこれ以上であっても，$E < r$ である限り資源は絶滅しない．

補足 6.5　共有地の悲劇

式 (6.9) の状況で，漁業国 A と B が，それぞれ漁獲努力量 E_1 と E_2 で共通の資源を利用するとする．このとき，資源量 N の時間変化は，

$$\frac{dN}{dt} = \left[r\left(1 - \frac{N}{K}\right) - E_1 - E_2 \right] N \tag{6.10}$$

と表される．それぞれの国の漁獲量 C_1 と C_2 は，それぞれ $C_1 = E_1 N$ と $C_2 = E_2 N$ であり，平衡状態では $N^* = K[1 - (E_1 + E_2)/r]$ であり，漁獲量は

$$C_1(E_1, E_2) = \frac{E_1 K}{r}[r - (E_1 + E_2)], \ C_2(E_1, E_2) = \frac{E_2 K}{r}[r - (E_1 + E_2)] \tag{6.11}$$

と表される．つまり，各国の漁獲量は自分の国の漁獲努力と，相手のそれの関数である．それぞれの国の漁獲量を増やすような状況は，第 5 章で説明したゲームの状況であり，非協力解は

$$\frac{\partial C_1}{\partial E_1} = \frac{K}{r}(r - 2E_1 - E_2) = 0, \ \frac{\partial C_2}{\partial E_2} = \frac{K}{r}(r - E_1 - 2E_2) = 0 \tag{6.12}$$

の連立方程式の解であり，$E_1 = E_2 = r/3$ である．このときの漁獲量は $C_1 = C_2 = Kr/9$ であり，その合計 $2Kr/9$ は最大持続収穫量より少ない．この考え方は，第 5 章で説明した同型配偶の非協力解で説明したものと同じである．

補足 6.6　遷移と撹乱を考慮した状態遷移確率モデル

100 の面分を考え，図 6.7 に示した 8 つの群落型について，それぞれの群落型が以下のような状態遷移行列により確率的に遷移すると考える．つまり，ある年に群落型 i である面分が翌年 j になる確率を a_{ij} とする．これを i 行 j 列の要素とする行列 $\mathbf{A}$ を以下のように仮定した．

$$\mathbf{A} = \begin{vmatrix} 0.2+0.8m & (1-D) & (1-D) & (1-D) & (1-D) & (1-D) & (1-D) & 0.00 \\ 0.4(1-m) & mD & 0.00 & 0.00 & 0.00 & 0.00 & 0.00 & 0.00 \\ 0.4(1-m) & 0.00 & D[1+0.22(1-m)] & 0.00 & 0.00 & 0.00 & 0.00 & 0.00 \\ 0.00 & 0.5(1-m)D & 0.00 & D/2 & 0.00 & 0.00 & 0.00 & 0.00 \\ 0.00 & 0.5(1-m)D & 0.00 & D/2 & 0.63D & 0.00 & 0.00 & 0.00 \\ 0.00 & 0.00 & 0.11(1-m)D & 0.00 & 0.25D & 0.74D & 0.00 & 0.00 \\ 0.00 & 0.00 & 0.11(1-m)D & 0.00 & 0.06D & 0.25D & 0.99D & 0.00 \\ 0.00 & 0.00 & 0.00 & 0.00 & 0.06D & 0.01D & 0.01D & 1.00 \end{vmatrix}$$

ただし $1-D$ は撹乱により①コナギ・オモダカ群落に戻る確率，m は草刈などの保全措置により遷移を止める効果を表す．

図 6.7 に用いたこの状態遷移行列では，⑧のヤナギ群落から他の状態への遷移や撹乱を無視したが，わずかでもそれらの確率があれば，ヤナギ群落が増え続けるとは限らない．また，撹乱が近隣の面分に同時に生じやすいとは仮定していない．図 6.7(a) では $D=0.8$, $m=0$, (b) では $D=0.99$, $m=0.9$ として計算したものである．

補足 6.7　許容漁獲量と順応的管理

t 年目の資源量 N_t の動態が以下の式で表されるとする．

$$N_{t+1} = (N_t - C_t)\exp[r_t - a(N_t - C_t)] \tag{6.13}$$

ただし $a = \check{r}/K$,

$$r_t = \rho r_{t-1} + (1-\rho)[\check{r}(1+\sigma_r Z_t)], \quad \tilde{N}_t = N_t(1+\sigma_e z_t) \tag{6.14}$$

および

$$C_t = F(\tilde{N}_t)N_t(1+\sigma_c \zeta_t) \tag{6.15}$$

である.ここで $\check{r}$ は内的自然増加率 r_t の幾何平均値, ρ は r_t の自己相関係数(ここでは,前年の値に近い値をとる度合い), σ_r はそれぞれ r_t の年変動の大きさ, $\tilde{N}_t$ と σ_e はそれぞれ資源量 N_t の推定値とその推定誤差の大きさ, Z_t と z_t は -1 から 1 までの一様乱数, $F(\tilde{N}_t)$ は推定資源量と漁獲係数の関係を表し,これを図 6.6(a) のような管理規則によって定める. σ_c は管理規則の実施の不確実性による実際の漁獲係数(または結果的に漁獲量)の変動性を表し, ζ_t はやはり -1 から 1 までの一様乱数, C_t は t 年目の漁獲量を表す.

管理規則は,図 6.6 では以下のように定められている.

$$F(\tilde{N}) = \begin{cases} 0, & \text{if } \tilde{N} < N_{crit} \\ (\tilde{N} - N_{crit})F_{target}/(N_{limit} - N_{crit}) & \text{if } N_{crit} \leqq \tilde{N} < N_{limit} \\ F_{target} & \text{if } \tilde{N} \geqq N_{limit} \end{cases} \quad (6.16)$$

つまり,2 つの閾値 N_{crit} と N_{limit} があり, N_{crit} 未満だと全面禁漁, N_{crit} と N_{limit} の間なら漁獲係数 F は直線的に増加し, N_{limit} 以上なら F は一定とする.

少し説明が煩雑になったが,この数理モデルには推定誤差,過程誤差,漁獲努力量の不確実性という 3 つの不確実性を考慮している.図 6.6 の例では $(\check{r}, K, \rho, N_{crit}, N_{limit}, F_{limit}, \sigma_r, \sigma_e, \sigma_c) = (0.5, 1000, 0.7, 200, 600, 0.4, 0.8, 0.3, 0.1)$ と表される(問 6.7).

> **問 6.7** 図 6.6 で与えられたパラメータの値の下で,平均漁獲量を最大にする管理規則(N_{crit}, N_{limit}, F_{limit})を求めよ.そのとき,資源はどの程度保護されるか? 禁漁の頻度や漁獲量の分散なども含め,望ましい漁業管理規則を考えよ.

補足 6.8 二項分布

確率 p で起こる独立事象が, n 個の標本中 k 回起こる確率 P_k は,二項分布により

$$P_k = \binom{n}{k} p^k (1-p)^{n-k} \quad (6.17)$$

である.ぴったり k 回起こる確率は低いが,それより極端な事象すべてが起こる累積

確率は,

$$\sum_{i=0}^{k} P_i = \sum_{i=0}^{k} \binom{n}{i} p^i (1-p)^{n-i} \quad \text{または} \quad \sum_{i=k}^{n} P_i = \sum_{i=k}^{n} \binom{n}{i} p^i (1-p)^{n-i} \quad (6.18)$$

である. $p = 1/2$, $n = 25$, $k = 5$ のとき, $i = 0$ から 5 までの累積確率は約 0.2% である.

図 6.8 の 12 人兄弟姉妹の例では, 男子数が x である家族の頻度を f_x とする. 帰無仮説として, ある母親が次に男子を生む確率は常に p で独立 (前回男子を生んだか女子を生んだかにかかわらず次に男子が生まれる確率が p) とし, この p を 0.5 であるとする. 全部で $n = 6115$ 家族の $N = 73{,}380$ 人の子供のうち, 男子数は総計 38,100 人であるから, 平均性比は約 52% である. 式 (6.18) の $i = 38100$ から $73{,}380$ までの総計を求めるのはたいへんなので, 同じ平均と分散をもつ正規分布で近似する. $p = 0.5$ のとき期待男子数は 36690 人だから偏差は $(38100 - 36690)/\sqrt{Np(1-p)} = -2.60$ であり, 累積正規確率は 0.46% である. この値は, Microsoft Excel では Normsdist(-2.60) という関数で得られる. つまり, 帰無仮説は棄却される.

次に性比 p を 0.5 と仮定せずに推定する. 性比が p の二項分布 (つまり, やはり男子が生まれる確率は母親によらず独立に p である) を仮定すると, 12 人兄弟姉妹の中で男子が k 人である確率 P_k は式 (6.17) で与えられる. 実際の頻度が f_k であるから, ($\sum_k f_k = 12$) 図 6.8 のような頻度分布になる確率は多項分布により

$$L = \prod_{i=0}^{12} \frac{12!}{f_0! f_1! \dots f_{12}!} P_i^{f_i} \quad (6.19)$$

である. ただし $\prod$ は和の記号 $\sum$ に対応する積の記号である. この L が最大になるような p を, 最尤推定値といい, そのときの L を尤度 (もっともらしさ) という. この対数をとると

$$\log L = \left(\frac{12!}{f_0! f_1! \dots f_{12}!} \right) + \sum_{i=0}^{12} f_i \log P_i \quad (6.20)$$

右辺第 1 項は p に無関係だから, 第 2 項を最大にする p を求めればよい. その結果は平均性比 52% に等しくなる.

では二項分布に従うかというと，そうとはいえない．これは χ（カイ）**自乗検定**で検定できる．男子が x 人となる確率は P_x であるから，期待頻度は家族数 n をかけて nP_x であり，実際の頻度とのずれの総和

$$X^2 = \sum_{i=0}^{12} \frac{(f_i - nP_i)^2}{nP_i} \tag{6.21}$$

を求める．この分母は期待頻度である．この値（統計量）は自由度 $12-1$ の χ 自乗分布に従うことが知られていて，二項分布が正しければ，それが 110.5 以上にずれる確率（第一種の過誤）は 1.45×10^{-45} というたいへん低い値になる．したがって，男女どちらが生まれるかは独立ではなく，家族によって男女どちらかを生みやすい傾向があることになる．

その上で，はたして男子が生まれる確率が高いかどうかは，別の吟味が必要である．あくまでも「男女どちらが生まれるかが独立として，性比が 0.5」という帰無仮説が否定されただけである．

# 第 7 章

問題解答例*

第 0 章

問 0.1　略

問 0.2　略

問 0.3　略

問 0.4　大量生産の流れ作業とは異なり，渾然とした細胞内で秩序だった一連の反応が進むのは，酵素の働きによるものである．細胞のような小さくて，細胞と同じ機能をもつ人工物を作ることは，前世紀以来の科学技術の懸案の1つである．

問 0.5　特に配偶子の大きさが著しく異なるとき，大きいほうと小さいほうをそれぞれ卵と精子といい，その合体を受精，その接合子を受精卵という．卵子を作るほうが雌，精子を作るほうが雄であり，成体の大きさは種によって違い，必ずしも雄が大きいとも小さいとも限らない．

第 1 章

問 1.1　反応速度は少ない資源の量に強く制限される．これをリービッヒの最小律という．

問 1.2　初期の大気は鉄に酸素が吸収されて酸素のない還元的な大気であり，嫌気

---

* 最新情報は，ホームページ http://risk.kan.ynu.ac.jp/matsuda/2004/ecology.html に掲載する．

的生物が先に誕生したと考えられる

問 1.3 　表 1.2 に示したとおり，どちらも陸のほうが多い．一次生産力は陸が海の約 2 倍であり，生物体量は陸が海の 500 倍近いと見られている．

問 1.4 　海があることが地球の生命の誕生に必須だったと考えられる．火星にもかつて海があったと考えられ，生命がいたかもしれない．

問 1.5 　冥王代の大気は酸素がほとんどなく，二酸化炭素が大量にある金星のような大気だったが，光合成生物の誕生により二酸化炭素が減り酸素が増えてきた．古生代以降はおおむね，植物が繁茂すれば大気中の二酸化炭素が減って酸素が増える関係にある．

問 1.6 　ほとんどの生物種は環境変化などによって絶滅している．しかし，新たな生物が現れて生物圏を維持している．

問 1.7 　陸地の多い北半球の夏に当たる 6 月に CO_2 濃度が下がり，12 月に上がる．

問 1.8 　レジームシフトはサイン曲線のように滑らかに変わるのではなく，2，3 年の過渡期を経て別の状態に変わり，明確な周期はない．

問 1.9 　略

問 1.10 　哺乳類の場合，昆虫食（無脊椎動物食）と脊椎動物食を区別することが多い．魚類の場合，プランクトン食，底生生物食と魚食を区別することが多い．魚卵を食べるのは，むしろプランクトン食魚である．生態系モデルでは，植物プランクトン，小型動物プランクトン，大型動物プランクトンなどごとに生物体量や被食量を調べ，種組成を詳しく見ることは少ない．

問 1.11 　陽生植物．そのほうが，強い光を「弱めて」利用することができる．

問 1.12 　略

問 1.13 　収斂進化とよく似ているが，系統的に近い生物群が互いに隔離された後にいくつかの生活形をもつ種に分化し，それぞれの種に似た種が互いの系統間に見られることを，**並行進化**という．典型例は，9000 万年前に豪州大陸に侵入した有袋類とその後旧大陸などで進化した有胎盤類の並行進化である．後者におけるオオカミやネコ属，樹上から滑空するモモンガ，居穴性の植食者マーモット，オオアリクイ属，地中の昆虫食者モグラに対応して，それぞれフクロオオカミ属，フクロネコ属，フクロモモンガ属，ウォンバット，フクロアリクイ属，フクロモグラ属が進化している．このうちフクロオ

オカミ属は絶滅した.

問 1.14　略

問 1.15　略

第 2 章

問 2.1　競争である．この場合に死んだ個体は勝者の資源になったわけではない．勝者側の損失がほとんどない場合でも，もともと敗者がいないときより多くの資源を得たわけではないだろう．

問 2.2　群れ生活を送る場合など．

問 2.3　勝ち抜き型＝中間（最終収量一定則に対応），共倒れ型＝過大補償．

問 2.4　団塊の世代が出産適齢期を迎えて，親の数が多かったからである．

問 2.5　①世代時間が長い生物で，②減少期と回復期の年生存率が大きく異なり，③繁殖回数が比較的少ないもの．ミナミマグロは①と②を満たしている．ミンククジラでは②を満たさず，慣性力による個体数変動の振動ははっきり見えない．

問 2.6　理由は，少なくとも 3 つ考えられる．おそらく，①出産率か初期生存率を 3 倍くらい過大評価していると思われる．また，②安定齢分布という仮定が成り立たないかもしれない．特に，短期間の齢別個体数を調べた「定常生命表」の場合，この可能性は高い．しかし，程度問題だが，長期にわたる遺跡人骨のデータだとすれば，もしも l_x と m_x が一定で移入がなく，1 人あたりの移出率が一定だとすれば，数学的に，安定齢分布に近似できるはずである．最後に，③ l_x と m_x が一定でないか，移入があったかもしれない．このような場合には，生命表解析でわかることには，自ずと限界がある．

問 2.7　表 2.4 の例では，式 (2.22)，(2.23)，(2.24) による平均世代時間の値は，それぞれ 2.819, 3.067, 2.941 年となる．表 2.2 の例では，式 (2.21) による平均世代時間は 24.2 年となる．

問 2.8　簡易生命表では，現在の社会状況が今後も続くと暗に仮定している．つまり，10 年後の x 歳の死亡率は現在の x 歳の死亡率と等しいと仮定している．だから第二次大戦中の平均寿命は極端に短いと仮定され，将来戦争が起これば，現代人の平均余命は過大評価していることになるだろう．

問 2.9　当然あるだろう．体長と体重はあくまでグラフでは正の相関があるだけで，一意的に決まるものではない．体長は同じでも餌などの環境条件によって体重は変化するためである．

問 2.10　略

第 3 章

問 3.1　まず第一に，環境収容力が等しくないと成り立たないが，これは現実的ではない．それはまだ理論の修正が可能だが，第二に種間競争の非対称性をまったく考慮していない．第三に，仮に対称な競争が起こっているとみなせる実例を探せたとしても，実現ニッチは生物の進化的応答により変化する．競争の結果としてニッチが分かれたのか，ニッチが分かれていたから共存したのか（日本固有の議論でいえば，棲み分けは進化の結果なのか，そうではないのか），それを区別できるような検証を考えない限り，進化と共存について，まったく異なる説明を与えてしまう．

問 3.2　多年草は隣にしか増えないので，増えてくると塊を作る．$S + 8p > 1$ でも，周囲に空き地が少ないと，増えることはできない．10×10 よりずっと広い生育地を考えれば，多年草の生育地の辺境（空き地との境界）は直線に近似できる．端の多年草の隣の空き地を考えると，その周囲には 3 つのパッチで多年草がいて，伸びるラメットの平均値は $3p/8$ である．だから，$S + 3p/8 < 1$ のときには，多年草が全体を席巻することはない．

問 3.3　この場合は安定になる．これは平衡点が図 3.9 の右側に動くからである．

問 3.4　略

問 3.5　それぞれ $(1 + w_A w_B) > 2w_B$ および $(1 + w_A w_B) > 2w_A$．(w_A, w_B) の平面上で，それぞれ等号が成り立つ境界は $(1,1)$ を通る互いに接する双曲線になる．両方成り立つのはこれら 2 つの双曲線の間であり，そのとき両者は共存する．

第 4 章

問 4.1　シャノン・ウィーナーの多様度指数 H' は情報量と同じものである．種数が大きいほど，またおのおのの種の個体数の相対頻度が種間で均一なほど H'

の値は大きくなる．どちらの指数も頻度の小さい種の頻度変化に対する感度は小さく，絶滅危惧種には使えないが，シンプソンの指数はさらに頻度がより大きい種の頻度に依存している．

問 4.2　種の同定は分類学者の仕事であり，分類学者の間で異論がある場合は誰の定義かを明記して使う．

問 4.3　大きい島が遠くにあれば，局所絶滅率は変わらないが移入率が減る．大きい島だけ d を 2 にすると，小さく近い島より種数が少なくなる．

問 4.4　図 4.1(b) のように d を小さくしてみた状態に対応すると考えてよい．移入率（過去に局所絶滅した種の再移入を含む）が高くなるため種数は増える．調査面積が狭ければ一時的にいなくなる種もいるがすぐに再移入し，ある程度広ければ種数は飽和してくるだろう．

問 4.5　低緯度の高山帯は季節変化が少なく，低温だから，そこで種多様性を調べればよい．やはり種数が少なく，季節変化説では説明できない．熱帯の多様性が高い理由について，必ずしも決め手となる単一の要因はないが，一次生産量（光合成量）が高いことが多様性を増やすと考えられる．ただし，沖合域では寒流域のほうが一次生産量が高いのに，種多様性は高くない．この例外を説明する必要がある．

問 4.6　この関数形では $S = \sqrt{(A^3 + 4A^{1.5}d^2K)} - A^{1.5}/d^2$ である．

第 5 章

問 5.1　略

問 5.2　墨吐きは背景自身を変えて天敵から逃れるものであり，隠蔽に近い．しかし，直接天敵にかけることもある．

問 5.3　略

問 5.4　同性間淘汰はシカとシオマネキであり，ともに雄間闘争の道具に使われる．孔雀の羽は雌に対して誇示する異性間淘汰であろう．

問 5.5　実効性比は単に個体数の比ではなく，実際に配偶活動を行う雌雄の性比であり，個体数の比とは一致しないことがある．たとえば，多くの昆虫では雄が先に羽化して雌を待ち受けるため，実効性比は雄過剰になる．また，交尾期の初めと終わりで実効性比が変わることもある．

問 5.6　認識する機構は不要である．性比に個体間変異（雄ができやすい個体と雌ができやすい個体）があり，性比が遺伝すればよい．

問 5.7　女子が多くなる．これらのルールでは男子を生みやすい両親よりも女子を生みやすい両親のほうがたくさん子供を作り続けることになる．類題：野球の打者の打率はその日の調子に左右される．ある監督が，ある打者の打率を揚げるために，試合ごとに安打が出たらその選手を交代させ，出ないときは安打が出るまで出場させればよいと考えた．これは正しいか？

問 5.8　略

問 5.9　子供を育てている間（成人するまで）の死亡率に関して，男子のほうが高いためと考えられる．

問 5.10　個体群の密度が低かったり，個体の移動能力が乏しかったりすると，同種個体に出会う機会が限られている（低密度説）．両方の性の機能をもつ個体は，出会ったどの個体とも繁殖が可能であるのに対し，一方の性の機能しかもたない個体は，異性と出会った場合にのみ繁殖が可能である．それゆえに前者が淘汰上有利になる．この考え方は，固着生活するもの，深海にすむもの，寄生生活をするものなどに，同時的雌雄同体現象が数多く生じているという事実と合致する．

問 5.11　性転換するにはコストがかかるためだろう．

問 5.12　性転換は，体サイズの増加に伴う死亡率や，成長率の変化に雌雄で違いがある場合にも，有利になることが理論的に予測されていて，たとえば，ダルマハゼでは成長率の差が性転換に有利に働いている．サイズ以外（形，たとえばひれの長さなど）が効くこともあろうが，たいていはサイズと比例していることが多いので，厳密に区別することができない．

問 5.13　サケ科魚類が住む緯度の高い地域では，一般的に河川よりも海のほうが栄養塩が多く魚の成長にとって有利なためと考えられる．一方，緯度の低い地域では，一般的に海よりも河川のほうが栄養塩が高いため，逆に海から河にさかのぼる（遡河回遊する）生活史の魚が多く見られる．

問 5.14　略

問 5.15　ある．山火事が起こったときだけ発芽するものなどが知られている．

問 5.16　略

問 5.17 $dy/dt = (-d - \delta C^2 + Cx)y$ のとき，最適採餌時間は $C = x/2\delta$，平衡点は $(x, y, C) = (2\sqrt{d\delta}, (Kr - 2\sqrt{d\delta})/2dK, \sqrt{d/\delta})$ となる．$dy/dt = (-d - \delta C + \sqrt{Cx})y$ のとき，最適採餌時間は $C = x/4\delta^2$，平衡点は $(x, y, C) = (4d\delta, (K - 4d\delta)r/4d^2K, d/\delta)$ となる．

第 6 章

問 6.1 略

問 6.2 潜在的生息地を 2 つ潰すほうがリスクが高い．

問 6.3 $25 + 25 \times 0.95 + 25 \times (1 - 0.05)^2 + 25 \times (1 - 0.05)^3 + \cdots = 25/0.05 = 500$．つまり毎年 25 トンの漁獲を続けるときの現在価値は 500 トン分（5 億円）である．

問 6.4 毎年 2000 頭ずつ獲ったときの現在価値は，割引率を年 5%とすれば $2000/0.05 = 4$ 万頭分である．今年 76 万頭すべてを獲ったときの現在価値はそれよりずっと高い．1 年目に 4 万頭とって乱獲すれば，たった 1 年で持続的捕鯨の現在価値を上回ってしまう．逆説的な話だが，持続的捕獲枠を控えめに算定するほど，乱獲への歯止めはかかりにくくなってしまう．

問 6.5 分別ある捕食者説は捕食者全体の個体数を最大にする群淘汰の視点であり，持続可能な漁業も漁業全体で得られる漁獲量を最大にする視点である．前者は個体淘汰説で否定され，後者は共有地の悲劇によってそのままでは成り立たない．

問 6.6 漁業から得られる情報だけを用いると，さまざまな偏りが生じる．その偏りはしばしば対策を遅らせる要因となる．したがって，漁業と独立した監視が必要である．けれども，商業的に利用している種は，利用していない種よりデータが豊富であり，そのデータを活用すること自身は，管理に有用である．また，漁業者と管理者の信頼関係を築くことにもつながる．

問 6.7 略

おわりに

　生態学の教科書を書くという大それた試みを決意したのは，2003年の春のことだった．その2年ほど前にも，共立出版から生態学の教科書を出したいという問い合わせがあった．当時，インターネットで各大学の生態学の講義でどのような教科書が使われているかを調べたところ，遠い昔，私が学生時代に読んだホイッタカーの『生態学序説』など，古い教科書がいまだに使われていることを知った．その後もベゴン・ハーパー・タウンゼント著『生態学』(堀道雄他監訳，京大出版)，伊藤・山村・嶋田著『動物生態学』(蒼樹書房) など，優れた教科書が出されていたが，いずれも高価で大部であり，手軽に生態学を学びたい初学者向きのものはなかったということだろう．

　そのとき，日本生態学会生態学教育専門委員会が多くの執筆陣をそろえて生態学の教科書を準備していることを知った．その目次を拝見してみたが，私もよく知らないような項目が並んでいる．それらは，幾人かの専門家のうちの誰かが，生態学を学ぶのに重要と考えることばかりを集めたものかもしれない．改めて，生態学自身の多様性を痛感した．

　そのすべてを私一人で書くことなど，とてもできないというのが，3年前に教科書執筆をためらった理由である．けれども，去年，改めて教育専門委員会の目次案を見て，少し考えを変えた．むしろ，私が理解している生態学の世界を著すほうが，初学者には入りやすいかもしれない．第0章に書いたとおり，高校で学ぶ範囲を超える内容については，補足を章末に設けてそこを読めば理解できるように説明し，本文だけを読んでも読み進められるように配慮した．その結果，多くの生態学者が重要と考える事項を取り上げることができなかった．より深く学びたい読者は，本書を読破した後，私の前著『環境生態学序説』(共立出版) ならびに上記2つの教科書に挑み，共立出版から相次いで出版される生態学シリーズを読んでほしい．

　本書は，出版後もインターネットなどを通じて読者との双方向のフィード

バックに努めるつもりである．特に，補足にまとめた数学的な内容を追試できる Microsoft Excel^{TM} ファイルを載せ，図の大半などを追試できるようにした．この Excel ファイルは，環境コンサルタント系の企業人を相手にした数理モデル勉強会と横浜国立大学の大学院生向け講義に教材として使用したものである．受講者にパソコンで講義内容を追試していただきながら，生態学の学説を追体験できるようにした．受講者の方々にお礼申し上げる．本書で用いた用語は，その英訳とともに上記サイトに載せているので活用していただきたい．

　この半年間，私は石垣島と西表島の間に広がる石西礁湖の再生，自然再生ハンドブック作成のための屋久島のシカと植物の保全計画作り，渡島半島のヒグマと人間の共存を目指すヒグマ保護管理計画作り，道東を中心とするエゾシカ保護管理計画検討委員，知床世界遺産候補地の管理計画科学委員会などに参画し，北海道と鹿児島・沖縄を何度も行き来してきた．また，許容漁獲量決定ルールを定める有識者検討会，バンクーバーで開催された世界水産学会議で持続可能な漁業をめぐるある分科会の座長，水産庁の希少水生生物データブックの掲載基準を決める検討会座長などを拝命し，毎週どこかに出張する生活を続けていた．

　多くの生態学者は，野外の自然そのものを研究対象としている．数理生態学者の私にとっては，野外生態学者が何を考えているか，それをどのように実証していくか，社会に提言していきたいかを聞き，議論し，彼らとともに彼らの調査地を歩くことが「私のフィールドワーク」である．語弊を恐れずに言えば，私の研究対象は，自然そのものではなく，自然を研究している野外生態学者の頭の中だといってもよい．

　出張のあいまに，月に一度，おもに民間の環境コンサルタントが集まる数理モデル勉強会の議論は大いに刺激を受けた．この勉強会の参加者をメールリストなどで募ったところ，わずか 2 日で 50 名の定員に達し，本書で議論する内容に関する需要の高さを実感した．さまざまな現場での具体的な問題を踏まえ，自然と人の共存を目指すうえで，生態学者が何をどう貢献できるのか．その答えを見つける根源的な思想は，今も模索段階である．

　このような社会的貢献にこだわるほど，生態学が教えるべき基本事項を整え，生態学者の自然観をより明確にすることの重要性を痛感した．本書は，多くの

野外生態学者から私なりに学んだ内容の集大成と言ってもよい．

　本書の執筆にあたり，彦坂幸毅，森田健太郎，勝川木綿，中嶋美冬，安部淳，太田碧海の各氏には原稿をていねいに読んでいただき，ご意見いただいた．カバーデザインに使用した写真は，伊藤智幸氏（ミナミマグロ），西森克浩氏（イケチョウガイ），平城尚史氏（シデコブシ），森田健太郎氏（サクラマス）にご提供いただいた（ヤクシカとヒグマは著者撮影）．また，島田泰夫氏をはじめとする数理モデル勉強会と牧野光琢氏ならびに横浜国大環境リスクマネジメントの受講者には原稿の一部を教材として利用する中でご意見をいただいた．また，前述のとおり日本生態学会生態学教育専門委員会のかたがたがまとめられた教科書目次案を，ベゴンほか著『生態学』とともに参考にさせていただいた．最後に，共立出版の信沢孝一氏と門間桃代氏には編集段階で筆の遅い筆者を励まし，また迅速かつ正確な校正を行っていただいた．これらの方々に，この場を借りて厚く感謝する．

　2004年7月　知床世界遺産候補地を視察し，羽田に向かう機上にて

　　　　　　　　　　　　　　　　　　　　　　　　　　　　松田裕之

索 引

本索引のデータファイルを [URL] http://risk.kan.ynu.ac.jp/matsuda/2004/ecology.html
からダウンロードできます．複合語や英語を検索したい場合などに利用できます．

ア行

アイソクライン法, isocline method, 81
赤の女王仮説, red queen hypothesis, 173
亜成獣, subadult, 60
アデノシン三リン酸, adenosine triphosphate, ATP, 11
アミノ酸, amino acid, 6
粗削りな環境, coarse-grained environment, 88
アリー効果, Allee effect, 44
アリ植物, ant plant, 145
アレロケミカル, allelochamical, 102
アロメトリー, alometry, 38, 72
安定齢分布, stable age distribution, 48
暗反応, dark reaction, 28
異型配偶, anisogamy, 153
意見提出手続き, public comment, 169
異性間淘汰, intersexual selection, 155
一次生産力, primary productivity, 14
1年草, annual plant, 89
一倍体, haploid, 8
一回繁殖, semelparity, 162
一斉開花, mass flowering, 163
遺伝子, gene, 7
遺伝子型, genotype, 182
遺伝子座, locus, 8
遺伝子浸透, genetic introgression, 8
遺伝情報, genic information, 7
遺伝的浮動, genetic drift, 171
遺伝率, heritability, 178
移動, migration, 160
陰関数微分, implicit differentiation, 140
陰生植物, shade species, 27
インフルエンザウイルス, influenza virus, 7
隠蔽, mimesis, 145
インポセックス, imposex, 186
陰葉, shade leaf, 29
ウィルソン，エドワード, Wilson, Edward O., 124
ヴォルテラ，ヴィト, Volterra, Vito, 111
羽化, emergence, 25
海ガメ類, sea turtles, 60
HIV ウイルス, HIV virus, HIV, 7
HNLC, high nutrient low chrolophyl, HNLC, 28
栄養段階, trophic level, 13
栄養段階カスケード, trophic cascade, 135
栄養繁殖, parthenogenesis, 163
餌生物, prey, 94
エゾシカ保護管理計画, Conservation and Management Plan for, Sika Deer (*Cervus nippon*) in Hokkaido 206
エネルギー, energy, 11
沿岸, coast, 35
塩水域, salt water area, 35
鉛直混合, vertical mixing, 14, 31, 197
エンドポイント, endpoint, 189
オイラー・ロトカ方程式, Euler-Lotka equation, 69
汚染者支払原則, pollutor pays principle, PPP, 202
オゾンホール, ozone hall, 186
親子間コンフリクト, parent-offspring conflict, 151
折れ棒モデル, broken stick model, 128
温室効果, green house effect, 21, 212
温帯草原, temperate grasslands, 34
温帯林, temperate forest, 34

カ行

外温動物, exothermal animal, 15
χ自乗検定, chi square test, 224
回収, recycle, 202
外部負経済, external diseconomy, 202
開放系, open system, 201
回遊, migration, 160
海洋大循環, ocean converyer belt, 20
外来種, alien species, 124, 192
ガウゼの競争排他律, Gauze's competitive exclusion, 107
カオス, chaos, 63
科学的リテラシー, scientific literacy, 216
核, nucleus, 8
撹乱, disturbance, 64
確率分布, probability distribution, 91
過小補償, undercompensation, 46
仮想影響評価法, contingent valuation method, CVM, 133
過大補償, overcompensation, 46
片対数グラフ, log-linear plot, 43, 128, 189
勝ち抜き型(コンテスト型)競争, context type competition, 46
過程誤差, process error, 64
加入, recruitment, 47
刈取り者, grazer, 94
カルビン・ベンソン回路, photosynthetic carbon reduction cycle, PCR 回路, 29
カロリー摂取量, calory intake, 144
簡易生命表, abridged life table, 56
環境化学物質, environmental chemicals, 186
環境確率性, environmental stochasticity, 190
環境基本法, The Basic Environment Law, 200
環境指標, environmental indicator, 133
環境収容力, carrying capacity, 44
環境税, environment tax, 202
観光, sightseeing, 132
岩礁, reef, 92
干渉型競争, interference competition, 36
完全変態, complete metamorphosis, 123
観測誤差, measurement error, 64

感度行列, sensitivity matrix, 141
管理方式, management procedure, 199
寒流, cool current, 35
幾何平均, geometric mean, 180
危機, endangered, 194
危急, vulnerable, 194
気候変化に関する国際間パネル, Intergovernmental Panel on Climate Change, IPCC, 17
寄主, host, 94, 158
汽水域, brackish water, 35
キーストン種, keystone species, 133
寄生, parasitism, 79
寄生蜂, parasitic wasp, 94
季節移動, seasonal migration, 160
季節性, phenology, 125
帰巣性, homing ability, 160
擬態, mimicry, 145
機能的反応, functional response, 96
基本ニッチ, fundamental niche, 80
帰無仮説, null hypothesis, 208
ギャップ, gap, 92
休止点, equilibrium, 81
胸高直径, diameter at breath height, 37
狭食, oligophasy, 80
共生, symbiosis, 2, 79
競争, competition, 36
競争的排他関係, competitive exclusion, 83
共存, coexistence, 85
共有地の悲劇, the tragedy of the commons, 196
共有物, commons, 201
協力, cooperation, 79
極限周期, limit cycle, 63
局所安定, local stability, 83, 131
局所個体群, local population, 191
局所的資源競争, local resource competition, 158
局所的配偶競争, local mate competition, 158
局面, episode, 42
漁場, fishing ground, 188
許容漁獲量, total allowable catch, TAC, 197
キーリング曲線, Keeling curve, 21

禁漁, fishing ban, 198
食い分け, niche segregation, 84
空間的不均一性, spatial heterogeneity, 85
茎と根の重量比, root-shoot ratio, 30
くじ引きモデル, lottery model, 126
クチクラ, cuticula, 109
組換え, recombination, 170
クローン, clone, 30
軍拡競走, arms race, 165
群集, community, 25, 121
群集行列, community matrix, 140
群淘汰説, group selection theory, 148
群落, community, 121
景観, landscape, aquascape, 205
警告, alarm, 145
経済的割引, economic discounting, 196
形質媒介間接効果, trait-mediated indirect effect, 105, 137
継続監視, monitoring, 199
系統, lineage, 205
血縁度, relatedness, 151
結合度, connectivity, 131
決定論的モデル, deterministic model, 82
ゲーム, game, 152
限界値定理, marginal value theorem, 101
嫌気性細菌, anaerobic bacteria, 11
原形質, protoplasm, 6
減数分裂, meiosis, 8
健全さ, integrity, 133
限定成長, determinate growth, 60, 162
合意形成, concensus building, 206
恒温動物, homeotherm, 15
公害, pollution, 186
降河回遊, catadromy, 160
好気性, aerobic, 19
恒久性, permanence, 132
公共事業, public enterprise, 133
合計出生率, total fertility rate, 52
光合成, photosynthesis, 12
光合成有効放射, photosynthetically active radiation, PAR, 27
格子モデル, lattice model, 89, 90
恒常性, homeostasis, 214
広食, polyphagy, 80
更新, regeneration, 30

構成的防御, constitutive defense, 145
酵素, enzyme, 7
行動圏, home range, 99
呼吸, respiration, 11, 27
国際自然保護連合, World Conservation Union, IUCN, 194
国連海洋法条約, UN Convension Law of the Sea, UNCLOS, 196
国連環境計画, UN Environmental Project, 186
互恵主義, reciprocity, 168
古細菌, archaebacteria, 12
誤差関数, error function, 72
個体, individual, 25
個体あたり増加率, per capita growth rate, 42, 67
個体群, population, 25
個体群生態学, population ecology, 41
個体群存続可能性解析, population viability analysis, PVA, 192
個体数密度, population density, 123
個体淘汰説, individual selection theory, 148
固着生物, sessile organism, 36
コネル, J. H., 126
コホート生命表, cohort life table, 51
細切れな環境, fine-grained environment, 88
こみあい度, crowdedness, 46
固有性, irreplaceability, 201
固有値, eigenvalue, 69
固有(値)方程式, eigenvalue equation, 75
固有ベクトル, eigen vector, 69
コルク, cork, 109

サ行

採餌, foraging, 100
採餌時間, foraging time, 100, 146
採餌縄張り, feeding territory, 99
最終収量一定の法則, law of constant final yield, 46
最終評価点, endpoint, 189
サイズ構造, size structure, 47, 57
最大持続収穫量, maximum sustainable yield, MSY, 196
最頻値, mode, 127

最尤推定, maximum likelihood method, 138
搾取, exploitation, 79
雑食, omnivore, 13
サテライト雄, satellite male, 37
砂漠, desert, 35
サバンナ, savanna, 34
作用中心, center of action, 42
サンゴ礁, coral reef, 35
残差平方, residual square, 61
CO_2 補償点, CO_2 compensation point, 29
ジェネット, genet, 31
潮目, siome (the junction line between two sea currents), 35
自家和合性, self-compatibility, 90
仔魚, larva, 122
資源, resource, 12
資源量, resource abundance, 122
自己相関, auto correlation, 66
自己複製, self-reproduction, 143
自己間引き, self thinning, 37
雌性先熟, protogyny, 158
次善の策, the best of a bad situation, 37
持続可能性, sustainability, 185, 200
実現ニッチ, realized niche, 80
質的防御, qualitative defense, 145
しっぺ返し, tit-for-tat, 168
弱有害遺伝子, slightly deleterious gene, 171
雌雄異体, dioecy, 158
囚人のジレンマ, prisoners' dilemma, 167
従属栄養, heterotroph, 12
集団, population, 25
集団遺伝学, population genetics, 181
集中反応, aggregative response, 99
雌雄同株, monoecy, 158
雌雄同体, hermaphrodite, 158
収斂進化, convergent evolution, 33
宿主, host, 94
種数面積曲線, species-area curve, 124
種多様度, species diversity, 122
受動的復元の原則, passive restoration principle, 203
種内競争, intraspecific competition, 42
寿命, longevity, 55
純光合成, net photosynthesis, 27

順応的管理, adaptive management, 198
純繁殖率, net reproduction rate, 71
条件戦略, conditional strategy, 157
状態遷移行列, state transition matrix, 70
冗長性, redundancy, 173
蒸発, evaporation, 35
消費型競争, exploitative competition, 36
消費効率, consumption efficiency, 15
消費者, consumer, 12, 18
縄文海進, jomon (marine) transgression, 23
植食者, herbivore, 12
触媒, catalyst, 7
植物相, flora, 34
食物網, foodweb, 129
食物網グラフ, foodweb graph, 129
食物連鎖, food chain, 13
処理時間, handling time, 118
進化, evolution, 2, 143
進化的に安定な状態, evolutionarily stable state, ESS, 157
進化的に安定な戦略, evolutionarily stable strategy, ESS, 157
人口学的確率性, demographic stochasticity, 190
人口学的慣性力, momentum of demography, 53
人口増加, population growth, 42
人口動態統計, current population statistics, 56
人口ピラミッド, population pyramid, 52
深刻な危機, critically endangered, 53
真社会性, eusociality, 158
浸透圧, osmotic pressure, 32
森林, forest, 126
水温躍層, thermocline, 14
水産資源, fisheries resources, 132, 197
スイッチング(捕食の), predator switching, 105
数値目標, numerical goal, 207
数量的反応, numerical response, 96
ステップ, steppe, 34
棲み分け, habitat segregation, 84
生育地, habitat, 86
生活環, life cycle, 25

生活形, life form, 27
正規分布, normal distribution, 72
性差, gender, 154
生産効率, production efficiency, 15
生産者, producer, 12
精子, sperm, 153
生食連鎖, grazing food chain, 14
生息地, habitat, 86
生存曲線, survivorship curve, 49
生存率, survival rate, 49
生態学, ecology, 1
生態学的足跡, ecological footprint, 188
生態系過程, ecosystem processes, 136
生態系機能, ecosystem function, 132
生態系サービス, ecosystem services, 132
生態的地位, niche, 79
成長, growth, 44
生長, growth, 29
成長の限界, The limit of growth, 2
性転換, sex change, 158
性淘汰, sexual selection, 155
性比, sex ratio, 156
性フェロモン, sexual pheromone, 153
生物学的収容力, biological capacity, 188
生物相, biome, 34
生物体量, biomass, 15, 123
生物多様性条約, convention on biological diversity, 200
生物的酸素要求量, Biological oxygen demand, BOD, 11
生命表, life table, 49
世界共通種, cosmopolitan species, 93
世代, generation, 25
世代時間, generation time, 51, 70
世代重複, generation overlapping, 49
接合子, zygote, 8
摂食, feeding, 100
絶滅, extinction, 189
絶滅危惧種, threatened species, 53
絶滅リスク, extinction risk, 191
セルオートマトンモデル, cellular automaton model, 89
セルロース, cellulose, 109
ゼロクライン, zero cline, 81
ゼロ和ゲーム, zero sum game, 166

遷移, succession, 126
全球凍結, global glaciation, 22
線形, linear, 108
潜在生息地, potential habitat, 192
戦術, tactics, 33
戦略, strategy, 32
走化性, chemotaxis, 153
走光性, phototaxis, 153
相互干渉, mutual interference, 99
相互作用, interaction, 41
相似, analogy, 33
掃除共生, cleaning symbiosis, 110
相同, homology, 33
草本, herb, 30
相利, mutualism, 79
相利共生, mutualistic sysbiosis, 79
遡河回遊, anadromy, 160
存続可能性, variability, 132
存続性, persistence, 107

タ行

大域安定性, global stability, 131
第一種の過誤, type I error, 208
ダイオキシン, dioxin, 186
タイガ, taiga, 34
対称性の揺らぎ, fluctuating asymmetry, 107
対数正規分布, lognormal distribution, 127
代数平均, algebraic mean, 179
第二種の過誤, type II error, 209
タイプ 2 の機能的反応, type II functional response, 97
大陸移動, continental drift, 22
大陸棚, continental shelf, 20
対立遺伝子, allele, 8
大量絶滅, mass extinction, 22
多回繁殖, iteroparity, 49, 162
タカ派, Hawk, 166
タカハトゲーム, hawk-dove game, 166
他感作用, allelopathy, 36
多細胞生物, multicellular organism, 26
多年草, perennial plant, 89
多様性, diversity, 131, 206
多様度, diversity index, 122
段階構造モデル, stage structured model, 60
探索像, search image, 97

単食性, monophagy, 80
淡水域, fresh water zone, 35
タンパク質, protein, 6
暖流, warm current, 35
地域個体群, regional population, 191
稚魚, juvenile, 129
チャパラル, chaparral, 35
中央値, median, 127
中規模撹乱説, Intermediate disturbance hypothesis, 126
昼夜移動, daily migration, 31
中立説, neutral theory, 172
潮下帯, subtidal zone, 154
潮間帯, intertidal zone, 126
超優性, overdominance, 182
調和平均, harmonic mean, 180
つかの間(に現れる状況), ephemeral, 92
蔓植物, vine, 30
ツンドラ, tundra, 34
定向性非対称, directional asymmetry, 107
定常状態, steady state, 81
低木, shrub, 34
デオキシリボ核酸, deoxyribonucleic acid, DNA, 7
適応度, fitness, 41
敵対作用, spite, 84
デトリタス, detritus, 14
転移 RNA, transfer RNA, 7
天敵特異的防御, predator-specific defense, 106
伝令 RNA, messenger RNA, 7
同化効率, assimilation efficiency, 15
統計的有意, statistically significant, 209
同型配偶, isogamy, 152
同性内淘汰, intrasexual selection, 155
淘汰, selection, 6
淘汰差, selection differential, 148
動物相, fauna, 34
逃亡種, fugitive species, 92
通し回遊, diadromy, 160
独立栄養, autotroph, 12
度数分布, histogram, 127
共食い, cannivore, 13
共倒れ型(スクランブル型)競争, scramble type competition, 46

取り合い型競争, exploitative competition, 36
トレードオフ, tradeoff, 147

ナ行

内温動物, endothermal animal, 15
内的自然増加率, intrinsic rate of population increase, 69
内分泌撹乱物質, endocrine disrupters, 186
なすことによって学ぶ, learning by doing, 199
ナッシュ解, Nash solution, 152
鉛中毒, lead poisoning, 207
肉食者, carnivore, 13
二型, dimorphism, 160
二項分布, binomial distribution, 116
二酸化炭素濃度, carbon dioxide concentration, 21
ニッチ, niche, 79
ニッチの類似限界, limiting similarity, 84
二倍体, diploid, 8
2 分の 3 乗則, the 3/2th power law of self-thinning, 37
任意共生, facultative symbiosis, 110
任意交配, random mating, 182
熱帯季節林, tropical monsoon forest, 35
熱帯降雨林, tropical rain forest, 35
熱帯草原, tropical grasslands, 34
年級群, cohort, 51
年生存率, annual survival rate, 49

ハ行

バイオーム, biome, 34
配偶子, gamete, 8
配偶者選好, mate preference, mate choice, 155
配偶成功, mating success, 155
配偶縄張り, mating territory, 99, 155
排他的経済水域, Exclusive Economic Zone, EEZ, 197
背理法, reduction to an absurdity, 119
ハザード, hazard, 204
発酵, fermentation, 109
発生段階, developmental stage, 25
パッチ, patch, 89

ハーディ・ワインベルグ則, Hardy-Weinberg law, 182
ハト派, Dove, 166
パブリック・インヴォルヴメント, public involvement, 207
繁殖価, reproductive value, 61, 76
繁殖成功, reproductive success, 155
半数体, haploid, 8
半透膜, semipermeable membrane, 6
干潟, tidal flat, 35
光呼吸, photorespiration, 28
光補償点, compensation point for light, 27
非協力解, non-cooperative solution, 152
非協力ゲーム, non-cooperative game, 152
非決定性, indeterminacy, 136
被食回避, antipredation, 145
被食者, prey, 94
被食リスク, risk of predation, 102
微生物ループ, microbial loop, 15
非ゼロ和ゲーム, non zero sum game, 166
非線形, nonlinear, 108
必須共生, obligatory symbiosis, 110
表現型, phenotype, 3, 41
表現型分散, phenotypic variance, 178
標本, sample, 138
頻度依存淘汰, frequency dependent selection, 155
フィードバック, feedback, 21, 214
風土性, endemism, 205
フォン・ノイマン, von Neumann, John, 164
孵化, hatching, 25
不確実, uncertainty, 207
不可欠性, indispensability, 201
復元, restoration, 187
復元力, resilience, 203
複雑さ, complexity, 131
腐食連鎖, detritus food chain, 14
物質循環, material cycling, 17
負の二項分布, negative binomial distribution, 116
部分休眠, partial dormancy, 164
不偏推定, unbiased estimation, 138
プランクトンの逆理, the paradox of the plankton, 93
プロセスエラー, process error, 64

分解者, decomposer, 14, 18
分散, dispersal, 161
分集団, subpopulation, 88, 195
分断性非対称, antisymmetry, 107
分別ある捕食者, prudent predator, 147
平衡状態, equilibrium, 81
並行進化, parallel evolution, 226
平衡理論, equilibrium theory, 124
ベイツ型擬態, Batesian mimicry, 146
ペイン, ロバート, Paine, Robert T., 126
べき乗関係, alometry, 38
ヘテロ接合体, heterozygote, 182
ベルタランフィの成長式, von Bertalanffy's growth curve, 56
変異, mutation, 143
変異性, variation, 205
変温動物, poikilotherm, 15
ベンケイソウ型有機酸代謝植物, crassulacean acid metabolism plant, CAM 植物, 29
変態, metamorphosis, 25
片利(偏利)共生, commensalism, 80
ポアソン分布, Poisson distribution, 91, 116
防御, defence, 145
豊凶, masting, 66
豊度, abundance, 123
母集団, population, 138
捕食, predation, 100
捕食寄生者, parasitoid, 94
捕食者, predator, 94
捕食者が媒介する共存, predator-mediated coexistence, 126
捕食者・被食者系, predator-prey system, 94
保全, conservation, 205
母川回帰, homing to the natal river, 160
ホモ接合体, homozygote, 182
ポリジーン, polygene, 178

マ行

埋土種子集団, seed bank, 164
マッカーサー, ロバート, MacArthur, Robert A., 124
マリンスノー, marine snow, 14
マルサス径数, Malthusian parameter, 65
マルサス増殖, Malthus growth, 42, 66
見かけの競争, apparent competition, 104

密度効果, density effect, 44
密度調節, density regulation, 45
密度媒介間接効果, density-mediated indirect effect, 137
水俣病, Minamata disease, 186
ミナミマグロ, southern bluefin tuna, 60
ミナミマグロ保存委員会, Conservation convension on Southern Bluefin Tuna, CCSBT, 207
ミュラー型擬態, Mullerian mimicry, 146
ミランコビッチサイクル, Milankovitch cycle, 24
無限成長, indeterminate growth, 60, 162
無作為抽出, random sampling, 138
無性生殖, asexual reproduction, 8
群れ, school, herd, tribe など, 102
明反応, light reaction, 28
メタ個体群, metapopulation, 191
目的(生態系管理の), object, 203
木本, wood, 30
モジュール型生物, modular organisms, 26
モデル, model, 146
藻場, seagrass beds, seaweed beds, 35

ヤ行

有機物, organism, 6, 12
湧昇域, upwelling zone, 36
優性, dominant, 182
有性生殖, sexual reproduction, 8
有性生殖の2倍のコスト, cost of sexual selection, 170
雄性先熟, protoandry, 158
尤度, likelihood, 223
誘導的防御, induced defense, 145
陽生植物, sun species, 27
幼虫, larva, 123
葉面積指数, leaf area index, 37
陽葉, sun leaf, 29
葉緑素, chlorophyll, 27
予防原則, precautionary principle, 205

予防的取組み, precautionary approach, 205

ラ行

ライフサイクル, life cycle, 2
ラメット, ramet, 31
卵, egg, 153
乱獲, overfishing, 53, 198
藍藻, cyanobacteria, 11
リオデジャネイロ宣言, Rio declaration, 204
利害関係者, stakeholder, 206
力学系, dynamical system, 82
リグニン, lignin, 109
利己的な遺伝子, selfish gene, 148
リスク, risk, 204
リスクの確からしさ, the weight of evidence, 209
理想自由分布, ideal free distribution, 102
利他行動, altruism, 165
リービッヒの最小律, Liebig's law, 225
リボ核酸, ribonucleic acid, RNA, 7
リミットサイクル, limit cycle, 63
両掛け戦略, bet-hedging strategy, 163, 180
両性花, hermaphrodite, 158
量的遺伝学, quantitative genetics, 178
量的形質, quantitative trait, 178
量的防御, quantitative defense, 145
鱗食, scale-eating, 94
ループ, loop, 13
齢構造, age structure, 47
レジームシフト, regime shift, 23, 226
レスリー行列, Leslie matrix, 70
劣性, recessive, 182
レッドデータブック, Red Data Book, 186
レッドリスト, red list, 186
老化, senescence, 25, 55
ロジスティック増殖, logistic growth, 43

ワ行

若虫, nymph, 123
渡り, migration, 160

Memorandum

Memorandum

Memorandum

Memorandum

ゼロからわかる生態学
―― 環境・進化・持続可能性の科学

Ecology for Beginners
―― Environment, Evolution and Sustainability

著 者

松田裕之（まつだ ひろゆき）

1985年　京都大学大学院理学研究科博士課程修了．日本医科大学助手，中央水産研究所主任研究官，九州大学助教授，東京大学助教授などを経て2003年より現職．

現　況　横浜国立大学環境情報研究院・教授・理学博士（環境生態学専攻）

著訳書　『死の科学』（共著，光文社，1990），『「共生」とは何か』（著，現代書館，1995），『つきあい方の科学』（訳，ミネルヴァ書房，1997），『数理生態学』（共著，共立出版/シリーズニューバイオフィジックス⑩，1997），『環境生態学序説』（著，共立出版，2000）など．

近　況　生態学会や水産学会などの委員，北海道（エゾシカ・ヒグマ），環境省（知床），水産庁（資源管理など），経済省（リスク評価）などの委員，WWFジャパン自然保護委員会委員などを拝命し，生態系の順応的管理の理論的研究と実践に努めている．研究面では文科省，環境省のプロジェクトなどを通じて進化生態学，海洋生態系，予防原則，自然再生などの多様な研究者との共同研究に参画中である（http://risk.kan.ynu.ac.jp/matsuda/2004/ecology.html 参照）．

NDC468　　　　　　　　　　　　　　　　　　　　　　　　　検印廃止 ⓒ2004

2004年9月10日　初版1刷発行
2006年2月25日　初版2刷発行

著　者　松田裕之
発行者　南條光章
発行所　**共立出版株式会社**

「URL」　http://www.kyoritsu-pub.co.jp/
〒112-8700 東京都文京区小日向4-6-19　　　電　話　03-3947-2511（代表）
ＦＡＸ　03-3947-2539（販売）　　　　　　　ＦＡＸ　03-3944-8182（編集）
振替口座　00110-2-57265

印刷・製本　加藤文明社　　　　　　　　　　　　　　　　　　Printed in Japan

ISBN4-320-05619-1　　　　　　　　　　　　　　　　　　　　社団法人
　　　　　　　　　　　　　　　　　　　　　　　　　　　　　自然科学書協会
　　　　　　　　　　　　　　　　　　　　　　　　　　　　　会員

人間と生物の双方向の関係をともに考える科学

環境生態学序説

－持続可能な漁業、生物多様性の保全、生態系管理、環境影響評価の科学－

松田裕之著
Ａ５判・226頁・定価2940円(税込)

日本の新聞などでは、「エコロジー」を生態学ではなく、「環境保全」の意味で用いる。それは「生態学」そのものではないかのようである。しかし、生態学ぬきの環境保全はありえない。生態系の成り立ちを理解することと無くして、自然を守ることはできない。人間が生態系に及ぼす影響を探り、自然を守る手段を考えるだけが、本来の環境学ではない。他方、人間は環境から大いなる恩恵を受けてきた。農林水産学は、まさに人間が生物の恵みをいかに利用するかを考える科学であった。単に生態系を守るだけではなく、生態系の恵みをいかに後世の人々に残していくかを考えることが必要である。人間と生物(生きざまと死にざま、その全体としての生態系)の双方向の関係をともに考える科学が必要である。それが、本書で提唱する環境生態学である。環境生態学は、まだ生まれたばかりの科学である。抽象的な議論ではなく、現在直面しているさまざまな問題を例に取り上げ、その答えを見いだして行きたい。

=========== CONTENTS ===========

第１章　浮魚資源の大変動＝個体群生態学入門
バッタ並みに変動するマイワシ／魚種交替の謎／魚種交替の「３すくみ説」／堆積鱗と古文書が語る自然変動／問題提起

第２章　持続可能なサバ漁業＝生物資源管理学入門
自己増殖する野生生物資源／最大持続収穫量／乱獲の理由(1)(2)／非定常資源の持続的利用／問題提起

第３章　ミナミマグロは絶滅するのか＝レッドデータブック入門
絶滅危惧の３つの段階／ミナミマグロは絶滅するのか？／ミナミマグロは回復するのか？／問題提起

第４章　秋の七草が絶滅する日＝絶滅の生態学
7000種の植物と400人の調査員／植物レッドリスト／環境揺らぎと人口学的揺らぎ／集団存続性解析／問題提起

第５章　エゾシカの保護と管理＝野生生物管理学入門
乱獲と禁猟の繰り返し／道東地区エゾシカ保護管理政策／フィードバック管理と合意形成／問題提起

第６章　名も無き虫や草は無くてもよいか＝群集生態学入門
生態系の間接効果と非決定性／殺虫剤の逆理／京都宣言の逆理／多様性と安定性の逆理／問題提起

第７章　利己的遺伝子がもたらす共生関係＝進化生態学入門
人工生命／ガの隠蔽色の進化／遺伝的アルゴリズム／雌雄はなぜ半分ずついるのか？／分別ある捕食者説と被食回避行動／３つの種間関係／利己的遺伝子と非協力ゲーム／反復「因人の板挟み」ゲーム／問題提起

第８章　なぜ生物多様性を守るのか＝保全生態学入門
次の世代に自然の恵みを残す／絶滅をもたらす４つの人為／自然の恵みの３つの価値／４つの生物多様性／遺伝的多様性の保全／問題提起

第９章　生物多様性をどうやって守るか＝生態系管理学入門
説明責任と順応性／その地域に固有の生態系を残すこと／目的と数値目標／危険性の評価、管理、周知／合意形成と科学者の使命／なぜ、今環境問題だったのか？／問題提起

第10章　愛知万博と海上の森の自然＝環境影響評価入門
環境影響評価法の施工／基本的事項の限界／愛知万博予定地「海上の森」の成り立ち／万博予定地は希少種の宝庫／オオタカと個体群管理／調査自体が自然を変える／問題提起

第11章　非定常系の保全と管理＝愛知万博問題
遷移と撹乱の釣り合い／阪神タイガース問題／メタ集団動態

第12章　中池見湿地問題＝２次的自然をどう守るべきか？
敦賀市中池見の液化天然ガス備蓄基地計画／系統樹損失解析／経済便益と代替案との比較／中池見をめぐる争点／問題提起

第13章　環境化学物質とどうつきあうか＝生態リスク論入門
10万人に１人のリスク／杞憂と報道／巻貝がいなくなる？／問題提起

第14章　狩猟と遊漁と食糧問題＝人口爆発と食糧危機
人口問題と食糧危機／世界の漁獲量はさらに増産可能である／魚食を見直し、過食を避ける／漁場の自然環境を後世に残すこと／入漁料と譲渡可能漁獲割当て量(ITQ)／農林水産業の国有化と漁獲／狩猟と遊漁を管理に組み込もう／国連海洋法条約と許容漁獲量制度／問題提起

共立出版